U0214101

国家出版基金项目
NATIONAL PUBLICATION FOUNDATION

聚集诱导发光丛书

唐本忠 总主编

聚集诱导荧光分子的自组装

阎 云 著

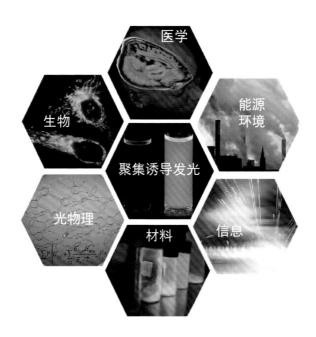

科学出版社

北京

内 容 简 介

本书为"聚集诱导发光丛书"之一。作为第一本系统总结聚集诱导发光分子自组装行为及其应用的图书，本书从聚集诱导发光分子的结构特点和分子自组装基本原理出发，全面介绍了实现聚集诱导发光分子自组装的策略和方法，并对聚集诱导发光分子的组装行为在生物医学、光学、化学传感、材料过程可视化等领域的应用进行了系统介绍。

本书可供高等院校及科研单位从事分子自组装、新型化学传感器的研究及开发的相关科研与从业人员使用，也可以作为高等院校材料科学与工程、化学及相关专业研究生的专业参考书。

图书在版编目（CIP）数据

聚集诱导荧光分子的自组装/阎云著. —北京：科学出版社，2023.10
（聚集诱导发光丛书/唐本忠总主编）
国家出版基金项目
ISBN 978-7-03-076024-1

Ⅰ. ①聚…　Ⅱ. ①阎…　Ⅲ. ①发光学—研究　Ⅳ. ①O482.31

中国国家版本馆 CIP 数据核字（2023）第 132432 号

责任编辑：翁靖一　孙静惠/责任校对：杜子昂
责任印制：师艳茹/封面设计：东方人华

科学出版社 出版
北京东黄城根北街 16 号
邮政编码：100717
http://www.sciencep.com
河北鑫玉鸿程印刷有限公司 印刷
科学出版社发行　各地新华书店经销
*
2023 年 10 月第 一 版　开本：B5（720×1000）
2023 年 10 月第一次印刷　印张：20
字数：403 000
定价：198.00 元
（如有印装质量问题，我社负责调换）

总　序

　　光是万物之源，对光的利用促进了人类社会文明的进步，对光的系统科学研究"点亮"了高度发达的现代科技。而对发光材料的研究更是现代科技的一块基石，它不仅带来了绚丽多彩的夜色，更为科技发展开辟了新的方向。

　　对发光现象的科学研究有将近两百年的历史，在这一过程中建立了诸多基于分子的光物理理论，同时也开发了一系列高效的发光材料，并将其应用于实际生活当中。最常见的应用有：光电子器件的显示材料，如手机、电脑和电视等显示设备，极大地改变了人们的生活方式；同时发光材料在检测方面也有重要的应用，如基于荧光信号的新型冠状病毒的检测试剂盒、爆炸物的检测、大气中污染物的检测和水体中重金属离子的检测等；在生物医用方向，发光材料也发挥着重要的作用，如细胞和组织的成像，生理过程的荧光示踪等。习近平总书记在 2020 年科学家座谈会上提出"四个面向"要求，而高性能发光材料的研究在我国面向世界科技前沿和面向人民生命健康方面具有重大的意义，为我国"十四五"规划和 2035 年远景目标的实现提供源源不断的科技创新源动力。

　　聚集诱导发光是由我国科学家提出的原创基础科学概念，它不仅解决了发光材料领域存在近一百年的聚集导致荧光猝灭的科学难题，同时也由此建立了一个崭新的科学研究领域——聚集体科学。经过二十年的发展，聚集诱导发光从一个基本的科学概念成为了一个重要的学科分支。从基础理论到材料体系再到功能化应用，形成了一个完整的发光材料研究平台。在基础研究方面，聚集诱导发光荣获 2017 年度国家自然科学奖一等奖，成为中国基础研究原创成果的一张名片，并在世界舞台上大放异彩。目前，全世界有八十多个国家的两千多个团队在从事聚集诱导发光方向的研究，聚集诱导发光也在 2013 年和 2015 年被评为化学和材料科学领域的研究前沿。在应用领域，聚集诱导发光材料在指纹显影、细胞成像和病毒检测等方向已实现产业化。在此背景下，撰写一套聚集诱导发光研究方向的丛书，不仅可以对其发展进行一次系统地梳理和总结，促使形成一门更加完善的学科，推动聚集诱导发光的进一步发展，同时可以保持我国在这一领域的国际领先优势，为此，我受科学出版社的邀请，组织了活跃在聚集诱导发光研究一线的十几位优秀科研工作者主持撰写了这套"聚集诱导发光丛书"。丛书内容包括：聚集诱导发光物语、聚集诱导发光机理、聚集诱导发光实验操作技术、力刺激响应聚集诱导发光材料、有机室温磷光材料、聚集诱导发光聚合物、聚集诱导发光之簇发光、手性聚集诱导发光材料、聚集诱导发光之生物学应用、聚集诱导发光之光电器件、聚集诱导荧光分子的自组装、聚集诱导发光之可视化应用、聚集诱导发光之分析化学和聚集诱导发光之环境科学。从机理到体系再到应用，对聚集诱导发光研究进行了全方位的总结和展望。

历经近三年的时间，这套"聚集诱导发光丛书"即将问世。在此我衷心感谢丛书副总主编彭孝军院士、田禾院士、于吉红院士、秦安军教授、王东教授、张浩可研究员和各位丛书编委的积极参与，丛书的顺利出版离不开大家共同的努力和付出。尤其要感谢科学出版社的各级领导和编辑，特别是翁靖一编辑，在丛书策划、备稿和出版阶段给予极大的帮助，积极协调各项事宜，保证了丛书的顺利出版。

材料是当今科技发展和进步的源动力，聚集诱导发光材料作为我国原创性的研究成果，势必为我国科技的发展提供强有力的动力和保障。最后，期待更多有志青年在本丛书的影响下，加入聚集诱导发光研究的队伍当中，推动我国材料科学的进步和发展，实现科技自立自强。

唐本忠

中国科学院院士

发展中国家科学院院士

亚太材料科学院院士

国家自然科学奖一等奖获得者

香港中文大学（深圳）理工学院院长

Aggregate 主编

前　言

　　2001 年，唐本忠教授等发现了一类螺旋桨型分子，在溶液中不发光，但在聚集状态下发射出强烈的荧光，由此拉开了世界范围内聚集诱导发光（AIE）研究的序幕。通过对聚集诱导发光分子结构的合理设计和修饰，目前已经可以实现从蓝光到红光及近红外发射的全光谱颜色调节，并涵盖紫外光、可见光、近红外光，以及下转换、上转换（双光子、三光子）等多种激发模式。由于其独特的分子结构和性质，聚集诱导发光分子在生物、环境、材料、医药、农业等领域显示出巨大的应用前景。

　　分子自组装是创造新物质的重要手段。聚集诱导发光与分子自组装的交叉不仅能够拓展聚集诱导发光现象的应用范围，更重要的是能够为揭示分子自组装的机理和过程提供可视化的工具。但因为聚集诱导发光分子大多数具有非平面结构，在溶液中这种空间构象阻碍了分子之间的相互靠近，导致其很难自发形成有序的组装体。随着聚集诱导发光研究的不断深入，对聚集诱导发光分子进行有效组装，提高组装体的材料学性质，并利用聚集诱导发光研究分子自组装的机理和过程，已经成为聚集诱导发光研究中不可或缺的一环。过去十年间，越来越多的研究者开始尝试对聚集诱导发光分子进行改造，以期实现聚集诱导发光分子的自组装，发展先进发光材料，应用于生物、医药、能源、信息等领域。

　　本书是聚集诱导发光与分子自组装科学相遇产生的一系列原创性成果的系统归纳和整理，我们期望其出版能对聚集诱导发光材料在分子自组装科学中的发展发挥一定的推动作用，提供相应的学术参考。第 1 章为绪论，介绍了聚集诱导发光分子的结构特征、发光机理、应用及其在分子自组装研究中的现状。第 2 章介绍了分子自组装的基本原则、特点和主要驱动力，包括疏水作用、静电作用、偶极-偶极相互作用、π-π 相互作用、卤键、阳离子-π 相互作用、阴离子-π 相互作用等非共价作用。第 3 章介绍了利用共价合成方法对聚集诱导发光分子进行改造，实现其自组装的方法，包括通过增加疏水效应、氢键等基团对聚集诱导发光小分子、高分子的结构进行改造，以提高分子自组装能力的方法。第 4 章介绍了利用非共价作用，通过超分子化学手段对聚集诱导荧光分子的结构进行调控，以共组装策略获得聚集诱导荧光分子的组装结构。介绍了利用静电作用、配位作用、主客作用等非共价方式获得聚集诱导荧光分子的超分子结构基元，然后利用超分子结构基元间的相互作用实现聚集诱导荧光分子的组装。第 5 章介绍了聚集诱导荧光自组装结构的生物医学应用，包括细胞及亚细胞成像、可视化药物载体等。第 6 章介绍了聚集诱导发光自组装结构在光学中的应用，包括光能捕获系统、圆偏振发光材料、上转换发光材料等的制备。第 7 章介绍了聚集诱导发光自组装结构在化学传感检测中的应用，包括对中性分子、带电离子、爆炸性化合物、表面活性剂等特殊物质的检测。第 8 章介绍了聚集诱导荧光自组装在材料过程可视化中的应用。利用自组装结构的形成与视野中荧光特征的相关性，实现胶束、囊泡、凝胶、聚合、界面等分子自组装结构形成过程的可视化探测。

全书由北京大学化学与分子工程学院阎云研究员撰写。本书相关资料由北京大学博士研究生武桐玥同学收集；廖培龙同学参与了第 2 章资料的收集工作。北京大学刘泽宇、李晓宇、智婉婉、肖霄、赵红欣、陆泽康、吴云雪、齐维琳、李鸿鹏等研究生协助参与本书文稿的排版、参考文献的整理工作。此外，本书的撰写工作得到北京大学黄建滨教授的大力支持。同时，感谢丛书总主编唐本忠院士，常务副总主编秦安军教授，科学出版社丛书策划编辑翁靖一等对本书出版的支持。

由于时间仓促及作者水平有限，书中难免有不妥之处，恳请读者批评指正。

阎　云

2022 年 7 月

于北京大学

◆◆ 目　　录 ◆◆

第1章

绪 论

人们对发光材料的研究历史悠久[1-5]。传统的发光分子通常具有平面 π 共轭结构，其发光颜色可以通过调节共轭体系的长短，以及共价连接的吸电子和给电子取代基的类型进行调节。然而，平面 π 体系之间很容易发生 π-π 相互作用堆积在一起，由此产生聚集导致荧光猝灭（ACQ）问题[图 1-1（a）]。因此，常规的有机分子只能在稀溶液中发光，例如，罗丹明 B 和荧光素钠在稀溶液中的荧光量子产率可以接近 100%，当溶液浓度升高后，发光效率逐渐降低直至完全猝灭。这种缺点极大地限制了它们在固体发光材料中的应用。为了解决这一问题，以抑制分子间 π-π 堆积为核心，人们进行了许多努力，如在发光核心结构周围连接支链或巨大的环状化合物[6]，或将它们与具有高玻璃化转变温度的聚合物共混[7]。但这些方法往往存在设计复杂、合成困难的问题，对于聚集状态荧光量子产率的提高幅度也并不是很大。

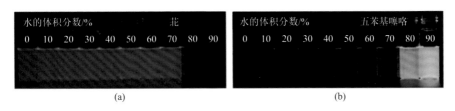

图 1-1 ACQ（a）与 AIE（b）现象的对比[8]

随着不良溶剂（水）含量的增加，苝（perylene）在溶液中的发光逐渐猝灭；而五苯基噻咯（PTS）分子的发光则逐渐增强

2001 年，唐本忠等发现了五苯基噻咯的聚集诱导发光（AIE）现象，并敏锐地意识到 AIE 将为 ACQ 问题的解决提供一个新的思路[9]。他们通过系统的工作证实，具有螺旋桨结构的一大类分子以单体形式存在于溶液中时，几乎不能发出荧光，但当发生聚集时可检测到强烈的荧光发射[图 1-1（b）]，因此将这类分子命名为聚集诱导发光分子，即 AIE 分子。通过对这类分子结构的分析，可以将这种

异常的荧光行为归因于聚集状态对分子内部结构自由转（振）动的限制（RIR）、聚集诱导的分子结构平面化，以及在某些情况下 J-聚集体的形成。这些效应在限制分子转（振）动中扮演重要角色[10]。当然，随着理论研究的不断深入，AIE 的机理也不断完善。最新的研究认为，分子激发态与基态能级锥形交叉点的形成是 AIE 分子在溶液中不发光、在聚集状态时发光的分子机理[11]。经过多年的研究和开发，目前已设计出许多具有 AIE 效应的奇妙分子[12]。最典型的是含有多个苯环取代的非平面结构，如四苯基乙烯（TPE）、四苯基噻吩（TPT）、五苯基噻咯（PTS）、三苯胺（TPA）；具有光致异构化能力的氰基二苯乙烯，能够与金属离子配位的席夫碱结构、酰腙结构；以及众多电子给受（D-A）型 AIE 分子，其中咔唑、苯并咪唑是常见的取代基团。根据分子形状，AIE 分子也可以划分为风扇型、V 字型、线型等，具体如图 1-2 所示。

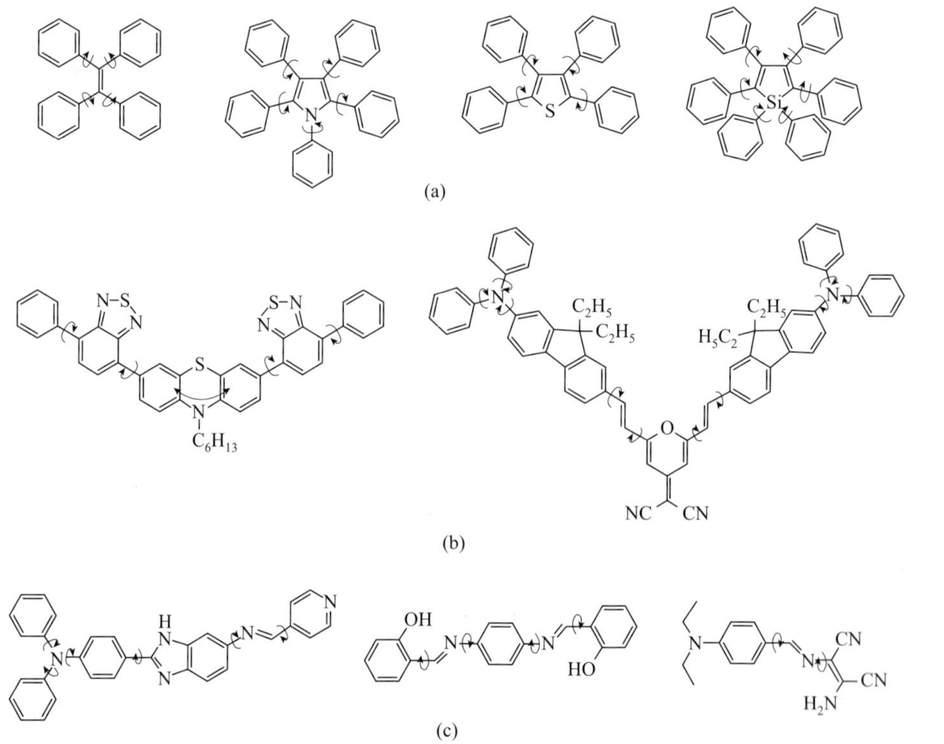

(a)

(b)

(c)

图 1-2　几种典型 AIE 分子的结构式[8]

（a）风扇型；（b）V 字型；（c）线型

随着对 AIE 原理的深入了解，更多其他类型的 AIE 分子也相继产生。此外，基于 AIE 原理衍生出大量的新的发光机理，如聚集诱导发光增强（AIEE）、团簇诱导发光（CTE）、振动诱导发光（VIE）、组装诱导发光等。近来，由于对光子在能级之间跃迁控制能力的增强，AIE 体系的发光研究逐步由荧光扩展到磷光，特别是室温磷光，并取得了一系列重要进展。

通常情况下，AIE 分子在有机溶剂中具有很好的溶解性，能够以单体形式存在，几乎不发荧光。当逐渐加入不良溶剂后，分子的溶解度逐渐降低，聚集开始发生，对应的荧光强度逐渐增强，并且有时会发生波长的移动。这是由于溶剂极性不同时，引起的 AIE 分子的聚集状态也不同。不良溶剂引起的荧光发射增强是 AIE 特性的最基本鉴定方式。当然，深入的研究还发现，AIE 分子荧光的产生也可以通过溶剂黏度提高、低温及高压等抑制分子运动的方式加以实现，这使得 AIE 分子可以对环境条件变化进行灵敏探测。

AIE 分子的固体通常是无定形粉末，但条件合适时也可以得到规整的晶体。当 AIE 分子与成胶因子结合时，在溶剂中还可以形成有机凝胶或者水凝胶。凝胶干燥后可以得到相关的气凝胶。此外，蒸发诱导等形成的薄膜材料也是一种比较常见的 AIE 分子存在状态。由于 AIE 分子的发光颜色与分子的振动、构象、堆积等因素密切相关，这些 AIE 材料经常发生力致变色、蒸气熏蒸诱导荧光颜色改变的现象，可以应用于防伪、检测、传感等领域。机械力能够破坏分子的堆积，使其从晶体状态转变为无定形态；而挥发物质的蒸气则通过与 AIE 分子结合、进入 AIE 分子的晶格等方式影响 AIE 分子的振动、堆积、构象，最终改变其发光颜色。

AIE 分子突出的在固体状态下强烈荧光发射属性为其应用提供了很多可能[13]，如荧光成像、离子分子传感、医学治疗、光能捕获、发光器件和有机电子器件等，可以通过图 1-3 进行简单总结。对于生物医学方面的应用，提高细胞摄取率、降低副作用和毒性是需要考虑的重点。对于其他方面的应用，光稳定性、更高的量子产率和能量传递效率是研究的核心，因为这直接影响材料是否具有实际应用价值。

在分子溶液、无规聚集分散体系和固体之间，AIE 分子的自组装研究是相对薄弱却极为重要的一环。简单来讲，分子自组装是通过非共价相互作用将分子定向结合成纳米或微观结构的方法，是一种自下而上的新材料设计思路[14]。发生自组装时，需要分子在空间上紧密而有序排列。而由于 AIE 分子本身的非平面结构，分子的紧密排列在溶液中很难实现。因此，结构比较简单的 AIE 分子在溶液中一般不会自组装，仅形成无定形的聚集体颗粒，分散在溶剂中。对于不容易分散的 AIE 分子，人们经常使用小分子或者两亲高分子辅助其分散，获得较为稳定的 AIE 胶体分散体系。F127、DSPE-PEG 是最常用的两亲高分子。

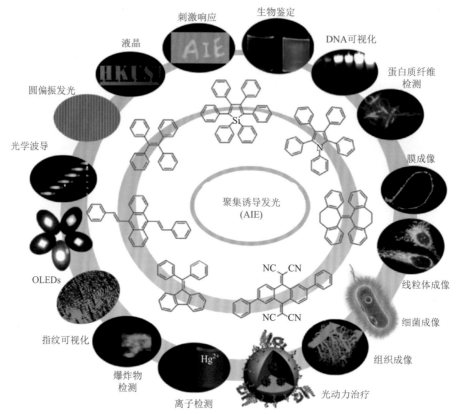

刺激响应 生物鉴定 DNA可视化 蛋白质纤维检测 液晶 圆偏振发光 膜成像 光学波导 线粒体成像 OLEDs 细菌成像 指纹可视化 组织成像 爆炸物检测 离子检测 光动力治疗

聚集诱导发光（AIE）

图 1-3　AIE 自组装分子的应用领域[8]

随着分子自组装在新材料和高新技术领域的潜力日益显现，AIE 分子的自组装研究受到越来越多的重视。通常，热力学稳定的分子自组装结构一经形成就非常稳定，能长时间保存。发生自组装的分子其自身的物理化学性质也会得以保持，因此很多 AIE 分子的自组装结构对光、气体、温度等具有良好的响应性。AIE 分子自组装已经成为一个蓬勃发展的领域，相关的研究非常丰富，未来仍有巨大的发展空间。本书从分子自组装基本驱动力和基本原理出发，结合 AIE 分子的结构特点，分别介绍 AIE 自组装的设计思路及其在生物医学及其他领域的应用。

参 考 文 献

[1]　Qi J, Chen C, Ding D, et al. Aggregation-induced emission luminogens: union is strength, gathering illuminates healthcare. Advanced Healthcare Materials, 2018, 7: e1800477.

[2]　Zhu M, Yang C. Blue fluorescent emitters: design tactics and applications in organic light-emitting diodes. Chemical Society Reviews, 2013, 42: 4963-4976.

[3]　Wang H, Ji X, Li Z, et al. Fluorescent supramolecular polymeric materials. Advanced Materials, 2017, 29: 1606117.

[4]　Wang Z，Qi J，Wang X，et al. Two-dimensional light-emitting materials：preparation，properties and applications. Chemical Society Reviews，2018，47：6128-6174.

[5]　Gao H，Zhang X，Chen C，et al. Unity makes strength：how aggregation-induced emission luminogens advance the biomedical field. Advanced Biosystems，2018，2：1800074.

[6]　Wang J，Zhao Y，Dou C，et al. Alkyl and dendron substituted quinacridones：synthesis，structures，and luminescent properties. Journal of Physical Chemistry B，2007，111：5082-5089.

[7]　Lee S H，Jang B B，Kafafi Z H. Highly fluorescent solid-state asymmetric spirosilabifluorene derivatives. Journal of the American Chemical Society，2005，127：9071-9078.

[8]　Mei J，Leung N L，Kwok R T，et al. Aggregation-induced emission：together we shine，united we soar！Chemical Reviews，2015，115：11718-11940.

[9]　Luo J，Xie Z，Lam J W，et al. Aggregation-induced emission of 1-methyl-1，2，3，4，5-pentaphenylsilole. Chemical Communications，2001，18：1740-1741.

[10]　Yan Q，Kong Z，Xia Y，et al. A novel coumarin-based red fluorogen with AIE，self-assembly，and TADF properties. New Journal of Chemistry，2016，40：7061-7067.

[11]　Guan J X，Wei R，Prlj A，et al. Direct observation of aggregation-induced emission mechanism. Angewandte Chemie International Edition，2020，132：15013-15019.

[12]　Guo Z，Yan C，Zhu W. High-performance quinoline-malononitrile core as a building block for the diversity-oriented synthesis of AIEgens. Angewandte Chemie International Edition，2020，59：9812-9825.

[13]　Yan Y，Huang J，Tang B. Kinetic trapping：a strategy for directing the self-assembly of unique functional nanostructures. Chemical Communications，2016，5：11870-11884.

[14]　Li H，Zheng X，Su H，et al. Synthesis，optical properties，and helical self-assembly of a bivaline-containing tetraphenylethene. Scientific Reports，2016，6：19277.

分子自组装原理

作为化学发展的新层次，分子自组装描述的是分子在氢键、π-π 相互作用、范德瓦耳斯力、静电作用、疏水作用等非共价作用驱动下，有序排列形成聚集体的过程[1-3]。这一过程往往具有定向识别、自发可逆和跨尺度的多级有序性等特点，在自修复材料，刺激响应材料，光、电、磁等性质的组装放大等领域，具有得天独厚的优势[4]。

2.1 ▶ 分子自组装的历史

系统的分子自组装研究与超分子化学的发展密不可分。1978 年，法国科学家让-马里·莱恩（Jean-Marie Lehn）首次提出了"超分子化学"这一概念。他指出："基于共价键存在着分子化学领域，基于分子组装体和分子间键存在着超分子化学。"[5]

早期的超分子化学主要集中在"分子识别"领域，即研究主体（受体）对客体（底物）选择性结合并产生某种特定功能的过程。这种结合不靠传统的共价键，而是靠范德瓦耳斯（van der Waals）力（包括离子-偶极、偶极-偶极和偶极-诱导偶极相互作用）、疏水相互作用和氢键等非共价分子间作用力。第一代主体化合物——冠醚[6]，通过选择性键合金属离子开启了超分子化学分子识别的篇章。此后又发展了第二代环糊精[7]、第三代杯芳烃[8]和类似物杯吡咯、第四代葫芦脲[9]及第五代柱芳烃[10]等，都在超分子化学的研究进程中占据了极其重要的地位。1987 年，诺贝尔化学奖被联合授予 Jean-Marie Lehn、Donald J. Cram 和 Charles J. Pedersen，"来表彰他们开发和使用具有高选择性结构特定相互作用的分子"，确立了超分子化学作为一门被广泛接受的化学学科的地位。

在此基础上，科学家们进一步发展了大量基于特征识别的自组织结构——利用氢键、给受体相互作用及金属配位相互作用等控制分子结合过程并将各组分保持在一起，构筑起复杂的超分子实体[11]，并据此产生了"分子自组装"的概念。2002 年，Jean-Marie Lehn 在 *Science* 上发表了"Toward self-organization and complex matter", 文中进一步强调, "超分子化学提供了通过自组装逐步揭示物质复杂性的方法和手段;涉及大量物理学和生物学的相关领域;通过逐步地发现、理解和掌控从无生命到有生命物质以及更进一步的事物发展规律,我们将最终获得创建复杂物质的新形式的能力"[12]。自此,自组装成为超分子科学最重要的核心领域。

2005 年, "我们能推动化学自组装走多远?"入选 *Science* 发布的 125 个最重要的科学前沿问题[13],分子自组装领域进入百花齐放的时期。以我国为例,2010 年,国家启动"可控自组装体系及其功能化"重大研究计划,在组装基元、组装新方法、实现组装体多功能集成和精准调控等不同层次上攻坚突破,相继开辟出了"阴离子-π 相互作用"、"超分子有机框架"(SOF)、"催组装"、"超分子聚合物"、"人工光合作用组装体"等领域[14]。

目前,分子自组装科学已日趋系统化,研究重心逐步从规律与性质研究向功能材料的开发转变;3D 打印器官、自组装芯片、纳米机器人等种种新型分子自组装材料或将在不远的将来实现商业化应用。

2.2 分子自组装的特点

分子自组装要求分子之间具有特定的非共价相互作用。这种相互作用不局限于同种分子之间,包括疏水(溶剂)作用、氢键、偶极-偶极相互作用、电荷转移、π-π 作用、配位作用、静电作用等。实际上,在分子自组装研究中,经常通过多组分之间相互作用的选择性调控实现对特定组装结构的精准控制。同时,对分子构象的控制,即别(变)构效应[15]也是控制分子自组装的一种方式。

有机分子的自组装是热力学自发的过程。发生分子自组装时,体系自由能降低。对分子自组装过程能量降低的原因的认识在历史上经历过一个漫长的过程。人类首先发现的分子自组装是表面活性剂在水溶液中形成的胶束。20 世纪 20 年代,McBain 在研究脂肪酸类物质稀溶液时,发现了渗透压等依数性消失的现象,提出了脂肪酸类分子在水中发生缔合,使得溶液中实际粒子数目急剧减少这一假设。但当时的固有认识认为,分子缔合是明显的熵减行为,违背热力学熵增加原理。现在已经明确,分子自组装体系包括溶剂和发生自组装的分子;当自组装分子形成高度有序的组装结构时,其水化层将坍塌,释放出大量自由水,使得体系的总熵增加。一般情况下,分子自组装过程焓变很小($\Delta H \approx 0$)。根据热力学公式,自组装体系的吉布斯自由能变化量:

$$\Delta G = \Delta H - T\Delta S$$

当熵变(ΔS)较大时,吉布斯自由能变化量 $\Delta G \ll 0$,自组装过程自发进行。

有机分子的自组装是一个动态平衡过程，即组装与解组装同时进行，形成组装体的分子与溶液中与之平衡的自由分子之间一直存在动态交换。因此，动力学因素往往影响分子自组装进程和结构，导致动力学控制的自组装产物生成。由于动力学因素影响，分子在发生自组装时，有时不一定达到能量最低的状态，尤其是分子自组装能量曲线存在亚稳态时，自组装过程常常止步于某一亚稳态，形成动力学控制的自组装产物。一般情况下，动力学平衡的自组装结构在一定条件下会向热力学平衡结构转变，使体系的能量达到最低。当热力学稳定态与亚稳态之间能量差异不大时，两种自组装结构之间能够发生可逆转化（图 2-1）。

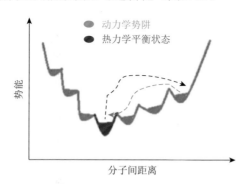

图 2-1　动力学与热力学联合控制的分子自组装过程的能量曲线

因为存在多个动力学控制状态，不同动力学控制状态和热力学平衡状态之间的能量差很小，
动力学控制产物与热力学控制产物之间能够可逆转换

影响分子自组装的动力学因素因体系而异，常常包括温度、浓度等[16]。溶液中的分子自组装过程与结晶过程类似，存在"成核"和"生长"两个关键步骤，因此，组装结构与初始浓度有关。当初始浓度较高时，因为能够大量"成核"，往往形成较小的自组装结构；而当初始浓度很低时，经常形成大尺寸结构。但无论初始浓度如何，自组装结构在达到一定尺寸后经常会停止继续长大，形成稳定的胶体分散态。这是因为自组装结构表面会因电离、溶剂化等因素产生斥力，阻止胶体粒子之间的进一步聚集。因此，通过溶液相分子自组装往往得到胶体分散态的粒子，很难获得跨尺度的宏观材料。实际上，除了整体形成凝胶外，通过溶液相自组装还不能获得宏观连续的分子自组装材料，这是分子自组装科学需要突破的瓶颈问题。

2.3　分子自组装的驱动力

分子发生自组装的关键是分子间存在非共价作用。前面已经多次提及多种不同的分子间相互作用，本节将以分子自组装常见的非键作用为分类依据，简要介绍各种作用的原理与实际应用。

2.3.1　疏水作用

疏水作用的本质来源于熵。W. Kauzmann 在 1959 年指出，为了减少暴露在水中的非极性表面积，任何两个在水中的非极性表面将倾向于结合在一起，此即疏水效应。疏水效应发生的根本原因在于有机基团的加入破坏了部分水的氢键，引起体系自由能升高。为了降低自由能，水分子迅速在有机基团附近重新组织，通过氢键连接成高度有序的"冰山"结构。但这一过程引起熵的显著减小，依然升高体系自由能。因此，有机基团迅速自发聚集，导致"冰山"崩塌，释放出大量自由水，增加体系的熵，最终实现体系自由能的降低。因此，疏水作用的本质也被认为是氢键作用。利用显著的熵效应，疏水作用可以诱导两亲分子发生自组装。表面活性剂在溶液中形成胶束、磷脂形成细胞膜的过程都可归因于疏水作用。疏水作用不能明确归结为一种力，它是氢键、熵效应的综合结果；严格来讲，应称之为"疏水效应"。

在主客体化学中，疏水作用也非常重要。可以利用类似的熵效应进行解释：主体和客体分子在水中的分散会使大量的水结构被破坏，当主客体发生识别和结合后，溶剂结构破坏迅速减弱，熵显著增加（图 2-2）。

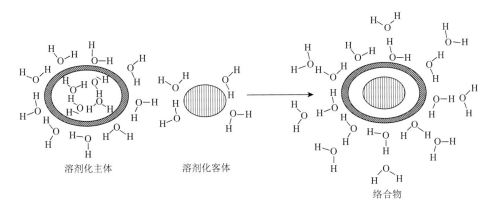

图 2-2　主客体识别与疏水作用的关系

利用这个理论，基于主客体作用的自组装材料得到丰富的发展。例如，Harada 等分别以环糊精和金刚烷修饰聚丙烯酰胺，二者分别形成水凝胶。在主客作用下两凝胶在界面上发生宏观识别行为（图 2-3）[17]。类似地，贾永光、任力等以低分子量（1.3 万）的聚乙烯醇为聚合物主链，引入了生物相容性良好的主客体 β-环糊精和胆酸，利用主客体识别作用在室温制备出自修复水凝胶[18]。该团队通过将 β-环糊精和胆酸分别接枝在低分子量的聚乙烯醇链段上构建出主体和客体聚合物，然后在生理环境下简单混合两种低黏度接枝聚合物的水溶液便能自组装即时成胶。通过该方法制备出的聚乙烯醇自修复水凝胶成胶浓度可以低至 7.0 wt%（质量分数，后同），其主体聚合物和客体聚合物均为独立制备，易于调节侧链接枝密度，通过调节胆酸接枝比还能调节自修复水凝胶的机械性能，使其能适应更广泛的生物医学应用。此种水凝胶材料作为生物填充材料具有良好的应用前景。

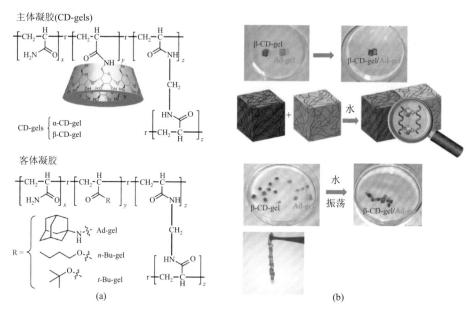

图 2-3 （a）主体凝胶（CD-gels）和客体凝胶的化学组成，r 代表各链段是任意聚合的；
（b）主体凝胶-客体凝胶的识别行为[17]

此外，疏水自组装在生物体系中也非常常见，如细胞膜、脂质体、蛋白质的正确折叠都依赖于疏水作用。

2.3.2 静电作用

静电作用即分子带正电的区域与带负电的区域间的静电吸引作用，以及同电荷间的排斥作用的综合。静电作用是分子自组装中非常常见的作用形式，具有很高的强度（50～200 kJ/mol），在自组装的形成、几何构型的设计和保持中发挥非常重要的作用。在超分子系统中，此类相互作用最常见的形式为离子-离子、离子-偶极、离子-四极和四极-四极相互作用等，作用强度随着从离子到偶极子再到四极子的转变而下降。

静电自组装是形成纳米复合薄膜的常见方法，常用于聚电解质层层（layer-by-layer，LBL）自组装薄膜及聚电解质和胶体粒子复合薄膜的制备。其主要步骤是：将表面带电荷（假定是负电荷）的基片依次放入阳离子聚电解质、阴离子聚电解质的水溶液中浸渍，间隔以去离子水淋洗，反复重复"浸渍-淋洗"操作，即可形成多层自组装薄膜。静电自组装不要求任何形式的化学键，且使用对环境友好的水溶液，因此可以避免复杂的化学反应，使成膜速度加快、生产成本降低、对环境的污染减少。由于静电自组装的以上多种优势，目前能够使用的聚电解质已经扩展到生物大分子、金属胶体粒子、无机纳米粒子等，所制备的薄膜也已经实现非线性光学、发光、导电、表面修饰/改性、气体分离等多种功能。

例如，Payne 等利用静电 LBL 自组装方法制备了可以在分子或电信号的加入下实现解组装的生物功能多层膜[19]。多层膜的制备方法如图 2-4 所示，首先电沉积 pH 响应的自组装氨基多糖壳聚糖，之后凝集素伴刀豆球蛋白 A（Con A）与壳聚糖涂层电极通过静电作用结合，并依次发生糖原和 Con A 的逐层自组装，最后通过将糖蛋白（即酶）组装到 Con A 端接的多层膜赋予膜生物（即酶）功能。因为 Con A 四聚体在低 pH 条件下会发生解离，因此酸化即可触发多层膜的分解。基于此原理，该薄膜可以实现在加入响应小分子后利用葡萄糖氧化酶诱导多层膜分解或通过加入电信号和阳极反应诱导薄膜分解，成功实现薄膜的刺激响应性。

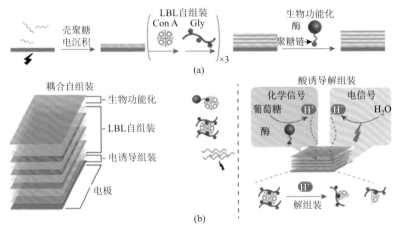

图 2-4 （a）层层自组装薄膜的制备模式图；（b）电信号和化学信号诱导薄膜 pH 改变和解体示意图[19]

Gly：甘氨酸

阎云等通过表面活性剂和反电荷的聚电解质静电自组装形成压力诱导宏观块体材料，通过小分子或纳米粒子掺杂可以实现功能化平台的设计，在气体传感、电子皮肤、防伪材料、软体机器人等领域均具有良好的应用（图 2-5）[20]。当然，静电作用不是一成不变的，通过改变分子所带电荷种类及强度可以有效调控分子自组装，这为分子自组装的智能响应提供了可能。例如，pH 响应、氧化还原响应等就是静电作用调控的常见模式。

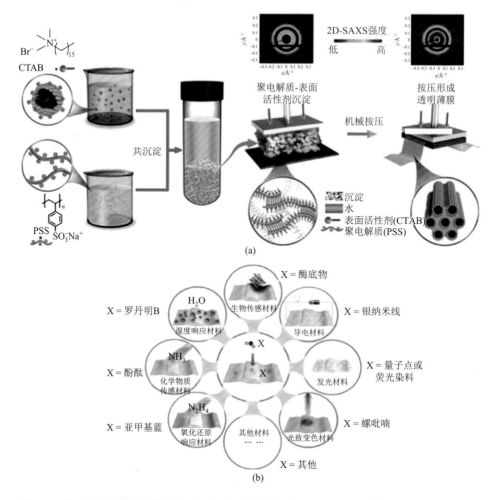

图 2-5　（a）表面活性剂-聚电解质压力诱导薄膜的制备原理；（b）薄膜作为功能化平台的应用领域[20]

2.3.3　偶极-偶极相互作用

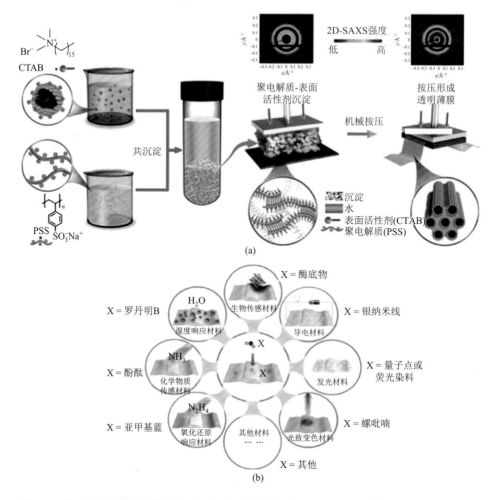

图 2-6　两种类型羰基偶极-偶极相互作用示意图

偶极-偶极相互作用（5～50 kJ/mol）是一种相对较弱的静电作用。根据两个偶极分子排列方式不同可以有两种作用形式（图 2-6）：临近分子的一对单个偶极排列（类型Ⅰ）或者两个偶极分子相对排列（类型Ⅱ）。

　　偶极-偶极相互作用具有显著的方向性，可以使组装基元在自组装过程中更好地取向排列，为各向异性组装体和材料的设计提供了可能。例如，陈刚等首次报道通过丙酮和水混合溶剂热法合成了 Sb/Ag-PbTe 微米球（图 2-7），通过对比未掺杂和掺杂元素的实验结果，成功证实 Sb 和 Ag 的不均匀分布导致的偶极-偶极相互作用是诱导纳米晶自组装形成微球的主要原因。

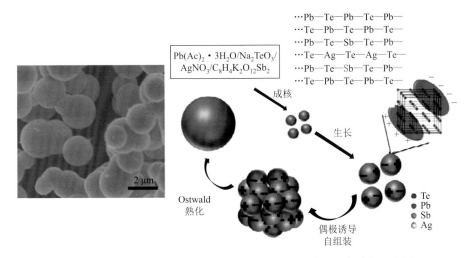

图 2-7　Sb/Ag-PbTe 微米球的扫描电子显微镜照片和形成过程示意图

　　类似地，殷亚东等采用硫醇配体替换 Turkevich 法制备的金纳米链表面的柠檬酸配体引发金纳米粒子自组装[21]。具体原理可以理解为，部分配体交换过程导致配体在金纳米粒子表面非均匀分布，可引发电偶极相互作用，并导致纳米粒子各向异性自组装形成一维链，更进一步可得到链网络，同时静电排斥力的减弱也是自组装的重要原因。

2.3.4　氢键

　　氢键可以看作是一种特殊的偶极-偶极相互作用。当氢原子与电负性原子（或拉电子基团）相邻又被邻近分子或官能团偶极吸引即形成氢键。根据以上特点，氢键自组装即利用氢键作用将分子的亚单元组装成具有二维或三维长程有序结构超分子的过程。氢键所具有的稳定性、方向性和饱和性是实现氢键自组装的基本条件。而氢键的动态可逆性，即对外部环境的刺激具有独特的响应特性是氢键自组装不同于其他类别自组装的一个特别之处，也是氢键自组装最大的优势。

氢键自组装是一种比较常见的自组装形式。在天然超分子中，氢键的作用非常重要，如蛋白质的立体结构、酶的底物识别及 DNA 双螺旋结构均少不了氢键的作用（图 2-8）。

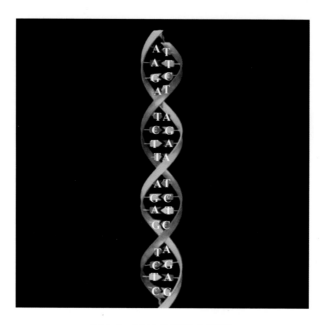

图 2-8　DNA 双螺旋示意图

内部碱基对之间存在丰富的氢键相互作用

　　值得注意的是，当体系内存在多个氢键时，多重氢键可以显著提高结合强度，对结构的稳定性具有重要作用。多重氢键的高强度与动态性也是实现材料自修复性能的有效方式，以此为基础的自修复材料目前蓬勃发展。例如，杨科珂等将脲基嘧啶酮（UPy）基团引入到聚丙二醇（PPG）链段中，通过精确调控其微相结构得到了一种强韧的可自修复的聚氨酯弹性体 PPG-mUPy[22]。聚合物链段中的 UPy 基团通过二聚形成四重氢键，不仅可以诱导相分离形成软硬段结构，还可通过 π-π 堆积相互作用形成在环境温度下稳定的微晶，进一步提高了聚氨酯材料的机械强度。此外，柔性 PPG 链段上氨基甲酸酯基团之间存在的弱氢键，赋予了材料超韧特性。通过温度调控启动微晶熔融释放 UPy 的可逆特性，赋予材料优异的自修复性能。通过调控 PPG 链段长度、各组分含量及微观形态，得到了综合性能最优的样品 PPG 1000-mUPy 50%，其拉伸强度可达 20.6 MPa，强度修复效率可达 93%（图 2-9）。该方法为开发高强高韧自修复高分子材料提供了新的思路。

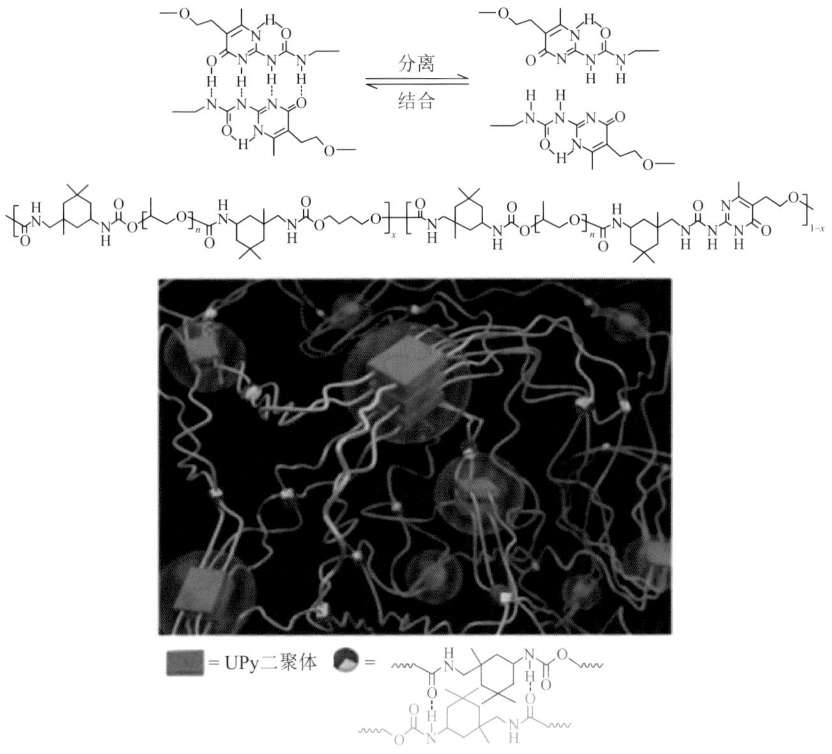

(a)

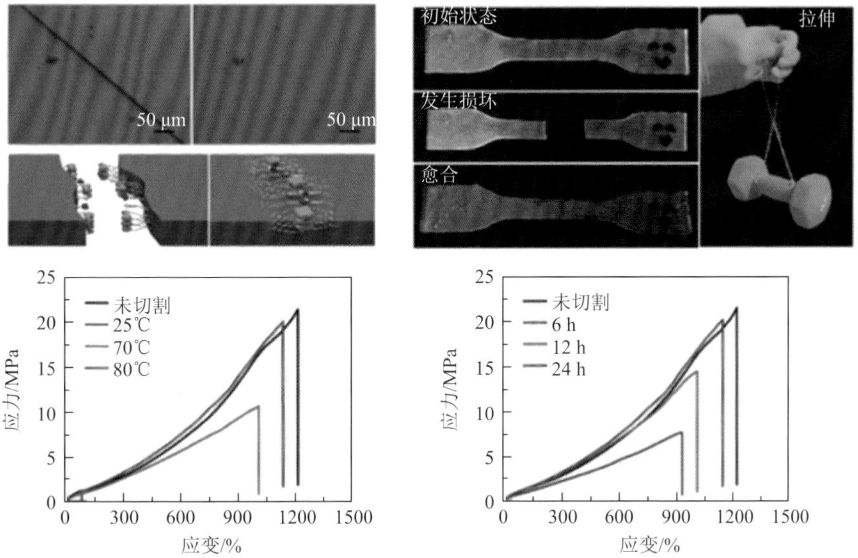

(b)

图 2-9　（a）UPy 二聚体多重氢键形成和解聚，以及 PPG-mUPy 的示意图；（b）PPG-mUPy
超强自修复能力结果[22]

2.3.5 π-π 相互作用

在芳香环之间还存在着一种相对较弱的静电作用，被称为 π-π 相互作用。这种相互作用通常存在于相对富电子和缺电子的两个分子或分子片段间，通常存在面对面和边对面两种构型，如图 2-10 所示。石墨是最常见的面对面堆积结构，这赋予石墨材料极好的光滑感，也是石墨可以作为润滑剂的重要原因。类似的面对面堆积还有 DNA 中的核酸碱基对，可以与氢键共同作用进一步提高 DNA 结构的稳定性。与面对面作用不同，边对面 π-π 相互作用可以看作是一个芳香环上轻微缺电子的氢原子与另一个芳香环上富电子的 π-电子云之间形成的类似弱氢键结构（图 2-10）。在一些小的芳香化合物晶体中，特征的人字形堆积结构即是典型的边对面 π-π 相互作用。

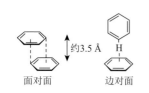

约3.5 Å

面对面　　　　边对面

图 2-10　两种 π-π 堆积示意图

在分子自组装材料中，π-π 相互作用通常作为一种重要的辅助作用力。例如，刘鸣华等通过配位和 π-π 堆积的协同作用，驱动芘基组氨酸（PyHis）以不同的组装途径实现了超分子手性和圆偏振荧光（CPL）信号的反转和可逆切换（图 2-11），成功揭示了多重弱相互作用的协同效应在精准控制超分子手性转化和切换方面的原理，为发展基于 π-体系的智能响应型手性发光材料提供了新思路[23]。

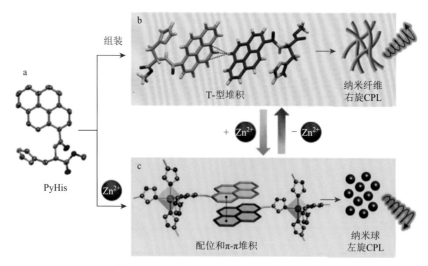

图 2-11　通过 π-π 相互作用和配位作用调节 PyHis 组装体圆偏振手性的示意图[23]

首先通过 π + 氨基酸的策略，设计合成了基于芘甲酸和组氨酸的新型手性 π 共轭氨基酸类组装基元 PyHis。该类分子可以通过不良溶剂自组装技术形成超分子凝胶。单晶结构显示，两个芘环以近乎垂直的角度形成 T-型堆积的二聚体，进一步通过酰胺键和咪唑基团之间的氢键，最终形成尺寸均匀的纳米纤维结构并发射右旋圆偏振荧光。加入 Zn^{2+} 后，PyHis 与 Zn^{2+} 形成较为少见的五配位络合物，并且芘环之间形成了较强的 π-π 堆积，通过这两种相互作用的协同效应，纳米纤维结构完全转化为纳米球，并实现了超分子手性和圆偏振荧光信号的反转。进一步通过加入络合能力更强的 EDTA 作为竞争配体，还可以促进组装体结构的转变，通过这种配位-解离的策略，可以实现圆偏振荧光信号的多次可逆切换。目前，完全由 π-π 相互作用实现材料自组装调控的实例仍非常少见。

2.3.6　配位作用

配位作用，特别是金属离子与配体之间的特异性结合，是分子自组装中最常见的设计方式，目前得到了广泛的应用。将无机化学领域的配位数、螯合配体等概念引入分子自组装，极大地丰富了分子自组装的设计策略，同时借助金属离子和配体化合物的选择还可以将光学、磁学等额外的性能引入分子自组装，实现组装材料的进一步功能化。

基于配位作用的超分子大环、线型或三维高分子是直接通过金属离子与结构配体之间的配位键连接而成的超分子结构。其中，超分子大环可以作为一个独立的单位存在于溶剂中，但也有一些配位体系在空间连成一个整体，此即金属配位超分子聚合物、有机金属框架等结构。但利用金属离子与羧基等配体之间的可逆动态配位作用可以构筑更为广泛的分子自组装结构。例如，阎云等以稀土离子如 Eu(III) 和 Tb(III) 为配位金属离子，与含有白屈草酸头基的 L_2EO_4 分子发生配位，可以获得带有负电荷的配位超分子化合物，再与具有正电荷的嵌段高分子 P_2VP_{41}-b-PEO 通过静电作用结合即可得到能够发出红色和绿色荧光的复杂凝聚核（C3M）胶束（图 2-12），通过调节两者比例还可以实现荧光颜色由红色到橙色、黄色最后到绿色的连续转变[24]。

基于羧酸的配位作用强度适当，且与氢键类似，始终处于动态可逆平衡状态。利用以上特点设计的分子自组装材料具有很好的动态性，使得超分子结构可以进行灵活的"误差校正"，直到获得热力学上有利的结果。一旦获得稳定的结构，配位键能够显示出显著的协同作用以赋予材料增强的稳定性。利用这种方式设计的超分子水凝胶具有很高的机械强度和自修复能力，具有很广阔的应用前景。

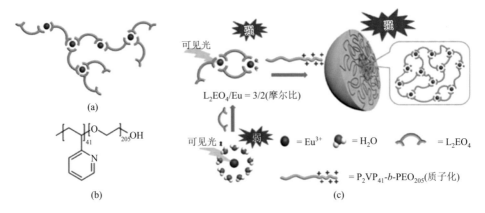

图 2-12 （a）金属配位超分子示意图；（b）嵌段共聚物结构式；（c）具有荧光特性的 C3M 自组装胶束示意图[24]

　　从怀萍和俞书宏等结合纳米复合水凝胶与 Au—S 的动态配位作用，成功发展了多功能、高强度、快速高效自修复纳米复合水凝胶的制备新策略[25]。研究中，基于 Au—S 配位键对金纳米粒子表面进行修饰，获得的金纳米复合物表面具有大量的不饱和键，作为交联剂制备纳米复合水凝胶。研究结果发现，鉴于金纳米粒子优异的光热性能，以及配位键在受热情况下的动态稳定性，该纳米复合水凝胶可以实现近红外激光（808 nm）诱导下的快速、高效自修复行为，在 1 min 内实现高达 96% 的自修复效率（图 2-13）。而 Caruso 等则以简单的单宁酸与 Fe^{3+} 的配位，获得了动态交联的水凝胶、薄膜等系列材料[26]。

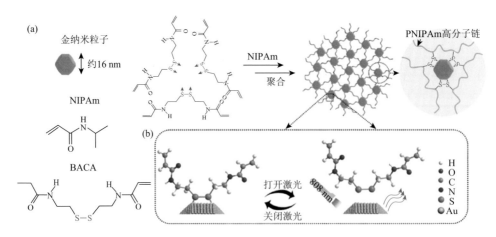

图 2-13 （a）金纳米粒子复合水凝胶结构示意图；（b）808 nm 激光诱导快速自修复示意图[25]

2.3.7 卤键

早在一百多年前，人们就认识到卤键的存在，但直到 1990～2000 年对于卤键的认识才得以清晰和深入。卤键的最简单定义是缺电子的卤素原子与富电子的原子间的作用力，共价卤素原子周围静电势的各向异性分布是其形成的根本原因。通常表示为 R—X⋯B，其中，X 是卤素原子，B 是电负性基团。

Politzer 和 Clark 首次用分子静电势解释了共价卤素原子最外层正静电势区域产生的原因，并将其称为 "σ-hole"（σ 穴），如图 2-14 所示。卤键是 σ-hole 相互作用中的一种。它的性质和特点可以通过静电、极化和色散作用来解释：当原子形成共价键时，原子电子云的对称分布发生变化，电子云密度发生重排。一些电子云移动到成键区域，这样就造成电子云在原子所成共价键另一端的缺失。如果原子电负性足够高，这种缺失将会或至少一部分会由分子其余原子电子云的流入而得到补充，并且随着电子云密度的升高，将会形成孤对电子。这样原子的电子云密度分布变成各向异性。原子在孤对电子方向的 "半径" 将会大于沿原子所成共价键延长线的方向的 "半径"。一般，在元素周期表的同一主族，σ-hole 的正电性随着原子质量的增大而增强，这一顺序与极化率的增加和电负性的降低顺序相同。研究表明，卤素原子上取代基团或原子的电负性越强，卤素原子的 σ-hole 越正。当电负性基团相同时，σ-hole 的静电势越大，复合物的结合能越大。元素周期表中的第二周期元素（C、N、O 和 F）电负性最大，极化率最低，通常不能形成或形成很弱的正 σ-hole。

图 2-14　F—Cl 分子表面 0.001 au （1 au = 27.2 eV）静电势的计算结果[27]

目前已经发现，卤键在生物学中具有重要作用。例如，卤键在蛋白质的正确折叠及与配体结合中能够提供额外的稳定作用。在很多药物设计中，使用卤代的分子加强生物分子中特定区域的相互作用。

基于以上特点，近年来，卤键在实验和理论研究方面均受到了广泛的关注，成为可控自组装研究领域的热点问题。共价卤素原子周围电子云的各向异性分布使卤键具有高度的方向性，其键角分布在接近 180° 的狭窄范围内。此外，卤键的键能分布在 5～180 kJ/mol，较氢键键能范围大，可调控性更强。特别地，在分子识别中卤键的选择性优于氢键。由于卤素原子上的取代基团直接影响着卤键强弱，因此对取代基团的不同选择成为调控卤键强弱的一种重要方式。

卤键的这些特点使其在分子识别、晶体工程、超分子化学和生物工程中有广泛的应用。例如，李全团队合成并发现了两种响应可见光的卤键供体手性分子开关，掺入市售的室温非手性液晶主体 5CB 中可诱导光响应性螺旋液晶结构，用可见光驱动螺旋液晶结构可分别实现可逆的螺旋消失和手性翻转[28]。该体系规避了传统有害紫外光的使用，仅用一种分子开关就可实现手性翻转，避免了两种或两种以上手性添加剂的复合使用。

在苯环上用氟原子取代氢原子，不但可以增强卤素原子的亲电能力，使得苯环与受体间的卤键更稳定，而且氟原子在偶氮苯的邻位取代，使得能够用可见光对偶氮基团进行有效可逆调控顺反异构。该工作合成了两个尾端是碘和溴原子的具有轴手性的偶氮苯分子开关，同时作为卤键的供体，掺杂到作为卤键受体的液晶主体中形成自组装螺旋超结构。以碘为末端原子的分子开关能够实现可见光驱动螺旋结构的可逆消失与重现，而以溴为末端原子的分子开关能够实现可见光诱导螺旋结构手性的可逆翻转。该手性翻转的样品可进一步在电场作用下，作为水平规则排列的螺旋结构对光栅的衍射行为进行可逆调节（图 2-15）。

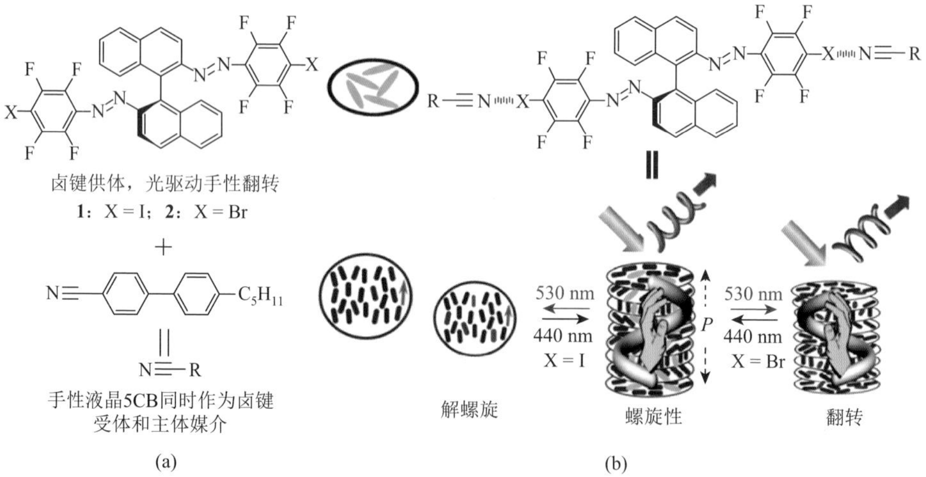

图 2-15 （a）可见光驱动卤键供体手性分子开关 1 和 2 的化学结构，以及作为卤键受体和宿主介质的非手性向列液晶 5CB；（b）可见光照射下螺旋结构的自组装与手性翻转[28]

2.3.8 阳离子-π 相互作用

阳离子-π 相互作用即阳离子与离域电子（如苯、乙炔的 π 电子）之间的作用力，被认为是目前最强的非共价相互作用之一。理论计算表明，不同阳离子-π 体系的相互作用强度为 40~80 kJ/mol。最早在 1981 年，Sunner 等在气相中首次观察到阳离子-π 相互作用，20 世纪 90 年代对这种作用力的认识和理解进一步加深[29]。目前，阳离子-π 体系涉及的阳离子主要包括各种金属阳离子，如 Li^+、Na^+、K^+、Be^{2+}、Mg^{2+}、Ca^{2+}，以及过渡金属离子、无机铵离子、有机铵离子等。

Dougherty 等通过大量工作建立了阳离子-π 相互作用的模型，该模型已在各种合成受体中得到证实。阳离子-π 相互作用被认为是静电与极化共同作用的综合。简单来讲，芳香体系（如苯）拥有一个永久的四极矩，该矩定义了平面上方和下方的相对负电荷区域。阳离子将以静电相互作用的形式在此区域上受到吸引力（图 2-16）。

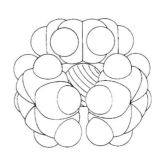

图 2-16　阳离子-π 相互作用示意图[$K^+(C_6H_6)_4$][29]

目前阳离子-π 相互作用在大环化合物参与的分子自组装中具有丰富的设计和应用。例如，田威等提出"双重阳离子-π 驱动自组装"策略来避免包含阳离子基团的分子平面和包含芳香结构的分子平面发生相交，并使阳离子-π 相互作用形成的稳定结构在二维平面上生长，从而得到了二维超分子聚合物（图 2-17）[30]。该有机层表现出较高的热稳定性及出色的溶剂耐受性。此外，这种稳定的二维有机层可以作为一种新型的纳米粒子模板原位生长尺寸均一、分散性好的金属纳米粒子，并且其在偶联反应和染料降解反应中表现出优异的催化活性和可回收性。

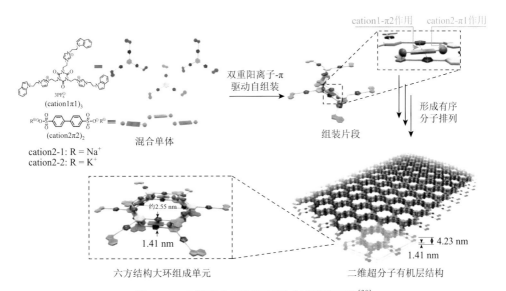

图 2-17　二维超分子有机层形成过程的图解[30]

双重阳离子-π 作用在结构稳定中起到了重要作用

此外，阳离子-π 相互作用在分子识别中具有重要作用。Gokel 等对套索状冠醚类化合物的研究结果表明，阳离子-π 相互作用在稳定构象方面具有重要作用，其中 Na$^+$ 与吲哚的相互作用尤为突出（图 2-18）[31]。在夹心复合物中，叔铵离子与甲苯之间的相互作用也在结构上得到了证实[32]。阳离子-π 之间的识别能力为基于分子自组装材料的智能响应与专一性识别提供了可能。

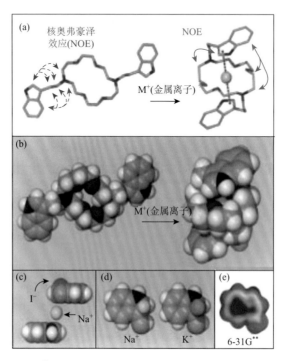

图 2-18　Na$^+$ 与吲哚的阳离子-π 相互作用在结构稳定中的作用[31]

2.3.9　阴离子-π 相互作用

与阳离子-π 相互作用相比，阴离子-π 相互作用是违反直觉的，因为预计阴离子会表现出与芳香族化合物的排斥性相互作用。然而，王梅祥、王德先等以阴离子-π 相互作用作为主要驱动力，以"外向型"排列的双空腔分子体系作为主体组装基元，以 1, 5-萘二磺酸根双阴离子作为客体组装基元，实现了长程有序自组装（图 2-19）[33]。理论研究表明，电子密度不足的芳香族化合物（如六氟苯）表现出与阴离子的良好相互作用，其结合能（20～50 kJ/mol）与氢键强度相当。由此人们逐渐认识到，阴离子-π 相互作用是阴离子与缺电子芳香环之间的相互吸引作用。目前阴离子-π 相互作用相关的研究仍相对较少。

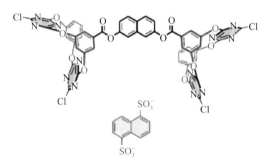
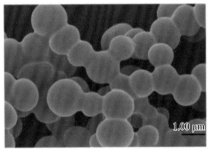

图 2-19　分子结构式与阴离子-π 相互作用下的自组装结果[33]

2.4　分子自组装形貌控制的指导原则——临界排列参数

自组装结构形貌的控制和调节是分子自组装研究中一个重要的主题。分子间的作用为分子自组装提供驱动力，但分子的几何形状对最终形成的自组装结构形态具有决定性影响。20 世纪 70 年代，以色列胶体化学家 Israelachvili 等利用亲水基团的面积、疏水链的长度、体积推导出水溶液中两亲分子自组装的一个简单有效的分子排列参数 P：

$$P = \frac{v}{a_0 l_c}$$

其中，v 是分子疏水部分的体积；l_c 是疏水链最大伸展长度；a_0 是亲水头基的面积。基于此方法计算，当 $P \leq 1/3$ 时，分子更易于自组装形成球形或者椭球形胶束。当 $1/3 < P \leq 1/2$ 时，易于形成非球形胶束，包括椭球形、扁球形、棒状及更长的蠕虫状胶束。$1/2 < P < 1$ 范围内则容易形成不同弯曲程度的双分子层，一般是尺寸不同的囊泡。在此范围内，P 值越大，囊泡尺寸越大。当 $P = 1$ 时，形成曲率为 0 的层状结构。进一步增加至 1 以上，聚集体将反过来，以疏水基团包围亲水基团，在有机溶剂中形成反胶束等结构。P 值与不同自组装结构之间的关系如图 2-20 所示。

不同自组装结构对应的 P 值可从其表面积与体积的比值中获得。例如，一个由 n 个两亲分子形成的球形胶束的表面积和体积分别为 A 和 V，若两亲分子的亲水基团面积为 a_0，疏水链的长度和体积分别为 l_c 与 v，则可得

$$A = 4\pi R^2 = na_0$$

$$V = 4/3(\pi R^3) = nv$$

其中，R 是胶束的半径，其最大值即为 l_c。将此二式作除法，即可得到 $v/a_0 l_c < 1/3$。按此法可推求出其他 P 值的边界条件。

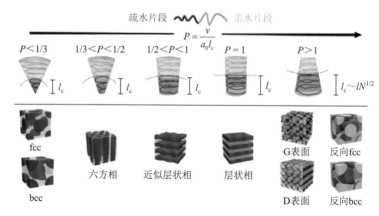

图 2-20　两亲分子的亲水基团体积变化对分子排列参数的影响及其对应的分子自组装结构

这个公式的重要意义不在于计算分子的绝对临界排列参数，而是指导用于自组装的分子结构设计，以及判断分子结构在外界因素影响下发生变化时，分子自组装结构的转变方向。例如：①当选择使用较小头基时，如果能为其设计多条疏水链段，将会使反胶束或层状结构的形成变得容易。②当分子具有较大的亲水头基和单条亲水链段时，往往倾向于形成球形胶束。③当亲水基团宽度与疏水基团宽度相当时，容易产生双分子层结构。④当外部环境影响分子结构时，判断是否改变了头基大小、疏水基团长短和体积，就可以预测、解释自组装结构的转变。

值得注意的是，溶液中分子自组装结构的形成与解体是一个动态过程和平衡体系。各种自组装结构中的分子与溶液中的单体存在着较快的交换速度。因此，可以认为分子自组装结构处在不断形成和解体中，呈现的形态仅是其主要形态或平均形态。

2.5　分子自组装的热力学与动力学

分子自组装往往受熵效应与动力学效应的双重影响。

经典热力学原理要求物理和化学系统稳定于能量最小的热力学平衡态，体系平衡一旦建立，所有参量将不随时间变化。对于有相互作用的系统，热力学平衡下的最后状态由自由能 $G = H - TS$ 最小值决定。其中，H 是体系的焓，T 是温度，S 是熵。一般的固态凝聚体中，与熵相比，焓常常起主导作用，某种近似下可以认为焓决定了系统的平衡态有序结构。然而，在超分子体系中，由于超分子作用力的单位强度远弱于一般共价键的强度（表 2-1），体系的内能与 TS 相比往往较小，且在组装变化过程中几乎保持不变，因而在热力学平衡下，确定平衡态有序结构的自由能最小往往要求熵最大，即由熵驱动。

表 2-1　不同分子间相互作用强度

相互作用类型	强度/（kJ/mol）	相互作用类型	强度/（kJ/mol）
范德瓦耳斯力	51[34]	偶极-偶极	5~50
氢键作用	5~65[34]	卤键作用	5~180
主客体作用	10~100[34]	阳离子-π 作用	40~80[35]
配位作用	50~200[34]	阴离子-π 作用	20~50
静电作用	50~200[34]	共价作用	350[34]

　　但分子自组装体系并不总是处于热力学平衡态，处于开放体系下的超分子自组装受外界的光、热、力等能量输入的影响，将形成不同的结构，具有明显的动力学驱动特点。这是因为自组装体系中常常同时存在着多种相互竞争的超分子作用，随着系统相互作用复杂度的增加、对抗力的出现及由此产生的能量竞争，系统将出现失措（frustration）行为[36]。此时系统的自由度很难得到同时满足，系统相应的状态往往出现多种可供选择的方式，分别对应于不同但相近的基态能量。因此，失措的出现导致能量基线凹凸不平。在某一条件下，系统会择优选取能量最低的状态，但也有可能出现在能量相对高些的亚稳态，易于在热涨落和外界影响下发生结构变化。一个最极端的例子便是耗散自组装（dissipative self-assembly），组装体受控于耗散热力学，体系必须依托外界能量的持续输入才能表现出瞬态组装的趋势，一旦失去能量供给或能量耗散，组装体立即表现出解组装的行为。体系始终运行在高能量的非平衡态，所有参量随时间呈现周期性变化。例如，闫强教授课题组开发出的一类带有三磷酸腺苷（ATP）仿生受体单元的非平衡态纳米组装体，ATP 分子可以被组装体上的受体捕捉从而引发组装体变形，而组装体内固定的酶分子可分解 ATP 引发竞争性逆反应。这二者协同作用导致组装体始终在两个非平衡态下周而复始地运行，从而引起周期性的脉动（图 2-21）[37]。

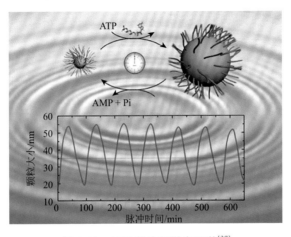

图 2-21　ATP 仿生耗散自组装[37]

2.6 分子自组装的基本方法

依据自组装的基本原理，通过充分利用多种非键相互作用，目前已经可以成功实现复杂多样的分子自组装结构。在前面小节已经了解常用的非键相互作用力的基础上，本节将以实现分子自组装的基本方法为分类依据，分别介绍溶液相自发组装、溶液相共组装、蒸发诱导自组装、微流控诱导组装及结晶诱导组装的具体原理与应用。

2.6.1 溶液相自组装

溶液相自发组装是自组装最先研究的领域，也是认识最为深入的领域。根据发生自组装的溶剂选择，可以是有机溶剂或混合溶剂，纯水体系及界面自组装等多种不同形式。溶液相自发组装是两亲小分子、嵌段共聚物的自组装得以实现的最常见方法。

在溶液相自组装中，两亲分子溶解后，亲溶剂基团与溶剂直接接触，而疏溶剂基团则自发聚集，以逃离溶剂环境。若分子间没有其他相互作用，则自组装结构就由临界排列参数决定。例如，上海交通大学化学化工学院的研究团队选用结构简单、易合成的两亲嵌段共聚物——聚苯乙烯-*b*-聚氧乙烯（PS-*b*-PEO），将其溶解在二甲基甲酰胺/二氧六环的混合溶剂中，缓慢滴加水驱动共聚物自组装。通过调节 PS 链段的体积分数（90.3%～94.9%）和共聚物浓度（1 wt%～20 wt%）可控制备了三种不同有序孔结构的介孔超分子组装体，包括 $Im\bar{3}m$ 和 $Pn\bar{3}m$ 结构的反相双连续结构组装体及 $p6mm$ 结构的反相组装体（图 2-22）[38]。基于共聚物浓度和 PS 链段的体积分数，绘制了 PS-*b*-PEO 自组装形貌相图，并通过跟踪组装体形成过程中的中间体形貌，获得了反相组装体的形成机理，为制备双连续结构组装体提供了重要参考。

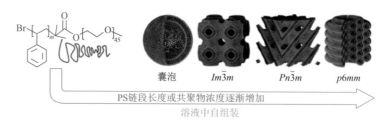

囊泡　　　$Im\bar{3}m$　　　$Pn\bar{3}m$　　　$p6mm$

PS链段长度或共聚物浓度逐渐增加

溶液中自组装

图 2-22　通过调整 PS-*b*-PEO 中 PS 链段的体积分数或共聚物浓度，实现对自组装结构的调节，图中红色部分显示了组装物中的疏水性 PS 单元，而亲水性 PEO 嵌段为蓝色[38]

事实上，所有具有两亲性的分子在合适的溶剂中都会在疏水（疏溶剂）作用下发生一定程度的自组装行为。最新的研究发现，甲醇这样的小分子在水中也有一定的聚集。但能够产生具有稳定的特定结构的自组装一般需要分子具有较大的疏水基团与适宜的亲水基团。在这一范畴内，分子自组装的结构基元一般是具有长碳链、共轭基团的极性有机化合物。这类化合物还可以在固/液、液/气或液/液界面上发生二维自组装得到丰富的组装结构，如经典的 Langmuir-Blodgett 薄膜、固体脂质双层和自组装单层等。

2.6.2　溶液相共组装

当两亲分子的自组装能力不足时，人们往往通过添加其他分子，与之共组装获得需要的结构。通过调节其他分子的种类和比例，共组装的相行为可以发生丰富的变化。例如，张德清等利用表面活性剂与聚集诱导发光分子之间的相互作用，使得不具有组装能力的聚集诱导发光分子形成结构规整的纳米棒，并表现出表面活性剂浓度依赖的发光颜色[39]。Lee 等通过改变小分子物质的量实现对嵌段共聚物微相结构的调控。他们研究了向 PS-b-PEO 嵌段共聚物中加入十二烷基苯磺酸（DBSA）的物质的量对微相分离的影响[40]。由于 DBSA 与 PEO 存在氢键作用，退火后 DBSA 被组装到 PEO 相区。随着 DBSA 加入量的增加，从原子力显微镜（AFM）中观察到的微相结构发生从球形到柱状再到层状的连续变化（图 2-23）。产生这种变化的原因是，加入的 DBSA 通过氢键作用与 PEO 结合，增大了嵌段共聚物中 PEO 的体积分数，导致微相分离。

除小分子外，如果在这些聚合物中进一步引入其他疏溶剂链段，即可导致核壳结构组装体核区域进一步发生相分离，形成结构更加复杂、形貌更丰富的聚集体结构。

Hayward 等合成了两亲 PS-b-PEO 嵌段共聚物及一系列双疏性嵌段共聚物[如聚苯乙烯-b-聚（4-乙烯基吡啶）（PS-b-P4VP）、聚苯乙烯-b-聚异戊二烯（PS-b-PI）和聚苯乙烯-b-聚丁二烯（PS-b-PB）]，并研究了这两类嵌段共聚物共混体系的自组装行为[41]。研究结果发现，通过简单的共混即可得到具有相分离内核的多室胶束[图 2-24（a）和（b）]，其内核结构可以通过改变双疏性嵌段共聚物的浓度和嵌段比例实现灵活调控。类似地，Moffitt 等通过将 PS-b-PEO 和 PS-b-PB 嵌段共聚物共混成功制得具有多结构的纳米线，其内部为纳米尺度分相的多组分内核[图 2-24（c）～（e）][42]。

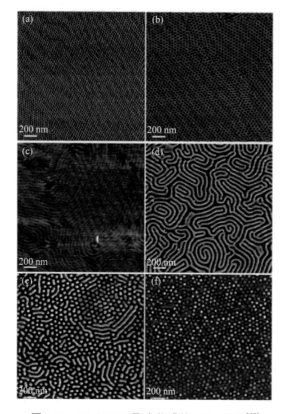

图 2-23 PS-*b*-PEO 聚合物膜的 AFM 结果[40]

（a）PS-*b*-PEO 纯品；（b）～（f）加入不同比例 DBSA 后的结果

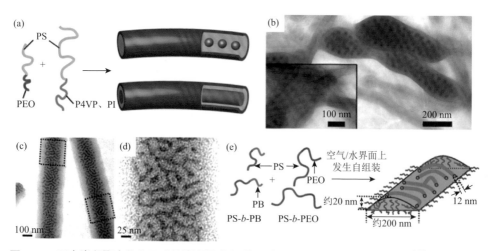

图 2-24 两亲嵌段聚合物和双疏性嵌段聚合物共组装形成多室胶束[（a）、（b）][41]**和内部相分离的纳米线结构[（c）～（e）]**[42]

　　虽然多种嵌段共聚物的共组装可以丰富聚集体形貌，但是对于实现功能化增强的目标所做出的贡献仍显有限。如果将嵌段共聚物与多种功能性无机纳米粒子，如荧光的量子点、磁性的氧化铁纳米粒子及其他贵金属纳米粒子，通过非共价键相互作用共组装即可以实现组装结构的进一步功能化，为生物成像、药物负载与控制释放等方面的应用提供条件。

　　通过共组装的方法制备纳米粒子和嵌段共聚物复合纳米材料主要有两种途径。一种是嵌段共聚物和表面修饰的纳米粒子进行共组装，得到特定结构和形态的复合纳米材料。这种方法目前比较成熟，应用也比较多。另一种是近年来逐步发展起来的新的方法，直接将嵌段共聚物接枝到纳米粒子上，得到的嵌段共聚物接枝纳米粒子直接进行自组装。由于将嵌段共聚物接枝到纳米粒子上的合成相对比较困难，这种方法目前还相对较少。

　　赵汉英等在聚合物分子刷的研究基础上，利用聚合物分子刷与线型嵌段共聚物共组装的方法调控材料的表面结构和性质[43]。他们利用共组装方法及蒽环分子在表面的光二聚反应制备了二氧化硅颗粒上交联的表面胶束结构（图 2-25）。用不同的溶剂处理二氧化硅颗粒表面后，表面胶束的组成和粒子的表面润湿行为发生相应的改变。与自组装方法相比，共组装的方法赋予了粒子表面聚合物分子刷及嵌段共聚物的性质，并赋予了粒子表面结构的多样性。

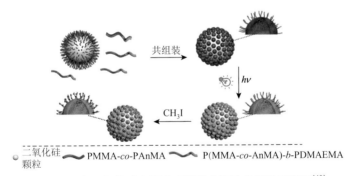

二氧化硅颗粒　　PMMA-*co*-PAnMA　　P(MMA-*co*-AnMA)-*b*-PDMAEMA

图 2-25　在二氧化硅表面实现嵌段共聚物共组装原理图[43]

2.6.3　蒸发诱导自组装

　　不同分子在溶液中自发聚集引起的自组装，将含有自组装分子的溶液蒸发也能得到它们的组装结构。这主要是随着溶剂的蒸发，一方面分子浓度提高，达到临界聚集浓度以上；另一方面，蒸发作用导致在溶液中形成一定的浓度梯度，引起分子定向扩散，形成一定的结构，此即蒸发诱导自组装。由于蒸发诱导自组装具有工艺简单、成本低廉、易于规模化等特点，被广泛应用于高度有序的薄膜和胶体球等材料的制备。特别是在单一取向排列的手性材料的制备中，蒸发诱导自组装具有独特的优势。

    王训、李述周等合作,通过蒸发诱导自组装法,在未添加任何手性掺杂剂和手性配体的条件下制备了亚纳米线宏观螺旋组装体(MHAs)(图2-26)[44]。由于亚纳米线具有很好的柔性,并且相互之间具有多位点范德瓦耳斯相互作用,它们能够有效地识别彼此并且发生相互作用,同时调整自身形态,因此组装体系中所有亚纳米线能够百分百地自组装形成MHAs。分子动力学研究表明,亚纳米线本身具有手性的结构,尽管分散液是外消旋体系,通过两种手性的亚纳米线在组装过程中的竞争机理,可形成单一手性的MHAs。进一步地,通过分别向前驱体中引入非手性荧光有机染料DACT和TMD,制得了具有手性荧光信号的DACT-MHAs和TMD-MHAs,证明了MHAs向非手性荧光有机染料的手性传递。

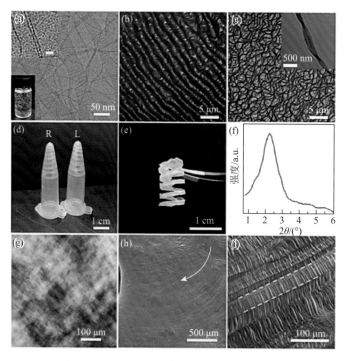

图2-26　MHAs的微观结构及其通过蒸发诱导自组装法实现宏观手性结构[44]

    徐雁、Mann等合作,通过蒸发诱导自组装法使具有溶致液晶性质的纤维素纳米晶(CNC)形成左旋手性向列结构,首次成功实现了双圆偏振光反射和双圆偏振荧光发射的晶态纳米纤维素基光子晶体膜的自发构筑,并展示了该CNC膜在高级光学防伪图标方面的应用潜力[45]。如图2-27所示,在手机屏幕的熄屏和亮屏状态下表现出13种不同的光学图案;与二维码贴合,赋予其丰富的光学图案信息,从而实现高级光学防伪。

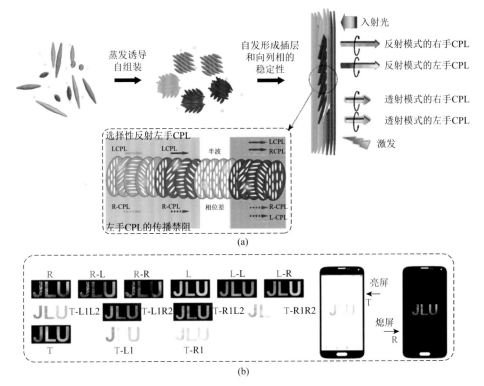

图 2-27　CNC 圆偏振反射/荧光双模式材料的制备（a）及其在高级光学防伪中的应用（b）[45]

2.6.4　微流控诱导组装

微流控技术即在微米及亚微米尺度对流体进行操控，具有一些常规流体没有的优点和特性，如两流体间的混合、传质、导热等过程更加高效且可控。此外，微流控操作中会出现一系列独特的现象，如毛细管效应、层流及对流扩散效应等。同时，极小的通道尺寸还可以显著增大表面积与体积的比例。基于以上特性，微流控技术在诸多领域都有着广泛的应用，利用其对流体灵活的操作性，目前在诱导自组装中也具有非常重要的应用。

高度可操控性使得微流控技术为大分子的持续且可控的自组装提供了一个高通量的平台。例如，Moffitt 等通过气液剪切微流控芯片装置完成了对嵌段共聚物自组装囊泡尺寸及形态的控制[46]。Kennedy 等采用微流控技术进行脂质体分子的自组装，通过控制微流控的水动力条件，成功地将组装的脂质体的尺寸控制在100～300 nm 范围内[47]。相对于传统自组装方法，微流控法可简单地通过改变微流控水动力条件就可实现对自组装产物尺寸及形态的控制，这是其他方法所不具备的，在分子自组装特别是两亲高分子的自组装中的应用越来越受到重视。

除了调控单一分子的可控自组装外，微流控技术还可以辅助小分子或者微粒添加剂在自组装过程中的均匀分散。例如，李俊柏等尝试将水溶性量子点（QDs）及卟啉和二甲基亚砜二肽注入 Y 形微流控结中，利用微流控技术实现在通道内通过超分子组装来制备二肽基水凝胶[48]。在二甲基亚砜二肽/水界面，二肽基水凝胶的制备能够被有效控制。随后，形成的水凝胶沿着弯弯曲曲的微流体通道连续流动，逐渐完成凝胶和 QDs 的截留。实验结果发现，在微流控的调节下，Fmoc-FF 分子间发生疏水作用和 π-π 相互作用，逐渐自组装形成凝胶，QDs 均匀分散在其中，高效的荧光共振能量转移（FRET）进一步证实 QDs 与卟啉分子在分子层次上的均匀混合（图 2-28）。这种利用微流控制备混合水凝胶的尝试，为在生物医学设备、光动力治疗及连续生物打印方面的应用开辟了新的可能性。

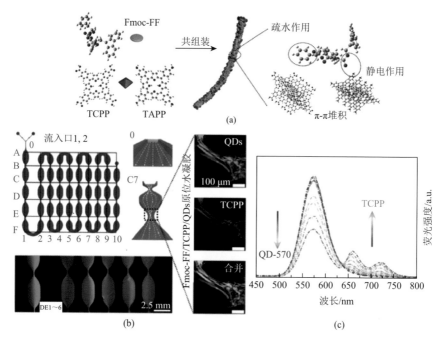

图 2-28　（a）Fmoc-FF 与卟啉和 QDs 共组装的原理示意图；微流控法获得凝胶的激光扫描共聚焦显微镜（CLSM）结果（b）与 FRET 效应（c），（b）中 DE1～6 表示区域 D、E 1～6 的荧光照片[48]

2.6.5　结晶诱导组装

结晶诱导组装是嵌段共聚物自组装的一种比较常见的设计策略。实现结晶诱导组装的关键在于具有可以结晶的嵌段，且在合适条件下可控结晶。通常结晶诱导自组装的概念有两层含义：一种是由于可结晶嵌段的结晶作用所形成的聚集体，形成的聚集体拓扑结构与 Eisenberg 经典体系不同；另一种是活性结晶驱动自组装。利用第一种方法，向两亲聚合物中引入具有结晶性的链段，基于结晶性链段的结晶所导致的链段定向排列，即可实现具有一定规整度的纤维状和片状胶束的制备。通过类似"种子增长"和"自晶种"为手段的活性结晶驱动自组装还可以实现结构更加规整的一维、二维甚至三维纳米结构的设计。

在溶液中，大多数嵌段共聚物形成的是球形胶束，而结晶诱导组装通常形成棒状胶束，目前可实现结晶诱导组装的体系已经发展得比较多，如聚二茂铁硅烷（PFS）、聚己内酯（PCL）、聚噻吩（P3HT）、聚左旋乳酸（PLLA）、聚丙烯腈（PAN）、聚乙二醇（PEO）等。

目前，活性结晶驱动自组装是研究的重点，利用此方法，借助配位键、氢键或者疏水作用等可以实现复杂二维、三维结构的调控。例如，Manner 和 Winnik 等利用结晶诱导组装和配位作用成功实现微米级长纤维的可控组装。如图 2-29 所示，通过阴离子聚合得到的含有结晶嵌段的聚合物 PFS_{60}-b-$PMVS_{574}$ 在光催化条件下发生氢磷化，利用"种子增长"策略得到单分散的棒状胶束。进一步向溶液中加入 $Pd_2(dba)_3$ 后，成功观察到单个棒状胶束以边对边的方式连接起来形成长纤维[49]。

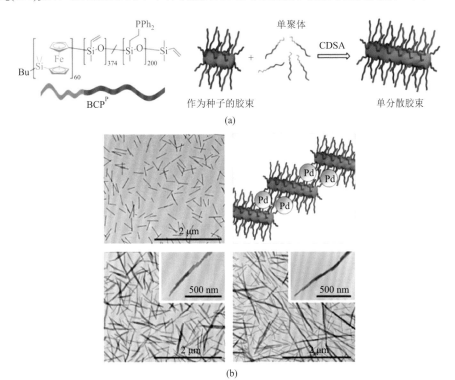

图 2-29 含有可结晶片段的嵌段共聚物形成棒状胶束（a）及其在 $Pd_2(dba)_3$ 作用下发生进一步自组装（b）的示意图[49]

　　然而，现在无论哪种结晶诱导自组装嵌段共聚物体系均无法实现直接在水溶液中的直接活性结晶驱动自组装，这将成为限制其在纳米医学领域广泛应用的最大问题。

参 考 文 献

[1] Prins L J，Reinhoudt D N，Timmerman P. Noncovalent synthesis using hydrogen bonding. Angewandte Chemie International Edition，2001，40：2382-2426.

[2] Rybtchinski B. Adaptive supramolecular nanomaterials based on strong noncovalent interactions. ACS Nano，2011，5：6791-6818.

[3] Whitesides G M，Grzybowski B. Self-assembly at all scales. Science. 2002，295：2418-2421.

[4] Steed W，Atwood J L. Supramolecular Chemistry. 2nd. New York：John Wiley & Sons，Ltd.，2009.

[5] Lehn J M. Supramolecular chemistry：molecular information and the design of supramolecular materials. Makromolekulare Chemie-Machomdecular Symposia，1993，69：1-17.

[6] Pedersen C J. Cyclic polyethers and their complexes with metal salts. Journal of the American Chemical Society，1967，89：7017-7036.

[7] Harada A，Takashima Y，Yamaguchi H. Cyclodextrin-based supramolecular polymers. Chemical Society Reviews，2009，38：875-882.

[8] Guo D，Liu Y. Calixarene-based supramolecular polymerization in solution. Chemical Society Reviews，2012，41：5907-5921.

[9] Qian H，Guo D，Liu Y，et al. Cucurbituril-modulated supramolecular assemblies: from cyclic oligomers to linear polymers. Chemisty：A European Journal，2013，18：5087-5095.

[10] Xue M，Yang Y，Chi X，et al. Pillararenes，a new class of macrocycles for supramolecular chemistry. Accounts of Chemical Research，2012，45：1294-1308.

[11] Fyfe M C T，Stoddart J F. Synthetic supramolecular chemistry. Accounts of Chemical Research，1997，30：393-401.

[12] Lehn J M. Toward self-organization and complex matter. Science，2002，295：2400-2403.

[13] None. So much more to know. Science，2005，309：78-102.

[14] 戴亚飞，高飞雪，陈拥军，等."可控自组装体系及其功能化"重大研究计划取得系列重要研究成果. 物理化学学报，2020，36：2006060.

[15] Liu S，Zhao L，Xiao Y，et al. Allostery in molecular self-assemblies：metal ions triggered self-assembly and emissions of terthiophene. Soft Matter，2016，52：4876-4879.

[16] Gao X D，Wang Y J，Wang X L，et al. Concentration tailored self-assembly composition and function of the coordinating self-assembly of perylenetetracarboxylate. Journal of Materials Chemistry C，2017，5：8936-8943.

[17] Harada A，Kobayashi1 R，Takashima R，et al. Macroscopic self-assembly through molecular recognition. Nature Chemistry，2011，3：34-37.

[18] Jia Y G，Jin J H，Liu S，et al. Self-healing hydrogels of low molecular weight poly(vinyl alcohol) assembled by host-guest recognition. Biomacromolecules，2018，19：626-632.

[19] Li J，Maniar D，Qu X，et al. Coupling self-assembly mechanisms to fabricate molecularly and electrically responsive films. Biomacromolecules，2019，20：969-978.

[20] Jin H，Xie M，Wang W，et al. Pressing-induced caking：a general strategy to scale-span molecular self-assembly.

CCS Chemistry，2020，2：98-106.

[21] Liu Q Q，Liu Y D，Yin Y D. Optical tuning by the self-assembly and disassembly of chain-like plasmonic superstructures. National Science Review，2018，5：128-130.

[22] Fan C J，Huang Z C，Li B，et al. A robust self-healing polyurethane elastomer：from H-bonds and stacking interactions to well-defined microphase morphology. Science China Materials，2019，62：1188-1198.

[23] Niu D，Jiang Y，Ji L，et al. Self-assembly through coordination and π-stacking：controlled switching of circularly polarized luminescence. Angewandte Chemie International Edition，2019，58：5946-5950.

[24] Xu L，Jing Y，Feng L，et al. The advantage of reversible coordination polymers in producing visible light sensitized Eu(Ⅲ) emissions over EDTA via excluding water from the coordination sphere. Physical Chemistry Chemical Physics：PCCP，2013，15：16641-16647.

[25] Qin H，Zhang T，Li H，et al. Dynamic Au-thiolate interaction induced rapid self-healing nanocomposite hydrogels with remarkable mechanical behaviors. Chem，2017，3：691-705.

[26] Ejima H，Richardson J J，Liang K，et al. One-step assembly of coordination complexes for versatile film and particle engineering. Science，2013，341：154-157.

[27] Politzer P，Murray J S. Halogen bonding and beyond：factors influencing the nature of CN—R and SiN—R complexes with F—Cl and Cl_2. Theoretical Chemistry Accounts，2012，131（2）：1-10.

[28] Wang H，Bisoyi H K，Li B，et al. Visible-light-driven halogen bond donor based molecular switches：from reversible unwinding to handedness inversion in self-organized soft helical superstructures. Angewandte Chemie International Edition，2020，59：2684-2687.

[29] Sunner J，Nishizawa K，Kebarle P. Ion-solvent molecule interactions in the gas phase. The potassium ion and benzene. The Journal of Physical Chemistry，1981，85：1814-1820.

[30] Xiao X，Chen H，Dong X，et al. A double cation-π-driven strategy enabling two-dimensional supramolecular polymers as efficient catalyst carriers. Angewandte Chemie International Edition，2020，59：9534-9541.

[31] de Wall S L，Meadows E S，Barbour L J，et al. Solution- and solid-state evidence for alkali metal cation-π interactions with indole，the side chain of tryptophan. Journal of the American Chemical Society，1999，121：5613-5614.

[32] Campos-Fernandez C S，Schottel B L，Chifotides H T，et al. Anion template effect on the self-assembly and interconversion of metallacyclophanes. Journal of the American Chemical Society，2005，127：12909-12923.

[33] Tuo D，Liu W，Wang X，et al. Toward anion-π interactions directed self-assembly with predesigned dual macrocyclic receptors and dianions. Journal of the American Chemical Society，2019，141：1118-1125.

[34] Faul C F J，Antonietti M. Ionic self-assembly：facile synthesis of supramolecular materials. Advanced Materials，2003，15：673-683.

[35] 刘彤. 阳离子-π相互作用的理论研究. 上海：中国科学院上海药物研究所，2002.

[36] 马余强. 软物质的自组织. 物理学进展，2002，22：73-98.

[37] Hao X，Sang W，Hu J，et al. Pulsating polymer micelles via ATP-fueled dissipative self-assembly. ACS Macro Letters，2017，6（10）：1151-1155.

[38] Lin Z，Liu S，Mao W，et al. Tunable self-assembly of diblock copolymers into colloidal particles with triply periodic minimal surfaces. Angewandte Chemie International Edition，2017，56：7135-7140.

[39] Gu X，Yao J，Zhang G，et al. Controllable self-assembly of di(p-methoxylphenyl)dibenzofulvene into three different emission forms. Small，2012，8：3406-3411.

[40] Lee J W, Lee C, Choi S Y, et al. Block copolymer-surfactant complexes in thin films for multiple usages from hierarchical structure to nano-objects. Macromolecules, 2009, 43: 442-447.

[41] Zhu J, Hayward R C. Wormlike micelles with microphase-separated cores from blends of amphiphilic AB and hydrophobic BC diblock copolymers. Macromolecules, 2008, 41: 7794-7797.

[42] Price E W, Guo Y, Wang C, et al. Block copolymer strands with internal microphase separation structure via self-assembly at the air-water interface. Langmuir: the ACS Journal of Surfaces and Colloids, 2009, 25: 6398-6406.

[43] Zhao Y, Liu L, Zhao H. Surface reconstruction by a coassembly approach. Angewandte Chemie International Edition, 2019, 58 (31): 10577-10581.

[44] Zhang S, Shi W, Rong S, et al. Chirality evolution from sub-1 nanometer nanowires to the macroscopic helical structure. Journal of the American Chemical Society, 2020, 142: 1375-1381.

[45] Tao J, Zou C, Jiang H, et al. Optically ambidextrous reflection and luminescence in self-organized left-handed chiral nematic cellulose nanocrystal films. CCS Chemistry, 2021, 3: 932-945.

[46] Wang C, Sinton D, Moffitt M G. Flow-directed block copolymer micelle morphologies via microfluidic self-assembly. Journal of the American Chemical Society, 2011, 133: 18853-18864.

[47] Kennedy M J, Ladouceur H D, Moeller T, et al. Analysis of a laminar-flow diffusional mixer for directed self-assembly of liposomes. Biomicrofluidics, 2012, 6: 44119.

[48] Li Y, Mannel M J, Hauck N, et al. Embedment of quantum dots and biomolecules in a dipeptide hydrogel formed *in situ* using microfluidics. Angewandte Chemie International Edition, 2021, 60: 6724-6732.

[49] Lunn D J, Gould O E, Whittell G R, et al. Microfibres and macroscopic films from the coordination-driven hierarchical self-assembly of cylindrical micelles. Nature Communications, 2016, 7: 12371.

第3章

>>

自组装 AIE 分子设计原理

AIE 分子由于非平面的结构在溶液中很难自组装形成有序结构，限制了它们在更广阔的材料舞台上发挥作用。为了赋予 AIE 分子溶液相自组装能力，人们根据分子自组装原理，对 AIE 分子的核心结构进行了多样的改造。本章主要介绍通过合成手段利用共价修饰的方法提高 AIE 分子自组装能力的常用途径。

3.1 增加疏水效应

3.1.1 在 AIE 基团上连接疏水基团

在极性介质中，疏水基团有很强的聚集能力，如果将 AIE 基团进行合理的疏水基团修饰，很容易得到具有丰富结构和功能的自组装材料，这样的分子以疏水作用和范德瓦耳斯相互作用作为自组装的主要驱动力。通常使用的疏水基团主要是长直链烷烃和以胆固醇为代表的取代环烷烃。本小节将以疏水基团的选择为分类依据，介绍 AIE 基团与疏水基团结合的具体实例与应用。

1. 单 AIE 基团与直链烷烃的结合

长烷基链具有很强的疏水效应，因而具有很强的自组装趋势[1-3]。基于此特点，将长烷基链连接到具有 AIE 性质的分子上，可以显著提高其自组装能力。例如，Bhosale 等通过酰胺键将四个烷基链连接到四苯基乙烯（TPE）核的每个苯基上，具体结构如图 3-1 所示。在水溶液中，这些 TPE 衍生物可以形成具有手性的管状结构。在管状结构的形成中，疏水效应是分子聚集的主要推动力。同时，这些 TPE 衍生物小分子之间还存在多种相互作用[4]：①芳香 TPE 核之间的 π-π 相互作用，②TPE 外围的长烷基链的范德瓦耳斯相互作用；③酰胺官能团之间的氢键。这些相互作用阻止了分子的结晶并诱导了分子在堆积过程中的扭曲排列，进而导致定向生长，产生手性。有趣的是，他们还发现超分子手性与碳原子数的奇偶性有关，偶数碳链产生右手超分子结构，奇数碳链将导致左手的超分子结构[5]。这是由于不同的烷基链长度产生的几何差异对最大范德瓦耳斯作用下的分子排列产生影响，分子总是以最大的相互作用结构排列，因此得到相反的超分子结构。

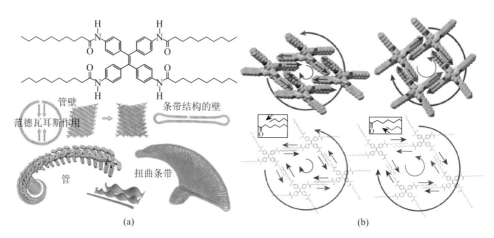

图 3-1 （a）烷基取代 TPE 结构式及其多种自组装结构示意图；（b）左右手螺旋自组装结构与 TPE 取代烷基奇偶的对应关系[4, 5]

Zhao 和 Tang 等通过研究发现[6]，改变烷基链的长度还可以实现对 AIE 自组装的操纵，这为 AIE 自组装结构的灵活调节提供了更加便捷的途径。他们合成了一系列具有不同烷基链长度的被吡啶官能化的 TPE 盐（TPEPy），如图 3-2 所示。实验中发现，随着烷基链长度的增加，自组装结构由微米片向微米棒转变，发光颜色也逐渐由红色变为绿色。其中，微米片由拥有最短的烷基链的 TPEPy-1 形成，其分子在自组装过程中排列较松散。这种松散的分子排列特点使其更容易受到水介质中 NO_3^- 和 ClO_4^- 的影响，从而表现出荧光"开启-关闭"响应性。此外，研究中同时发现烷基链长度也对细胞摄取的选择性产生影响。当 AIE 分子具有较长的烷基链时，其疏水性更强，更易穿过疏水的磷脂双分子层，穿透细胞膜，并以高度特异性在线粒体中积累。

通过改变烷基链取代基的数量和手性也可以实现对组装体结构的控制，进而带来不同的圆二色光谱（CD）信号及圆偏振荧光（CPL）信号。Cheng 等[7]设计了将两个羧基均被十八烷基胺修饰的谷氨酸与 TPE 基团通过硫脲结构相连的一系列化合物 TPE-Glu，谷氨酸的 α-碳作为手性中心。实验中发现，在 THF/水混合溶剂中，当水的体积分数为 40%时，单取代的 TPE-Glu 均能够自组装形成厚的纳米带结构，当水的体积分数提高至 50%后，含有 L 型谷氨酸的 TPE-L-Glu 将形成

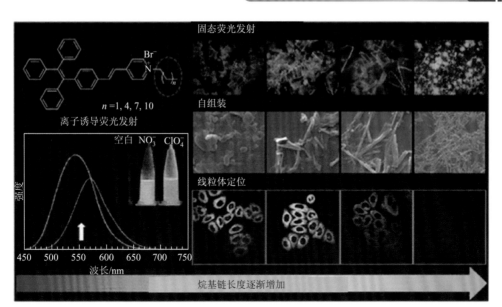

图 3-2　烷基链长度对 TPEPy-*n*（*n* = 1，4，7，10）自组装、荧光颜色、阴离子检测和细胞成像的影响[6]

左旋纳米带。与之对应，含有 D 型谷氨酸的 TPE-D-Glu 将形成右旋纳米带。而对于双取代的 TPE，当取代基构象顺反不同时，在 THF/水混合溶剂中可以获得彼此差异更大的聚集体结构。具体来讲，对于顺式取代的 *cis*-TPE-L-Glu，分子内相互作用强于分子间，更容易形成球形纳米粒子结构；对于分子间作用力更强的反式结构，则主要以纳米带形式存在。同时实验中发现，以上四种聚集体的 CD 信号和 CPL 信号具有显著的差异，这为手性信号的合理设计与精细调控提供了可能。

2. 双 AIE 基团与直链烷烃的结合

根据第 1 章中对 AIE 分子结构的分析可知，风扇型结构的 TPE 分子很难有效紧密堆积，这使得单个 TPE 核的自组装能力有限，在溶液中很难形成有序的自组装结构。如果在一个 TPE 核上再连接另一个 TPE 单元，情况会有很大不同，当这样的分子从溶剂中结晶时，由于较强的范德瓦耳斯作用，可以产生结构有序的微米纤维结构[8]。这种晶体微米纤维具有极高的荧光量子产率，可以用于发光薄膜的制备。与此相对，如果苯环与处于相反位置的 TPE 取代苯连接（图 3-3 中的 DPBPPE）也能够形成有序的组装结构，但这些结构排列有序度和紧密度不如由 BTPE 形成的结构，并且荧光量子产率也显著降低。

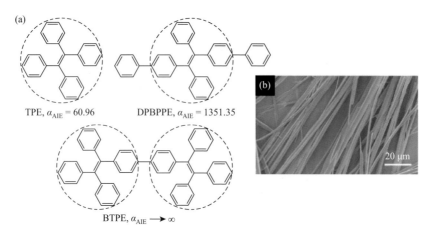

图 3-3 （a）TPE、DPBPPE 和 BTPE 的结构；（b）BTPE 超细纤维的扫描电子显微镜图[8]

如果在两个 TPE 之间加入柔性的烷基链，改变烷基链的长度可以更加灵活地调节聚集体的组装结构和量子产率。唐本忠等[9]根据这个思路设计了 BTPE-C1、BTPE-C4、BTPE-C8 和 BTPE-C12 四个不同柔性链长的双 TPE 分子，发现四种分子可以在 THF/水混合溶剂中形成丰富的组装结构。当连接碳数仅为 1 时，可以形成纳米棒；碳数为 4 和 8 时分别主要为纳米片和纳米纤维；进一步增加碳数将形成无定形结构。实验中进一步发现，随着 TPE 之间柔性链长度逐渐加长，荧光量子产率呈现先增加后降低的趋势，而发光颜色没有变化。这种分子设计使得在荧光颜色不变的前提下调节发光效率成为可能。

与单 TPE 烷基取代类似，双 TPE 中间修饰的烷基链长的奇偶性对组装体形态有很大的影响。Bhosale 等[10]对此做了比较深入的研究，共设计了如图 3-4 所示四种烷基链长的 TPE 衍生物，分别为 TPE-De、TPE-Az、TPE-Su 和 TPE-Pi。这四种分子主要通过酰胺键的氢键作用及烷基链的疏水作用进行自组装。通过扫描电子显微镜（SEM）观察发现在混合溶剂中水的体积分数为 80% 时，奇数碳修饰的 TPE 分子形成纳米球，8 个碳修饰的 TPE 分子形成纳米带，而 10 个碳修饰的 TPE 分子则形成类似花状的超级结构。如果进一步提高混合溶剂中水的比例，前三种 TPE 分子的组装体均转变为串珠状纳米球结构。对以上现象可以从如下角度进行分析：奇数碳修饰的 TPE 分子以反平行方式松散排列，有利于形成增强分子间相互作用的球形结构；偶数碳修饰的 TPE 分子之间匹配度更高，排列更加紧密，有利于纤维网络结构的形成。

对于双 AIE 基团的分子设计，Han 等[11]提供了另一种思路。将两个 TPE 基团通过咔唑分子连接在一起，进而通过在咔唑的氮原子修饰烷基链，为分子引入较强的疏水作用。此时，平面结构的咔唑分子还有利于分子的 π-π 堆积，与疏水

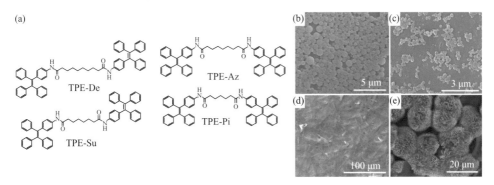

图 3-4　（a）不同碳数取代的双 TPE 分子的结构式和名称；在 THF/水混合溶剂中水体积分数为 80% 时 TPE-Pi（b）、TPE-Az（c）、TPE-Su（d）和 TPE-De（e）的组装体的 SEM 图[10]

作用一起共同促进自组装。改变氮原子上烷基链的长度，可以发现当烷基链较短（2 个碳原子）时不能有效发生自组装。当使用 16 个碳的长烷基链时可以在多种有机溶剂中自发形成凝胶结构，通过 SEM 分析证实凝胶的微观结构为二维片状结构。将咔唑基团与 TPE 连接在一起，而咔唑与 TPE 给电子能力的差异还使得分子具有 D-A 结构，发生扭曲分子内电荷转移（TICT），进而呈现独特的荧光发光特征。关于 D-A 型分子设计及更加典型的案例参见 3.4 节。

3. AIE 基团与胆固醇的结合

胆固醇因其独特的环戊烷多氢菲结构而具有极强的疏水性质，将其与 AIE 基团结合能够赋予 AIE 分子自组装能力。如果 TPE 基团的四个苯环均被胆固醇衍生物取代，借助胆固醇的疏水性很容易得到排列规整的液晶相结构。Yang 等[12]根据这种设想，设计了 TPE-C 和 TPE-SC 两种分子，均能够形成六方柱状相液晶，并获得预期的 CD 和 CPL 信号。胆固醇衍生物与 TPE 相连接的桥连基团苯酰胺提供了额外的 π-π 堆积作用，使得 CPL 信号进一步提高，发光不对称因子 g_{lum} 最大可以到达 8.83×10^{-2}。

胆固醇取代的 TPE 分子通常具有较好的柔性，这降低了分子的取向能力，不利于 CPL 信号强度的提高。Zheng 等[13]尝试通过分子改造的方法进一步提高胆固醇取代 TPE 分子的刚性。具体方法如图 3-5 所示。对 TPE 的苯环进行进一步取代形成额外两个环形结构后（分子 a），该分子在二氯甲烷中可以自组装形成纳米管，g_{lum} 在 10^{-2} 量级。而没有额外环结构的分子 b 只能形成没有 CD 信号的面条状柔性聚集体。进一步研究证实，更强的 CPL 信号来源于更加刚性的分子 a 在自组装过程中因为胆固醇的诱导形成单一螺旋方向的排列。

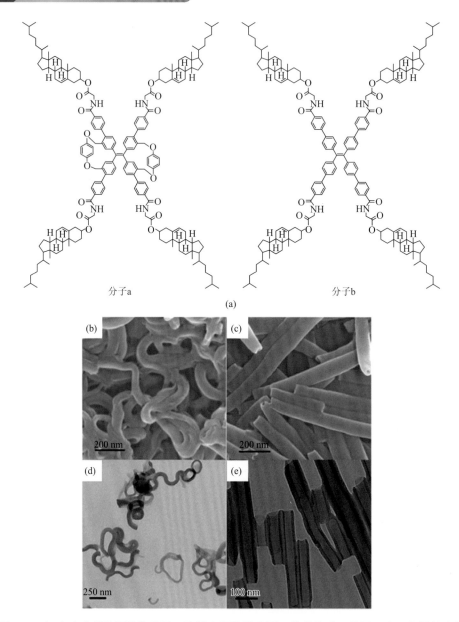

分子a　　　　　　　　　　　　　分子b

(a)

(b)　　　(c)

(d)　　　(e)

图 3-5　（a）含有额外环结构分子 **a** 和没有环结构分子 **b** 的结构式；分子 **b** 在二氯甲烷中的 SEM（b）和 TEM（d）结果；分子 **a** 在二氯甲烷中的 SEM（c）和 TEM（e）结果，其中通过 TEM 可以看出分子 **a** 自组装形成空心的纳米管结构[13]

值得注意的是，以上两种增加 AIE 分子疏水能力的设计思路并非相斥的。Lu 等[14]同时使用长烷基链和胆固醇衍生物设计了分子 2CTPE，能够自组装形成胆甾相液晶，同样可以获得较高的圆偏振发光信号强度（$g_{lum} \approx 10^{-2}$）。

4. 小结

本小节介绍了通过设计疏水结构促进 AIE 分子自组装的方法，其中以胆固醇作为主要疏水结构的分子通常可以形成液晶相，这种高度取向的结构在 CPL 材料设计中被广泛使用。需要注意的是，以疏水作用形成自组装的分子，通常还可能存在 π-π 堆积、氢键作用等多种作用力的参与。但这些作用单独往往不能驱动组装，其贡献远远小于疏水作用。

3.1.2　在 AIE 基团上连接两亲基团

除了直接引入具有疏水效应的长链烷烃基团，引入两亲分子也是一个可以考虑的途径。根据两亲分子的定义可知，它是由疏水部分和亲水部分共同组成，其中疏水部分赋予分子在非极性溶剂中良好的溶解性，亲水部分确保其在极性溶剂中可以溶解。将两亲分子放入水中，由于分子各部分的亲疏水性的差异，亲水部分会朝向外侧，疏水部分会团聚在内侧，由此两亲分子可以自组装形成胶束结构，其中形成胶束所需的两亲分子最低浓度被称为临界胶束浓度（CMC）。由于 AIE 分子具有很强的疏水特性，如果将其设计成两亲结构，将极大地促进其自组装能力。

根据两亲分子所带电荷种类可以将其分为阴离子型、阳离子型、两性离子型和非离子型四大类。如果根据两亲分子的结构特点，则可以分为传统型、bola 型、gemini 型和面型特殊两亲分子等多个类型。

本小节将根据以上分类方法，对含有 AIE 基团的两亲小分子的设计理念和应用进行详细说明。

1. 传统型 AIE 两亲分子

由于普通表面活性剂没有发光基团，很难可视化观察胶束的形成机理及胶束微观形态的动态特征。虽然人们在 20 世纪中期就已经掌握了利用外加荧光探针的方法研究胶束的性质，但由于这些荧光探针都是 ACQ 分子，应用浓度非常低，很难获得精细的胶束微观结构及其动态特点。因此，这方面的研究工作长期依赖于低温电子显微镜、探针法等间接手段，进展相对缓慢。而 AIE 分子的出现，使得胶束等分子聚集和组装行为的直观可视化成为可能。

吕超等[15-19]通过将具有 AIE 性质的 TPE 基团与常用表面活性剂十二烷基硫酸钠（SDS）连接（图 3-6）[15]，成功在荧光显微镜下观察到发出蓝色荧光的球形胶束。随着无机盐的加入及盐溶液浓度提高，胶束的双电层有效厚度逐渐降低，在显微镜下观察到球形胶束向棒状胶束，进而向蠕虫状胶束的转变。

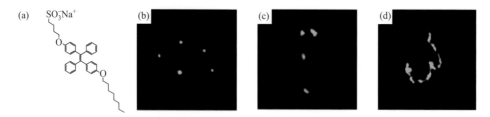

图 3-6 （a）TPE-SDS 结构式；水溶液（b）、0.5 mol/L NaCl 溶液（c）、1.0 mol/L NaCl 溶液（d）条件下 TPE-SDS 的荧光显微镜照片，分别对应于球形胶束、棒状胶束和蠕虫状胶束[78]

借助 AIE 分子运动受限导致发光的原理，该 TPE-SDS 分子还可以用于微乳液滴形成过程、表面活性剂与聚合物之间相互作用的研究[18]。以表面活性剂与聚合物相互作用为例，他们在实验中选择带正电荷的聚电解质壳聚糖作为研究对象，随着带负电荷的 TPE-SDS 浓度的升高，荧光强度变化可以观察到两个拐点，分别对应于 TPE-SDS 在壳聚糖溶液中的临界聚集浓度（CAC）和与壳聚糖的饱和结合浓度（PSP），如图 3-7 所示。在 CAC 以下，TPE-SDS 主要以单体或寡聚体形式存在，CAC 以上形成被壳聚糖缠绕的发光胶束，当胶束浓度超过壳聚糖反电荷最大浓度后，一部分胶束以自由形式存在，随着 TPE-SDS 浓度进一步升高，自由胶束浓度也逐渐升高。这方面研究充分说明了表面活性剂在聚合物中的存在形式和相互作用方式，为相关复合物的深入探索提供了理论支持。

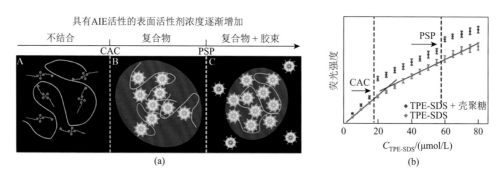

图 3-7 （a）TPE-SDS 在壳聚糖中的存在形式与浓度的关系；（b）随着 TPE-SDS 浓度升高荧光强度的变化，两个拐点分别对应于 CAC 和 PSP[18]

除了设计阴离子型两亲分子，吕超等还将 TPE 与 DTAB 结合成功设计了阳离子型两亲分子 TPE-DTAB[16, 17, 19]。通过 CMC 测定发现，TPE-DTAB 具有极低的 CMC，可以达到 24 μmol/L。利用其超强的聚集能力，TPE-DTAB 被用于藻类絮凝的生物柴油机理研究及细菌的追踪成像。同时加入 TPE-SDS 和 TPE-DTAB 可以有效地提高细菌的裂解效率，提高杀菌能力。因其独特的两亲性，含有 AIE 基团的两亲分子还被用于有机-无机复合固体材料结构的可视化 3D 成像研究。

2. bola 型两亲分子

传统型两亲分子通常由一个疏水尾部和一个亲水头基组成。当在一个分子中同时存在两个亲水头基且分别位于疏水片段的两端时，因其形状似流星锤，也称为 bola 型两亲分子。

Song 等[20]通过将两种烷基吡啶盐连接到 TPE 的对位苯环上，设计了一种 bola 型两亲分子，结构如图 3-8 所示。该化合物在不同浓度下的聚集体形态不同，在低浓度时自组装成球形纳米结构，而在较高浓度下形成了细长的片状纳米结构。这些具有良好的水溶性和生物相容性的纳米结构均具有很强的荧光发射能力，能够应用于细胞标记和定位。

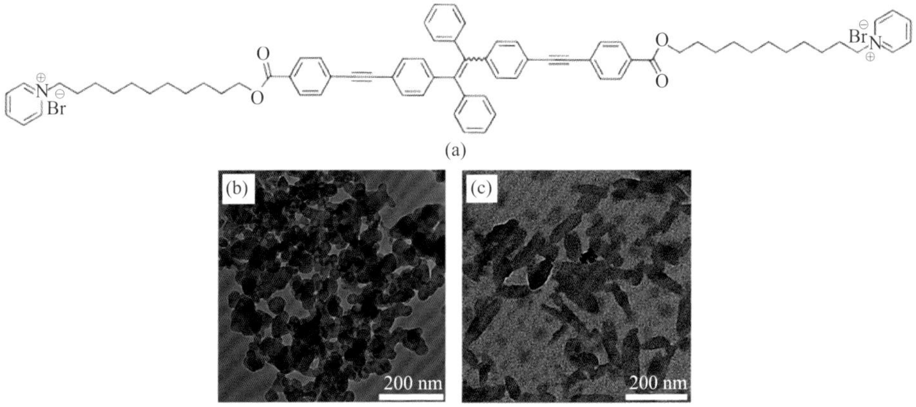

图 3-8 （a）含有 bola 型两亲分子的 TPE 分子结构；浓度分别为 5×10^{-6} mol/L（b）和 1×10^{-3} mol/L（c）的组装体的 TEM 图像[20]

3. gemini 型两亲分子

当两个两亲分子的亲水头基以共价键相连，形似双子星结构，即 gemini 型两亲分子。与传统两亲分子和 bola 型两亲分子相比，gemini 型两亲分子具有更好的聚集能力，且聚集体形态更为丰富，在调控流变行为和模板法合成纳米材料领域具有独特的优势。

Zhang 等发现当将 AIE 基团引入 gemini 型两亲分子时，不仅可以调控纳米材料的形貌，还能够赋予纳米材料强烈的荧光[21-23]。他们设计了两种含有 AIE 基团的 gemini 型两亲分子，以 TPE 为长链疏水结构末端的 C_{TPE}-C_6-C_{TPE} 和以 TPE 作为两个头基共价连接桥的 C_{16}-TPE-C_{16}[21, 22]，如图 3-9 所示。当以 CTAB 和 gemini 混合体系为模板合成硅纳米粒子时，改变 CTAB 和 gemini 分子之间的比例可以得到不同的聚集体形态，在盐酸乙醇溶液中加热回流处理后均得到具有介孔的荧光硅纳米材料。通过调整 CTAB 的比例还可以调节介孔的尺寸和分布情况，为构建具有特殊结构和功能的介孔硅材料提供了一个新的方法。

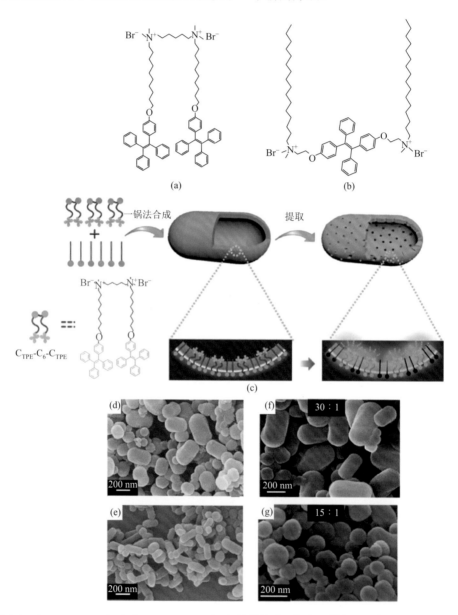

图 3-9　C_{TPE}-C_6-C_{TPE}（a）和 C_{16}-TPE-C_{16}（b）的结构式；（c）以模板法制备介孔硅纳米棒的模式图；CTAB：C_{TPE}-C_6-C_{TPE} = 15 : 1（d）和 7 : 1（e）条件下的 SEM 结果，其中 15 : 1 条件下纳米棒更宽，7 : 1 条件下纳米棒较为细长；CTAB：C_{16}-TPE-C_{16} = 30 : 1（f）和 15 : 1（g）条件下的 SEM 结果，其中 30 : 1 条件下为纳米棒结构，15 : 1 条件下为纳米球结构[21, 22]

此外，以 TPE 修饰的含有羧基的 gemini 型两亲分子 N_{16}-TPE-N_{16} 为模板，Zhang 等还设计了具有温度和 pH 响应性的荧光硅纳米棒[23]。他们发现随着溶液中酸性的增加，发射峰位置逐渐红移，荧光强度增强。而随着温度增加荧光强度逐渐减弱，同时微观结构也逐渐发生改变，纳米棒逐渐融合在一起。AIE 基团的引入使得荧光硅纳米粒子对刺激响应的灵敏程度显著提高。

Lu 等[24, 25]设计了非离子型 gemini 两亲分子，分子中的大环多胺结构[12]aneN_3 可以选择性识别 Cu^{2+}，形成的胶束结构可以作为基因运输的载体，实时追踪 DNA 的摄取和表达情况。

4. 面型特殊两亲分子（面型表面活性剂）

以上的两亲分子无论传统型还是 bola 型和 gemini 型均为线型分子，实际上还存在一类更加特殊的两亲分子，即面型两亲分子。胆酸分子及其衍生物即属于这种类型。观察结构式可以发现，胆酸分子的脂肪环的一面含有直立的羟基，表现为亲水特性；另一面为烷基链修饰，更适合疏水环境。如果将这类分子与 AIE 分子共价结合，同样可以获得丰富的自组装结构。

李广涛等[26]将胆酸分子共价连接到 TPE 上，发现大体积且具有强聚集能力的胆酸基团可以成功诱导 TPE 部分的自组装，从而形成结构规整尺寸单分散的荧光囊泡（图 3-10）。深入分析表明，这些囊泡的形成是由多种分子间相互作用驱动的，如 π-π 堆积、氢键和疏水效应，其中胆酸分子通过疏水效应发生面对面堆积，形成疏水口袋。由于囊泡中既有亲水性结构域，又有疏水口袋，他们将疏水性尼罗红（NR）和亲水性罗丹明 B（RB）同时掺杂到囊泡膜中，成功获得非共价的人工 FRET 体系。图 3-10（f）和（g）分别显示了连续添加 NR 和 RB 客体分子时系统的荧光光谱。囊泡的 FRET 行为具体表现为在 $\lambda = 462$ nm 处的荧光强度逐渐减弱，在较长波长处出现新的发射带。

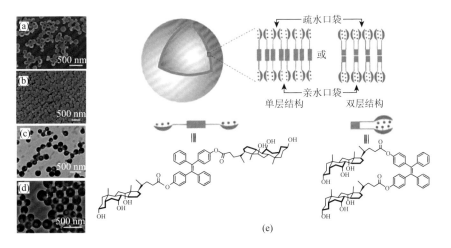

(e)

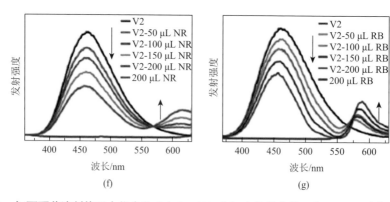

图 3-10 水/丙酮共溶剂体系中化合物 2（$f_w = 40\%$）（a）和化合物 5（$f_w = 50\%$）（b）自组装形成的囊泡的 SEM 图像；化合物 2（c）和化合物 5（d）形成的囊泡的 TEM 图像；（e）TPE-胆酸形成囊泡的模式图；NR（f）和 RB（g）加入后产生的 FRET 现象，荧光光谱测试时 $\lambda_{ex} = 325 \text{ nm}$[26]

5. 小结

本小节以两亲分子所带电荷和结构为分类依据，举例介绍了含有 AIE 基团的传统型、bola 型、gemini 型和面型特殊两亲分子的分子设计、自组装及应用。总结目前的研究结果可以发现，很少有涉及两性两亲分子，三链或更多疏水链的两亲分子与 AIE 基团结合，bola 型两亲分子使用得也相对较少，传统型阴阳两亲分子种类繁多，每一种均有独特的聚集特性和微观结构，但这方面的合成和应用探索也相当有限，因此未来在 AIE 基团上连接两亲基团的分子设计理念仍有极大的发展空间和研究前景。

3.1.3 将 AIE 基团嵌入两亲高分子

相比于两亲小分子，两亲高分子更易于自组装。基于此原理，如果将 AIE 分子以主链取代或者侧链取代的方式加入两亲高分子中可以大大增强其组装能力。目前将 AIE 基团引入高分子的方法主要分为直接聚合和聚合后修饰两大类[27]。直接聚合通常使用自由基聚合[28]、乳液聚合[29]和可以得到分子量分布更窄、结构更规整的可控自由基聚合，如原子转移自由基聚合等方法。聚合后修饰即对已经得到的高分子进行共价或者非共价修饰，引入 AIE 功能基团。

本小节首先对目前常使用的直接聚合方法做了举例说明，之后以 AIE 基团在高分子中不同位置为分类依据进行详细介绍。除了纯有机合成高分子外，也将对以生物质来源的高分子为基本骨架的 AIE 两亲高分子举例说明。最后本小节还将对含有 AIE 基团的两亲高分子在探究自组装微观机理方面的研究进行介绍。

1. 合成含有 AIE 基团聚合物的方法

迄今为止，聚合物领域已经发展出许多合成途径来获得具有 AIE 部分的两亲聚合物，如共价共轭[30]、开环反应[31-33]、席夫碱缩合[34, 35]、原子转移自由基聚合[36, 37]和可逆加成-断裂链转移聚合[38-40]，往往根据需要在进行分子设计时使用不止一种方法。

图 3-11 是通过可逆加成-断裂链转移（RAFT）聚合将 AIE 发光基团引入两亲嵌段共聚物的示例[40]。具有两个乙烯基端基的可交联 AIE 染料（R-E）与两亲单体 PEGMA 发生共聚可以得到需要的两亲聚合物。由于具有典型的两亲性，当分散在水溶液中时，它可以自组装形成稳定的纳米粒子[图 3-11（c）]。这些粒子的核心由聚集的 R-E 基团组成，水溶性 PEG 构成其外壳。

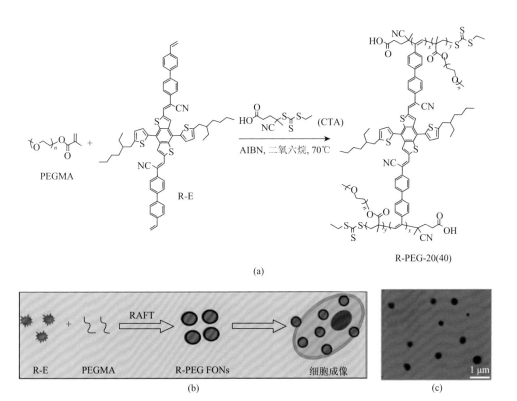

图 3-11 （a）以 PEGMA 和 R-E 为单体，利用 RAFT 聚合法制备 R-PEG-20 和 R-PEG-40 的合成路线；（b）RAFT 聚合制备 R-PEG 的原理图及其细胞成像应用；（c）R-PEG-20 自组装形成纳米粒子的 TEM 图像[40]

利用开环反应也可以合成类似的荧光纳米粒子[33]。具体方法如图 3-12（a）所示，利用具有两个氨基为端基的 AIE 单体 PhNH$_2$[图 3-12（b）]与 4，4'-邻苯二甲酸酐（OA）进行开环缩聚，随后再与聚乙烯亚胺（PEI）交联，获得了一种两亲网络聚合物（RO-OA-PEI）。该聚合物在水中可以自组装形成稳定的荧光纳米粒子[图 3-12（a）和（d）]。TEM 图像显示了直径从 50～200 nm 的球形纳米粒子的存在[图 3-12（c）]。由于 AIE 部分与两亲分子共价连接，即使在生理条件下，这些聚合物纳米粒子也显示出非常理想的稳定性，不会发生荧光分子的泄漏。类似的研究成果有 Liang 等[41]合成的 TPE-mPEG 和 Fu 等[42, 43]报道的 AIE-PCL-*b*-PEG 基 AIE-PDOT 等，这些 AIE 基聚合物都显示出较高的荧光发射效率和良好的生物相容性，使得它们在细胞成像[28-30, 32-35, 38-40, 44-47]和成像引导的光动力肿瘤治疗中具有良好的应用前景[48]。

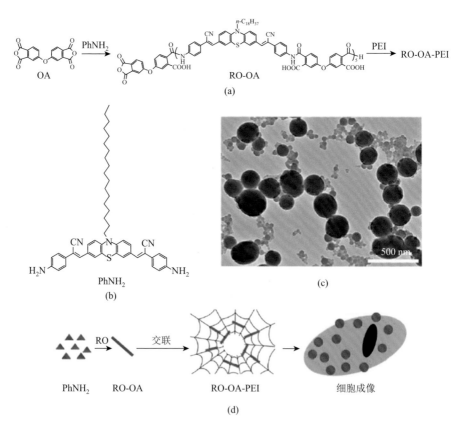

图 3-12 （a）RO-OA-PEI 的合成路线；（b）PhNH$_2$ 的化学结构式；（c）RO-OA-PEI 的 TEM 图像；（d）酸酐开环缩聚制备 RO-OA-PEI 的原理图及其在细胞成像中的应用[33]

除了设计合成可用于细胞成像的荧光粒子外，具有生物分子响应性的荧光纳米粒子（FNPs）也可以用于相关特殊生物分子的检测。例如，含有硼酸苯酯的一种 AIE 分子可以在葡萄糖的存在下形成荧光纳米粒子，同时伴随荧光的剧烈增强[35]。这种由葡萄糖触发的荧光增强效应使其可以作为与疾病相关的葡萄糖水平异常变化的探测器（图 3-13）。

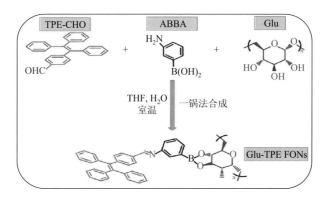

图 3-13 一锅法合成 Glu-TPE FONs 的原理图[35]

2. AIE 分子以疏水侧链形式引入两亲高分子

在设计含有 AIE 基团的两亲高分子时，AIE 基团往往以疏水侧链形式出现，需要配合合适的亲水片段共聚以实现两亲性。例如，Wang 等[49]利用可逆加成-断裂链转移方法将 TPE 基团与聚 N-异丙基丙烯酰胺和聚（乙二醇）甲基丙烯酸酯结合得到双亲水嵌段共聚物（DHBC）P(NIPAAm-co-TPE)-b-POEGMA，在这里 TPE 作为共聚物中唯一的疏水基团。通过与双亲水链段形成氢键，可用于亲水性药物如胸腺五肽和 TP5 的运输。

类似地，Song 等[50]通过 PPFPA、TPE-NH$_2$ 和 PEG-NH$_2$ 的一锅反应得到以 TPE 作为疏水基团，PEG 作为亲水基团的嵌段高分子 PAF（图 3-14）。通过调整 PEG 的比例，可以调节该两亲聚合物在水中分散后自组装的胶束直径。随着 PEG 含量降低，胶束直径变小，荧光强度也逐渐提升。该分散性良好的荧光胶束 PAF 可以用于细胞成像，具体的生物学应用参见第 5 章。

在以上的分子设计中，高分子链均不带电荷。由于带有正电荷的高分子可以显著提高细胞的摄取率，这类高分子设计在生物医学相关应用中比较常见，如 Meldrum 等[51]设计的同时含有聚 N-2-羟丙基甲基丙烯酰胺、带正电荷的聚甲基丙烯酸 2-氨基乙酯盐酸盐，以及 DSA 衍生物作为 AIE 基团的高分子 P1～P5，在生物成像中有很好的效果。类似的分子设计还可以参考文献[52]。

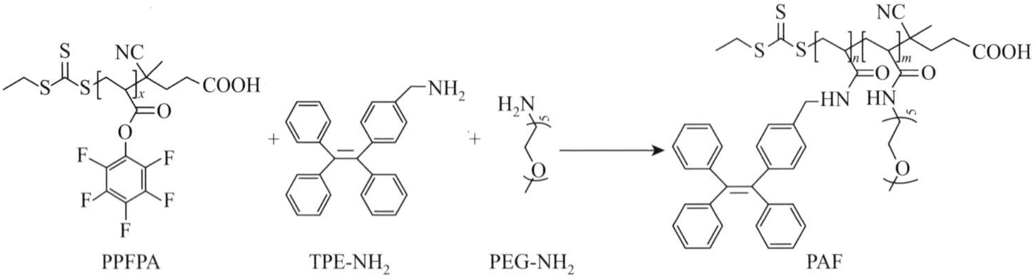

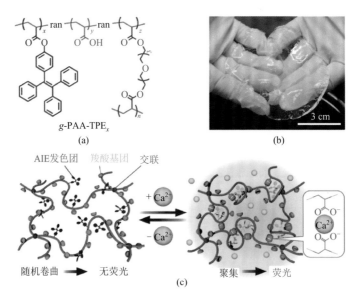

PPFPA + TPE-NH₂ + PEG-NH₂ → PAF

图 3-14　两亲高分子 PAF 的合成方法[50]

　　两亲高分子不仅可以设计为简单的线型结构，通过聚乙二醇或者具有双反应位点的 AIE 基团[28, 40]可以实现对线型聚合物的交联，获得网络状的高级结构。例如，Fukushima 等[53]设计了具有发光能力的化学交联聚丙烯酸凝胶 g-PAA-TPEₓ（图 3-15）。线型两亲高分子 PAA-TPE 通过与四甘醇二丙烯酸酯反应产生交联，得到的高分子很容易形成凝胶，在自然状态下呈无色透明状态。由于使用的交联剂较少，且凝胶中含有大量自由的水分子，使得 TPE 分子吸收的能量主要以振动形式耗散，不能发光。当网络结构中没有发生反应的羧基位点与 Ca²⁺发生 2∶1 配位时，交联网络之间缠绕更加紧密，进一步限制了 TPE 的非辐射跃迁，发出明亮的蓝绿色荧光，随着环境中 Ca²⁺浓度的变化，荧光强度发生变化。基于凝胶对 Ca²⁺浓度的响应性和选择性，该凝胶可以用于检测细胞外特别是大型组织器官的 Ca²⁺浓度，检出限达到 μmol/L 量级。

g-PAA-TPEₓ

(a)　　　　　(b)

3 cm

AIE发色团　羧酸基团　交联

+Ca²⁺　　−Ca²⁺

Ca²⁺

随机卷曲 → 无荧光　　　　聚集 → 荧光

(c)

图 3-15　（a）网络结构两亲高分子 *g*-PAA-TPEₓ 的结构式，ran 代表无规聚合；（b）形成无色透明的凝胶宏观照片；（c）凝胶对 Ca²⁺检测的原理和凝胶发光的原理，在这里 PAA 的羧基和 Ca²⁺发生化学交联[53]

　　需要说明的是，大部分形成交联网状结构的两亲高分子以在水中自组装的荧光纳米胶束颗粒形式存在，相关的研究结果可以查看参考文献[44]。除了这种没有明显结构规律的网络结构外，还可以设计一些特殊分子结构，例如，危岩等[54]设计的星形两亲高分子 PhE-ITA-PEG（图 3-16）。AIE 单体 PhE 和衣康酸酐（ITA）通过自由基聚合得到 PhE-ITA，之后与四臂聚乙二醇胺发生开环聚合反应，得到星形高分子 PhE-ITA-PEG。在水溶液中，PhE-ITA-PEG 可以自组装形成表面覆盖 PEG 基团，内核为 PhE 的荧光纳米粒子。这类特殊交联型两亲高分子的最大优势在于具有极低的 CMC，即使在浓度非常低的条件下也可以保持稳定的胶束状态，不发生解体。

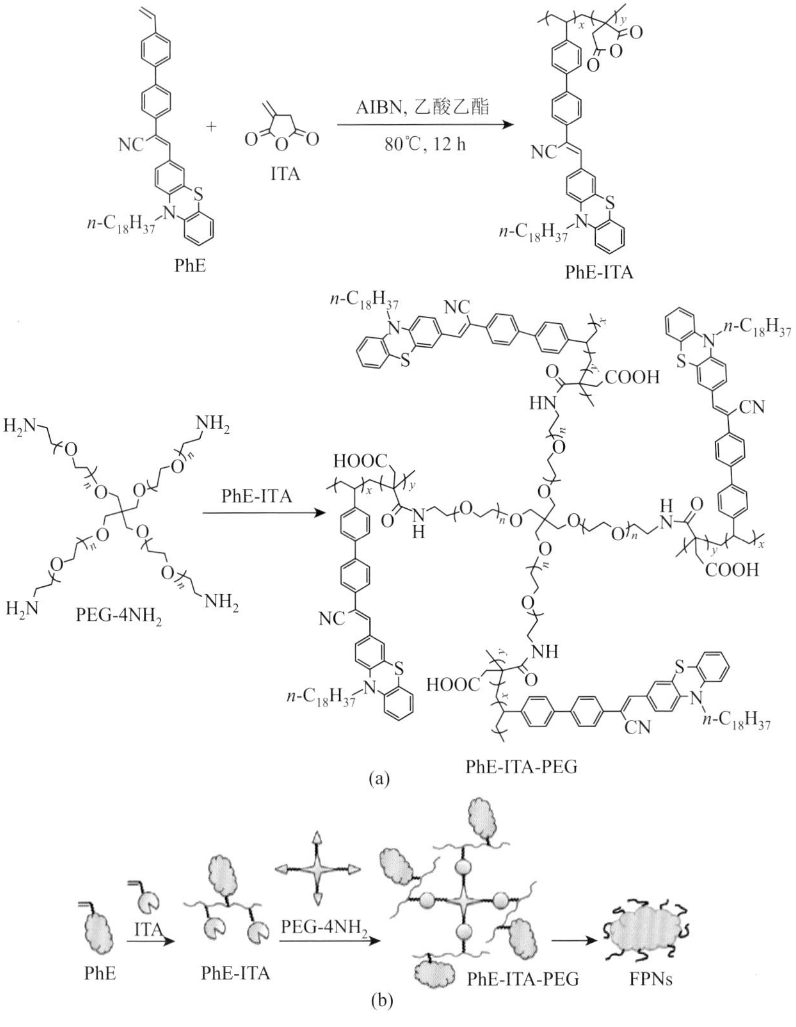

图 3-16　（a）AIE 分子 PhE、ITA、聚乙二醇胺和 PhE-ITA-PEG 的结构式和合成过程；（b）合成过程模式图[54]

以上所有案例中均使用 TPE 作为单一的疏水基团。实际上如果与其他疏水基团共同形成疏水内核结构，可以有效降低 TPE 的用量而荧光性质受到的影响较小。唐本忠团队[55]设计了以胆固醇衍生物和 TPE 共同作为疏水片段的嵌段高分子 PII，在细胞成像方面具有较好的效果。这里，作为亲水基团使用的除了羟基、羧基和氨基等常用亲水性高分子片段，还有提供疏水侧链连接位点的四级铵。

3. AIE 分子作为两亲高分子的主链单元

将 AIE 基团作为高分子的主链同样可以得到具有两亲性能够自组装的聚集体。刘斌等[56]设计了具有光响应能力的两亲高分子 P(TPECM-AA-OEI)-*g*-mPEG（图 3-17），其中主链上的寡聚乙烯亚胺（OEI）和侧链的多聚乙二醇（mPEG）作为亲水片段，可以发射红色荧光的 TPECM 作为主链上的疏水部分，两者之间通过具有活性氧（ROS）响应能力的氨基丙烯酸酯连接在一起。由于寡聚乙烯亚胺被质子化，可以通过静电相互作用与带负电荷的 DNA 结合，作为 DNA 的运输载体。进入细胞后，通过光照诱导 ROS 产生，高分子被切断，DNA 有效释放，可以实现 DNA 的高效靶向运输。

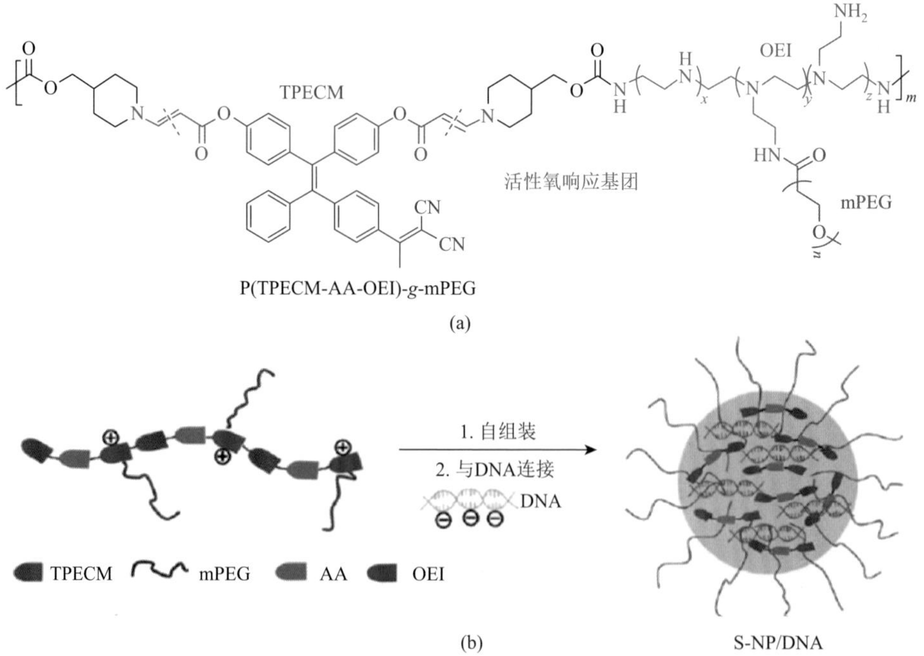

P(TPECM-AA-OEI)-*g*-mPEG

(a)

(b)

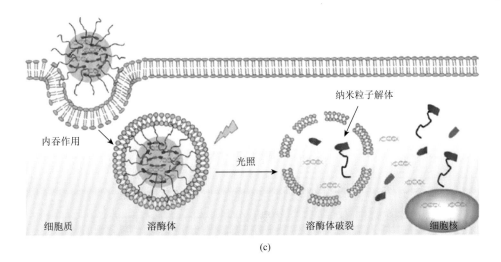

（c）

图 3-17　（a）具有光响应能力的聚合物 **P(TPECM-AA-OEI)-*g*-mPEG** 的化学结构式；
（b）**P(TPECM-AA-OEI)-*g*-mPEG** 在水中自组装形成带正电荷、ROS 敏感的纳米粒子（S-NP），
可以与 DNA 复合形成 S-NP/DNA；（c）S-NP/DNA 被细胞内吞并包埋在内切/溶酶体中，在光
照下产生的 ROS 可以同时破坏内质/溶酶体膜，促进载体逃逸，释放 DNA[56]

类似地，危岩等[31]设计了以具有 AIE 性质的 PhNH₂ 为主链的两亲高分子
RO-OA，可以在 PBS 中自组装形成直径为(302.6±4.7) nm 的荧光纳米粒子。

4. 单 AIE 基团高分子链

以 AIE 基团作为高分子合成的引发剂或者封端基团同样是一种将 AIE 基团引
入高分子的设计方法。Cheng 等[57]设计了以 TPE 作为末端具有 pH 响应性的两亲
高分子 MPEG-hyd-TPE，可以自组装形成胶束结构。通过末端为肼的 TPE 与末端
为醛基的聚乙二醇发生醛胺缩合得到的席夫碱结构为该分子中的 pH 响应位点，
在 pH 较低的溶酶体中，席夫碱可以被切断，促进携带的疏水性药物 DOX 的释放。
该方法实现了药物运输、定位释放和成像多重功能。

类似地，危岩等[58]成功将具有 AIE 能力的 PhNH₂ 连接在商用两亲高分子 F127
的末端，借助 F127 优异的自组装能力，获得了极低 CMC 的两亲高分子
F127-TMAC-PhNH₂，与细胞共同培养可以有效被细胞摄取，在 CLSM 观察下发
出稳定的黄色荧光。

5. 以生物质高分子作为基本骨架

随着绿色化学的推广和对生物质材料的进一步了解，以天然高分子作为基本

骨架的材料越来越受到重视。这类分子由于具有大量的羟基、羧基和氨基，具有良好的可修饰性，有利于功能基团的引入，同时具有环境友好性、使用稳定性和可降解能力，是目前很多研究的重点领域。

从甲壳类动物如虾、蟹中分离出来的甲壳素每年产量巨大，然而这种以乙酰氨基葡萄糖为基本构筑单元的甲壳素在水中近乎不溶解，极大地限制了其应用。通过部分脱乙酰化可以得到溶解性相对较好的产物壳聚糖。唐本忠等[59]利用壳聚糖与异硫氰酸酯修饰的 TPE（TPE-ITC）反应得到 TPE-CS，可以有效被细胞摄取，用于荧光成像，即使多次洗涤荧光依旧保持很高强度。

通过生物降解衍生羧甲基化处理壳聚糖，可以得到相对较好的溶解性。危岩等[60]利用羧甲基壳聚糖（Ch）作为线型高分子骨架，以具有双反应位点的 AIE 基团作为交联剂，通过环氧乙烷与 Ch 上的氨基反应得到网络状且具有两亲性的高分子聚合物 Ch-EP3，可以在水溶液中形成稳定的胶束结构，发出绿色荧光。利用其生物骨架带来的良好的生物相容性，已经成功应用于细胞成像。

如果将壳聚糖进一步脱乙酰化，可以得到分子量相对较小的壳寡糖，所得到的壳寡糖则具有良好的水中溶解能力。Jana 等[61]利用氨基葡萄糖上的活性反应位点结合 TPE 基团和具有细胞器定位能力的 TPP，实现了该自组装胶束利用脂筏内吞、TPP 定位进入溶酶体的细胞器定位追踪成像能力。

为了提高壳聚糖的溶解性，除了进一步脱乙酰化外，对壳聚糖进行化学修饰也是一个不错的选择。Park 等[62]选择了亲水的乙二醇修饰的壳聚糖作为高分子骨架，以具有 AIE 特点的 3CN 分子作为疏水修饰基团，得到了能够自发形成核壳组装体的 GC3CNx。3CN 特殊的大偶极结构，使得荧光发光波长显著红移，非常适合应用于对细胞损伤更小的近红外成像分析。危岩等[34]利用羧甲基壳聚糖与 TPE 衍生物 P5 反应同样得到了具有良好自组装能力的两亲高分子 P5-壳聚糖。

除了糖类衍生物高分子，多肽分子同样具有良好的亲水能力和大量活性反应位点。江明等[63]合成了以多肽作为线型骨架，甘露三糖作为侧链修饰的糖聚肽结构，进一步侧链修饰 TPE 基团可以得到具有两亲性的高分子 P1tM-TPE（图 3-18）。研究中发现，P1tM-TPE 可以在 DMSO 和水的混合溶剂中形成多种不同的聚集体形态，随着混合溶剂中水含量的增加，聚集体逐渐由囊泡（80 wt%）转变为纺锤状（90 wt%）最终变为多孔纳米片（100 wt%）结构。改变溶液中水的含量，可以观察到囊泡向纺锤状聚集体的具体转化过程。囊泡首先破裂形成直径更小的纳米粒子，纳米粒子之间互相聚集、融合，最后重排形成纺锤状。该转变过程可以通过 TEM 和光散射光强进行动态监控，为研究聚集体的转变和相互作用提供了大量资料。

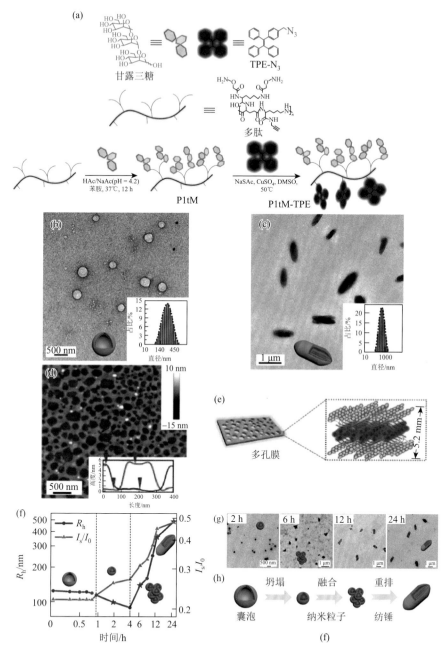

图 3-18　（a）P1tM-TPE 合成路线和结构式；水的质量分数为 80%（b）和 90%（c）条件下的 TEM 结果，微观结构分别对应于囊泡和纺锤状结构，图中小图为聚集体的尺寸分布丰度；（d）水溶液中 P1tM-TPE 聚集体形态的 AFM 结果，鲜明的高度差异证实为多孔纳米片结构；（e）P1tM-TPE 形成多孔纳米片结构的分子排列形式；利用散射光强（f）和 TEM（g）观察当混合溶剂中水含量增加时聚集体形态由囊泡向纺锤状转变的过程；（h）聚集体形态转变的模式图[63]

6. 含有 AIE 基团的两亲高分子的应用

含有 AIE 基团的自组装材料被广泛应用于生物医学领域，这部分详细介绍参见第 5 章，在这里根据两亲高分子独特的性质介绍其在研究聚集体形成微观机理中的作用。

根据上一小节中的举例可以发现，含有 AIE 的高分子聚合物不仅能够形成尺寸分布宽度窄的荧光胶束，通过调节溶剂的极性或高分子嵌段之间的聚合比例，还可以得到柱状胶束、蠕虫状胶束、囊泡等不同的聚集体结构。借助 AIE 分子独特的聚集诱导荧光增强效应，使其对外界环境特别是高分子链段空间排列的紧密程度具有很大的敏感度，可以用于研究以往难以可视化的自组装微观过程和动态平衡。

例如，Yuan 等[64]通过设计将聚甲基丙烯酸二甲胺乙酯（PDMA）和甲基丙烯酸苄基酯（BzMA）与 TPE 共聚合得到 PDMA-P(BzMA-TPE)，实验中发现如果改变聚合过程中 BzMA 与 PDMA 的比例，将得到的聚合物在水或者乙醇中分散，可以得到不同的聚集体形态。如图 3-19 所示，随着 BzMA 比例的升高，聚集体逐渐由球形胶束转换变为蠕虫状胶束最终变成囊泡结构，三种聚集体均具有较强的荧光发射能力，在 CLSM 观察下可以看到尺寸不同的蓝绿色荧光。如果进一步提高 BzMA 的比例，囊泡结构的形态和直径均不会发生明显变化，借助 TEM 观察发现囊泡的壁厚会逐渐增加。荧光测试显示随着壁厚的增加，溶液荧光发射强度逐渐增强。与之不同的是，如果在球形胶束范围内逐渐增加 BzMA 的比例，胶束的直径也会相应增加，同时对应荧光强度的增强。综合以上实验结果可以发现，聚集体形态不同、胶束的直径变化及囊泡的壁厚差异均会对溶液的荧光强度带来显著的影响。结合 AIE 分子的荧光发射机理可知，这与 TPE 基团在聚集体中的排列紧密程度有直接关系，因此含有 AIE 基团的高分子可以用于进一步研究分子水平上嵌段高分子形成聚集体的原理和差异。

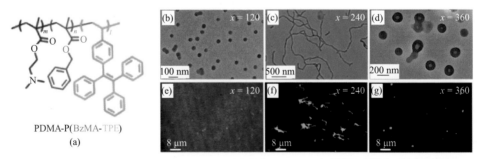

图 3-19 （a）PDMA-P(BzMA-TPE)的分子结构式；（b）～（d）水溶液中 PDMA39-P(BzMA-TPE)x, x = 120、240、360 时的 TEM 结果，分别对应于球形胶束、蠕虫状胶束和囊泡结构；（e）～（g）水溶液中 PDMA39-P(BzMA-TPE)$_x$, x = 120、240、360 时的 CLSM 结果，其中 x = 120 时由于胶束直径远小于 CLSM 的分辨率，只能看到均匀发光的背景[64]

除了最常使用的 AIE 明星分子 TPE 以外，刘正平等[65]通过开环异位聚合（ROMP）方法合成了三种含有不同的 AIE 基团的聚合物 M1[含 9, 10-双(2, 2-二苯乙烯基)蒽]、M2（含 1, 2, 3, 4, 5-五苯基噻咯）和 M3（TPE 衍生物），进一步将它们与亲水性的聚乙二醇结合得到了具有两亲性的系列嵌段共聚物。类似于参考文献[64]中的结果，改变亲疏水部分的聚合比例，三种聚合物均可以得到球形胶束、柱状胶束和囊泡等不同聚集体结构。

7. 小结

本小节从可控自由基聚合方法出发，介绍了目前合成 AIE 高分子的主要方法，之后以 AIE 基团在高分子中的位置为主要分类依据，分别举例介绍了 AIE 基团在侧链、主链作为合成引发基团和末尾封端基团使用时的情况。以生物质为基本骨架的高分子也是目前发展的一个主要方向，主要集中于壳聚糖及其衍生物。对于纤维素及其衍生物、透明质酸等的应用相对较少。最后简单介绍了含 AIE 高分子的应用。更多应用参见第 5 章和第 6 章。

将 AIE 基团与高分子结合是一条非常直接的设计 AIE 自组装材料的途径，这方面的研究比较深入，分类比较清晰，本小节着重于介绍疏水链及两亲高分子链的贡献。

3.2　增加分子间氢键

生物体能够执行和完成各种复杂的过程，对多种外界刺激实现响应都离不开精巧的分子结构。在生物体中氢键在维持生物大分子结构中起着非常重要的作用。因此，如果将氢键引入 AIE 分子的设计中，也可以实现对 AIE 分子的自组装结构的精巧调控。通过将 AIE 分子与能够提供氢键的基团连接在一起，可以诱导不同的自组装结构的形成，如纳米纤维、微管[66]等，有效地抑制分子振动对能量的耗散，从而实现更高的发光效率。

由于含有氢键的分子通常具有良好的亲水性，在 AIE 分子上引入氢键也是提高其溶解度的一个重要方法。能够形成氢键的分子种类非常多，包括各种小分子如乙二醇、酒石酸、氨基酸、单糖、尿素、三聚氰胺等，以及多肽、聚乙二醇等较大的分子和高分子。能够提供氢键结合位点的还可以是酰胺键、酰腙键、酯键等功能化基团，这为分子设计提供了丰富的选择。

与设计和合成复杂的含有氢键的结构相比，直接利用氢键含量丰富的生物分子受到越来越多的重视，这类具有生物活性的分子往往能够赋予 AIE 分子更多独特的功能。例如，由于氨基酸具有手性中心，将小肽或氨基酸与 AIE 基团连接，有可能实现超分子手性自组装体的构建，有望实现在 CD 与 CPL 领域的应用。

小肽由多个氨基酸通过酰胺键连接而成,不同的酰胺键具有不同的反应活性,可以对不同的环境特别是生物体内的特异性酶识别实现小肽特定位点的切割,从而改变 AIE 分子的氢键的强度,影响其自组装能力,进而影响发光性能,基于此可以对特定化合物或者细胞状态实现特异高效检测。

基于以上的分析,本节将首先在 AIE 分子上连接小肽和氨基酸两方面分别举例加以介绍,说明增强分子间氢键对 AIE 自组装的促进作用。同时需要注意的是,溶剂中其他小分子也可能在诱导氢键和自组装中起到重要作用,这部分内容将在本节最后一部分"在 AIE 基团上连接其他类型的氢键"中分类进行介绍。

3.2.1　在 AIE 基团上连接小肽

由于分子间或分子内氢键的形成,小肽往往具有很强的自组装能力。不同于蛋白质极大的分子量和极低的体外合成效率,小肽的大规模人工合成和提取已经比较成熟。因此小肽在分子设计中的应用更多,同时基于小肽的分子、环境识别能力和响应性,设计含有更高功能附加性小肽的 AIE 分子越来越受到关注[67, 68]。

例如,丁丹等[69]研究发现带有芳香基团的肽序列 GFFY 能够自组装成纳米纤维。如果将 TPE 基团用作芳香基团,得到的 TPE-GFFY 能够自组装成强发光纳米纤维。分子模拟表明 TPE 基团是有序堆积的,这种排列方式更有效地限制了苯环的分子内旋转,从而导致强烈的荧光发射(图 3-20)。

如果在体系中再引入第二种小肽 DVEDEE-Ac,会使亲水部分占优势,荧光纤维被分解,荧光发射逐渐减弱至消失。然而,由于 caspase-3 酶可以切断 GFFY 和 DVEDEE-Ac 之间的联系,强荧光仍可以在这种酶的存在下重新出现。基于以上的特点,TPE-GFFY 可以作为一种新型智能探针,用于报告细胞中 caspase-3 的水平。

通过对 AIE 分子所连接的小肽的设计,这种酶裂解策略可以推广到设计多种酶的传感器。例如,如果肽序列被设计为弗林蛋白酶的底物,被切割的产物可以进一步自组装成荧光纳米粒子,根据荧光强弱的变化检测弗林蛋白酶的水平[70]。这种分子自组装的方式又被称为酶诱导自组装(EISA),是设计含有小肽的 AIE 分子自组装的常见策略。主要的机理是,在酶存在的环境下,小肽链或者小肽上连接的其他修饰小分子会被识别并切割,进而改变分子的亲疏水性和分子间作用力的平衡,促进自组装和荧光发射。

前面已经对小肽酶解诱导自组装进行了举例说明,丁丹等[71]则利用磷酸酯酶水解小肽上的磷酸基团的性质,设计了具有磷酸酯酶活性检测能力和光动力治疗双重功能的 AIE 分子 TPE-Py-FpYGpYGpY。具体来讲,被磷酸修饰的 AIE-小肽分子具有很好的亲水性,在水中主要以单分子形式存在,不能发光。当磷酸酯酶活性较高时,可以水解小肽上的磷酸基团,分子的亲水能力下降,有利于自组装

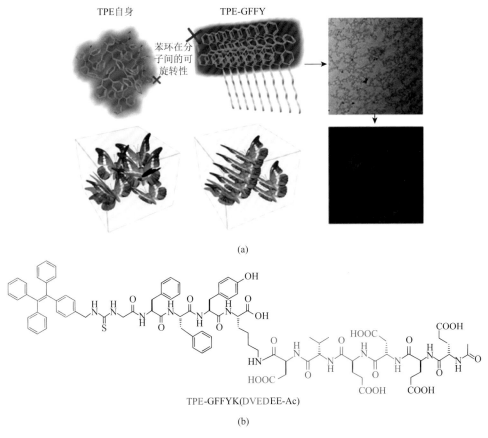

图 3-20　（a）连接有 GFFY 后会使 TPE 聚集更加有序的原理示意图，TPE-GFFY 自组装成
丝状网络纳米结构并发出蓝色荧光，该结构可以在 CLSM 下被成功观察到；
（b）TPE-GFFYK(DVEDEE-Ac)的化学结构式[69]

而发光。由于在癌细胞中磷酸酯酶的活性远高于正常细胞中，因此可以用于癌细胞的检测。

　　实际上用于促进 AIE 分子自组装的肽序列也可以相对比较简单。较短的小肽的亲水能力相对有限，不足以使分子整体在水溶液中以单分子形式存在，可以直接诱导自组装的形成。例如，Besenius 等[72]报道了借助简单的苯丙氨酸-组氨酸肽序列（FHFHF）能够诱导 AIE 发光体 4,5-双（苯硫基）邻苯二甲腈（BPTP）在磷酸盐缓冲液中自组装成棒状胶束（图 3-21）。由于 BPTP 的疏水性，它被包裹在胶束的核心，而 FHFHF 序列在疏水的棒状胶束表面折叠成 β 折叠形式，其外端（C 端）则为含有大量亲水性基团的多阳离子树枝状结构，由此形成小肽-亲水树枝结构双层包裹。值得强调的是，这种多层包裹的棒状胶束可以在血清环境中保持高度稳定。

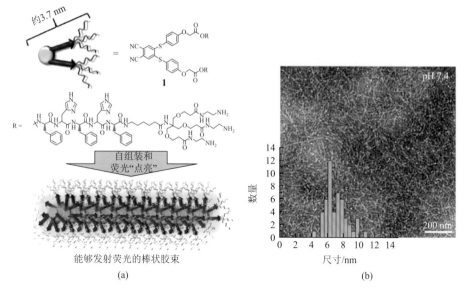

图 3-21 （a）被小肽修饰的 AIE 分子结构式及其通过自组装形成的具有双层外壳发光棒状胶束；（b）棒状胶束在 TEM 观察下的结果[72]

又如，Zhang 等[73]选择弹性蛋白多肽（ELPs40）作为亲水基本骨架，通过酰胺键的形成将具有羧基的 TPE 分子与之连接，得到 ELPs40-TPE。除了良好的生物相容性，该分子荧光强度随着温度升高而逐渐降低，具有非常敏感的线性响应能力，可以用于生物体系灵敏的温度变化监控。

小肽不仅可以被酶识别切割，特殊排列序列的小肽还可以具有其他的响应能力。梁兴杰等[74]将 TPE 分子与具有盐响应能力的小肽分子（Q19）结合在一起，构成水性荧光凝胶因子，随着溶液中盐浓度的升高，荧光强度逐渐提高，在 1.5 mol/L 的 NaCl 下可以自组装形成凝胶网络。主要的原理可以解释如下：随着盐浓度的升高，Q19 中具有盐响应能力的 Q11 部分自组装形成 β 折叠形式，与小肽相连的 TPE 基团也随之被限制在由 β 折叠形成的纳米纤维网络中，由于纳米纤维网络对分子运动的限制作用，抑制了非辐射跃迁的发生，荧光强度逐渐增强。

实际将 AIE 分子与小肽连接在一起的分子设计研究非常多，通常作为细胞或代谢产物的分子识别探针使用，对其自组装能力的研究相对较少。对于小肽的利用，也不仅仅局限于酶响应能力和亲水性，对其他刺激和极端条件的耐受同样值得关注。除了参考文献[74]中利用的盐浓度响应性，对温度、pH 和特定波长的响应性和稳定性也可以应用于 AIE-小肽分子设计中，相关的研究结果目前比较少见。随着对小肽结构本质的进一步认识，人工设计和合成小肽成本的下降及成功率的提高，相信以小肽作为亲水基团进行 AIE 自组装分子设计会越来越多。

3.2.2 在 AIE 基团上连接氨基酸

与使用设计的小肽序列比较，研究者发现将 AIE 分子共价连接单个氨基酸也可以得到令人满意的自组装结果。氨基酸的 α-碳为经典的手性位点，氨基酸溶液通常具有非常特征的圆二色光谱信号，但是由于氨基酸本身不具备发光基团，限制了其在圆偏振发光领域的应用。如果将具有较高荧光效率的 AIE 分子与氨基酸结合，通过自组装实现手性信号的传递，有望实现圆偏振信号的产生，这也是在 AIE 分子上尝试连接氨基酸的主要设计思路。本小节将分为以下两个部分进行举例说明，首先介绍 AIE 基团与氨基酸连接的小分子设计与应用，特别是对其巧妙的超分子手性控制的研究和尝试，氨基酸种类和数量不同，溶剂选择和制备方法不同往往会对超分子手性带来显著的影响，之后会介绍以 AIE 基团和氨基酸为基本构建单元的高分子设计思路与应用。

1. AIE-氨基酸小分子结构

唐本忠等设计合成了 TPE 与 L-缬氨酸或 L-亮氨酸[75,76]结合的分子，在薄膜中自组装成螺旋状纳米纤维（图 3-22）。实验中发现，这些纤维表现出聚集诱导圆二色性（AICD）和圆偏振发光，这表明手性从氨基酸部分成功传递到 TPE 部分。

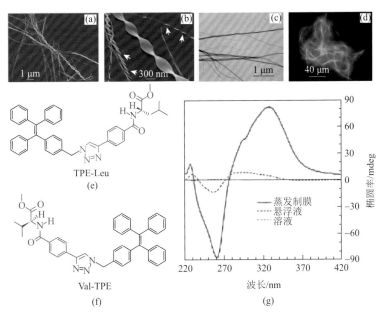

图 3-22 TPE-Leu 在二氯乙烷（DCE）/正己烷（1∶9，V/V）中形成的聚集体的 SEM[（a）、（b）]、TEM（c）和荧光显微镜（d）图像；TPE-Leu（e）、Val-TPE（f）的分子结构式；（g）TPE-Leu 在 DCE 溶液和 DCE/正己烷（1∶9，V/V）悬浮液（浓度 10^{-4} mol/L）中，以及在 DCE（0.66 mg/mL）中自然蒸发制膜的 CD 光谱[75,76]

除了含有单一取代氨基酸的 AIE 分子，TPE 也可以同时被两个氨基酸分子修饰。例如，含有两个缬氨酸修饰的 TPE（TPE-DVAL）[77]，也可以得到类似于一个氨基酸修饰的结果，但螺旋带的尺寸更均匀（图 3-23）。

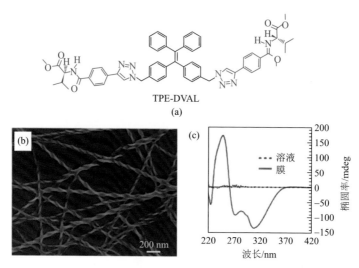

TPE-DVAL

(a)

图 3-23　（a）TPE-DVAL 的分子结构式；（b）蒸发诱导的 TPE-DVAL 螺旋带自组装；（c）微流体通道中自组装后表现出增强的 CPL 行为[77]

类似于 TPE 的分子设计思路，将 TPE 或者 PTS 修饰于氨基酸分子上（图 3-24）同样可以得到具有良好手性的超分子螺旋[78]，并且比较了不同溶剂条件对自组装超分子手性的影响。THF 是分子 **1** 的良溶剂，**1** 主要以单分子形式存在，如果将溶剂蒸发，可以观察到左手螺旋的超分子结构。如果选择向 THF 中加入不良溶剂，同样可以得到自组装结构。以极性溶剂水为不良溶剂时，随着溶剂比例的改变，聚集体状态会随之发生变化。具体来讲，当水的体积分数为 5% 时，部分伸展的纤维会形成小的圆圈；水的体积分数由 5% 增加至 20% 时，伸展的纤维越来越少，形成的圆圈结构则会逐渐堆积在一起；当水的体积分数升高至 80% 以上后，纤维再次变成延展结构。在全部变化过程中，纤维均保持右手螺旋。如果不良溶剂变为极性很小的己烷，随着其含量的升高，聚集体发生连续转变，从网络状到星云团型纤维瓣，最后变为右手螺旋结构。

这些丰富的聚集行为的成因在于分子 **1** 的良溶剂的极性较弱。当不良溶剂为强极性时，疏水的 PTS 更倾向于深埋在纤维内部，L-缬氨酸进一步暴露于表面；而当加入极性更小的己烷后，分子 **1** 不同部分的移动趋势正好相反，将促进组装结构随之调整，产生巨大的变化。由此可以看出，组装体结构对于溶剂选择和比例极为敏感。

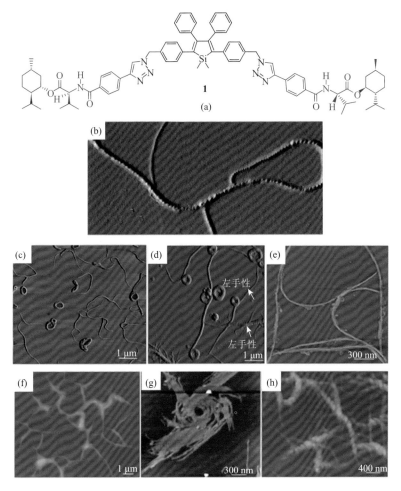

图 3-24　（a）1 的分子结构式；（b）蒸发 THF 溶液后的左手超螺旋纤维 AFM 结果；
（c）～（e）水体积分数分别为 5%、20%、80% 条件下蒸发水/THF 混合溶剂的组装体 AFM
结果；（f）～（h）己烷体积分数分别为 10%、50%、80% 条件下蒸发己烷/THF 混合溶剂的
组装体 AFM 结果[78]

　　溶剂/空气界面对手性分子的自组装具有重要影响。例如，在界面上单取代的
TPE-Val 和双取代的 TPE-2Val 超分子螺旋结构消失（图 3-25）[79]。TPE-Val 分子
主要以短棒状结构存在，当表面压升高后短棒会逐渐聚集。而 TPE-2Val 在较低表
面压下为球形胶束，表面压升高后胶束逐渐聚集，进一步缠绕成纤维。这是由于
界面上的水对分子的氢键产生影响，破坏分子间非共价作用之间的平衡，导致超
螺旋结构消失。由于 TPE-2Val 中氢键数量更多，在界面上受到水的影响更大，所
以组装变得更难，形成排列紧密的球形结构。

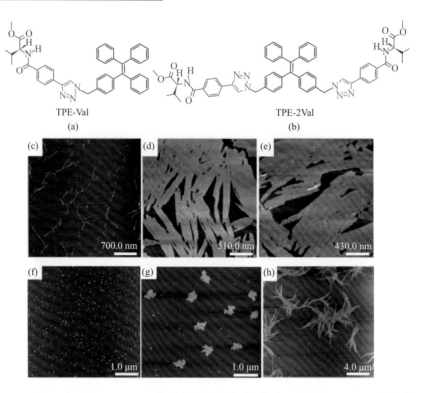

图 3-25　**TPE-Val（a）和 TPE-2Val（b）的分子结构式；（c）~（e）TPE-Val 在水/空气界面表面压分别为 0.6 mN/m、5 mN/m 和 20 mN/m 条件下的 AFM 结果；（f）~（h）TPE-2Val 在水/空气界面表面压分别为 5 mN/m、7 mN/m 和 20 mN/m 条件下的 AFM 结果[79]**

在目前的研究中，这些含有氨基酸修饰的 AIE 功能化合物由于具有较好的 AICD 和 CPL 信号强度，较大的不对称因子 g 值，在制备生物传感和光电应用的高效 CPL 器件方面具有广阔的应用前景，更多基于 AIE 分子的 CPL 应用参见第 6 章。

2. AIE-氨基酸高分子结构

除了由 AIE 分子与氨基酸直接连接形成小分子，两者共同组成的高分子通常具有很好的两亲性，氢键在自组装过程中起到重要作用。

Hong 等[80]利用被二乙二醇修饰的谷氨酸作为多肽型亲水骨架，末端连接单 AIE 基团（TP-PPLG-g-MEO$_2$，图 3-26），深入探究了多肽二级结构（α 螺旋、β 折叠和无规卷曲）对聚集程度和荧光发射效率的影响。在水溶液中，TP-PPLG-g-MEO$_2$ 可以形成规整的 α 螺旋结构，由于在 α 螺旋中相邻的 AIE 分子之间距离为 16 Å，大于其有效堆积限制运动要求的 9 Å，因此发光效率较低。在水溶液中加入 NaCl 后，出现盐析现象，降低其在水溶液中的溶解度，分子间氢键逐渐被离子键取代，同时

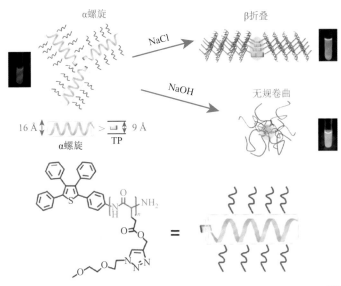

图 3-26　TP-PPLG-*g*-MEO$_2$ 结构转变与发光性质的关系模式图[80]

MEO$_2$ 与 Na$^+$以 2∶1 配位，进一步拉近了 AIE 分子之间的距离，荧光显著增强。在 pH 较高条件下，多肽分子二级结构将会被破坏，转变为无规卷曲形式，AIE 分子可以更加灵活地堆积，荧光强度在三种条件下最高。根据以上结果不难看出，自组装与高荧光强度并不完全对应，分子之间距离是一个重要的考虑因素。

　　类似地，唐本忠等[81]设计了由 TPE 与丙氨酸共同构成的高分子 P(TPE-alanine)，在 THF/水混合溶剂中随着分子浓度的变化和水所占体积分数的不同展现了丰富的组装结构（图 3-27）。

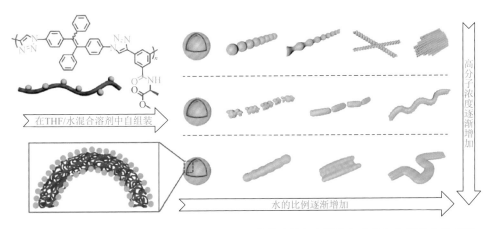

图 3-27　THF/水混合溶剂中 P(TPE-alanine)组装体结构与水的体积分数和分子浓度关系[81]

危岩等[82, 83]同时使用谷氨酸和寡聚乙二醇为亲水基团，设计了分子 Phe-OEG-Pglu，成功应用于细胞成像。

3. 小结

从以上研究中不难发现，氨基酸与 AIE 分子构成的小分子在超螺旋结构诱导和 CD、CPL 信号的产生中具有很大的优势，而高分子类型的 AIE-氨基酸分子则通常可以呈现丰富的组装结构，这为组装结构的精确操控、研究溶剂作用和分子间相互作用的微观图像提供了很好的证据。

目前，在 AIE-氨基酸分子设计中，AIE 基团主要集中于最经典的 TPE 和 TPS，其他具有特殊的分子结构和荧光性质的 AIE 分子同样可以进行相关尝试。同时，在双氨基酸修饰的 AIE 分子中目前主要选择相同的氨基酸，而不对称氨基酸修饰或者同时引入氨基酸和其他功能基团的研究同样引人关注，这方面的报道相对较少。氨基酸的引入也使得进一步修饰更加方便，对氨基酸的进一步修饰能够引入响应或功能位点，也可能拓宽 AIE-氨基酸材料的应用领域。此外，目前使用的氨基酸仍局限于天然氨基酸。在化学生物学的有效推动下，人们对非天然氨基酸及氨基酸在细胞内的修饰产物的物理、化学、生物特性有了更深入的认识，这类氨基酸也非常有望应用于 AIE 自组装设计之中。

3.2.3 在 AIE 基团上连接其他类型的氢键

1. AIE 基团与其他提供氢键的小分子连接

在前两小节中介绍了多种 AIE 基团与氨基酸、多肽结合的分子设计。实际上能提供氢键的分子不仅仅只有氨基酸和多肽，单糖、寡糖或者多糖具有大量的羟基、醛基和酮羰基，同样可以作为氢键的有效提供单元[84]，将这类分子与 AIE 分子结合可以得到类似的效果。唐本忠等[84]合成了带有手性糖的硅杂环戊二烯衍生物（1），如图 3-28 所示。它可以自组装形成右手螺旋纳米带，同时具有 AIE 特性，又能够发出右手性的圆偏振荧光。

Jana 等[82, 83]选择多种不同种类的小分子（天冬氨酸、精氨酸、葡萄糖）及高分子聚乙二醇与 TPE 相连，修饰后的分子可以自组装形成尺寸可控（20～80 nm）、具有良好胶体稳定性的纳米粒子，在细胞摄取定位成像中具有较好的应用。

糖-糖相互作用（CCIs）的存在也是以糖类及其衍生物作为 AIE 分子的修饰基团的重要因素。CCIs 主要包括分子内和分子间氢键，分子链段的缠绕与自组装。作为一种还原性单糖衍生物，葡糖胺既能够提供大量氢键结合位点，在 pH

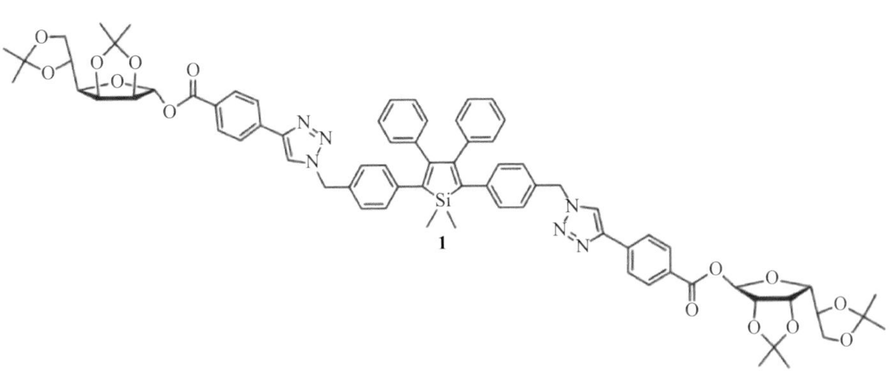

图 3-28　1 的分子结构式[84]

升高后成为带有正电荷的阳离子，也能提供有效 CCIs。Xing 等[85]将葡糖胺与 TPE 分子连接在一起，设计了以 TPE 为疏水中心，葡糖胺为亲水四臂的分子 TPE4G，以及以 TPE 为疏水端，季戊四醇连接的三个葡糖胺为亲水端的分子 TPE3G。实验中发现 TPE3G 自组装和对肝素的检测的效果强于 TPE4G。这是因为 TPE3G 在水中形成以葡糖胺为亲水外壳，TPE 为疏水内核的胶束，点亮 TPE 的荧光。在生理条件下葡糖胺的氨基被质子化带正电荷，当与带负电荷的肝素结合后可以发生静电相互作用。同时，TPE3G 的葡糖胺与肝素的糖衍生物链发生糖-糖相互作用进一步限制 TPE 内核的分子振动，使得荧光显著增强（图 3-29）。

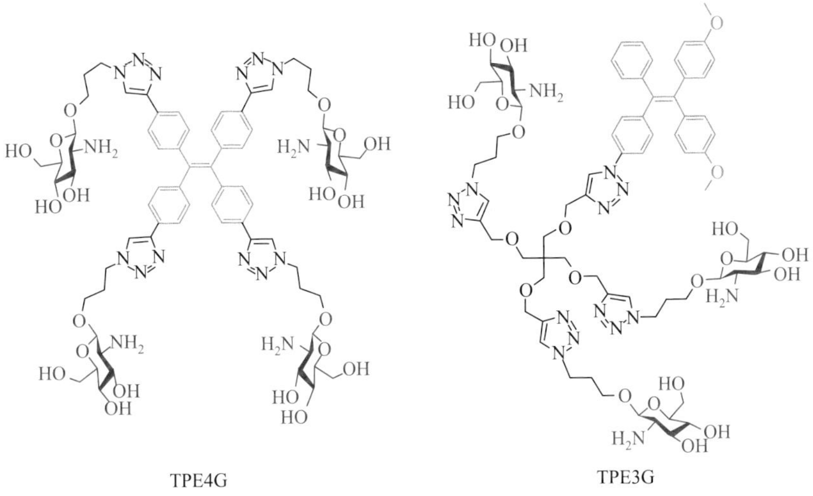

TPE4G

TPE3G

(a)

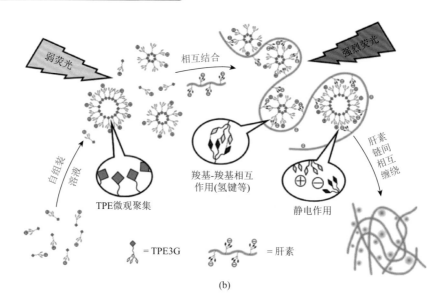

图 3-29 （a）TPE4G 和 TPE3G 的结构式；（b）TPE3G 自组装和识别肝素的机理[85]

除了最常见的生物小分子如糖类、氨基酸外，三磷酸腺苷（ATP）也可以提供大量的氢键。危岩等[86]将 ATP 与 AIE 分子结合得到具有两亲性的小分子 ATP-PhCHO，同样被用于细胞成像相关研究。

在 3.2.2 节中已经介绍了 AIE-氨基酸分子自身可以自组装形成超分子的实例，实际上手性自组装往往不能单独完成，通常需要溶剂中另一种手性分子辅助。酒石酸是一种在葡萄中含量丰富的手性有机酸，曾作为有机分子手性研究的经典材料。因其较好的氢键提供能力，Zheng 等[87]将不同手性的酒石酸与 AIE 分子结合，通过调节溶剂中手性胺的种类和手性方向（图 3-30），可以获得纳米纤维或者纳米球两种组装体。深入研究发现，当提高水/乙醇混合溶剂中水的体积分数，搅拌或者放置后球形纳米粒子表面会形成小孔，同时伴随荧光强度的升高；而在纳米纤维中观察不到此现象。这是因为每个 AIE-酒石酸分子会与一个手性胺结合成一对分子。当形成纳米纤维时，平面结构的分子对之间以氢键相连，没有扭曲张力，因此不会出现孔洞结构。而为了形成纳米球结构，分子对需要扭转，产生较大表面能。当刻蚀产生孔洞后可以降低表面能和分子的扭曲程度，提高分子共轭片段长度和有效堆积面积，进而提高量子产率。这种特殊的表面孔洞结构可以有效提高药物的释放速度。

当然，能够提供氢键的小分子并不局限于生物小分子，寡聚乙二醇也是一个不错的选择。Banerjee 等[88]设计了在 TPE 分子四个苯环上连接不同长度寡聚乙二醇并在末端连接吡啶基团的 TPE-xEG-Py，x = 3, 4, 6（1a～1c）。1a 可以在水溶液

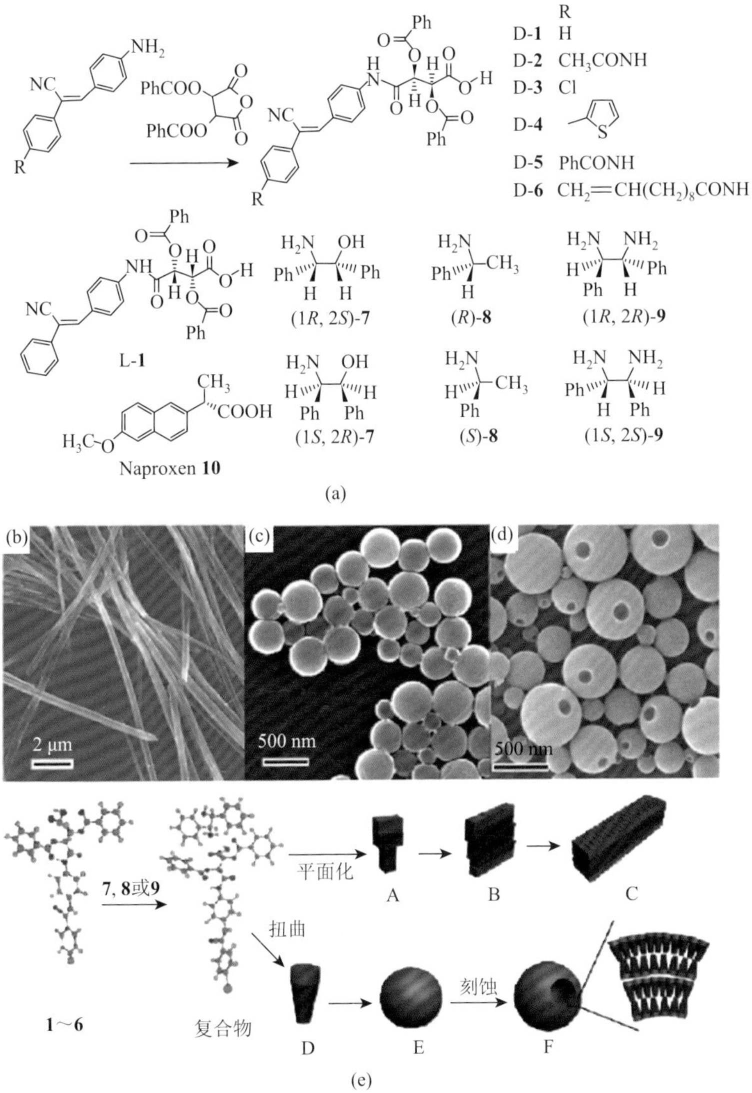

图 3-30 （a）AIE-酒石酸和手性胺的分子结构式；D-1 与(1*S*, 2*R*)-7（b）和(1*R*, 2*S*)-7（c）混合的 FE-SEM 结果；（d）D-6 与(1*R*, 2*R*)-9 在水∶乙醇 = 95∶5 环境中形成带有孔洞的纳米球；（e）纳米带和带孔洞纳米球形成的模式图[87]

中形成球形胶束，**1b** 则是球形胶束和棒状结构的混合物，**1c** 主要为长棒状结构，将水溶液放置一天后所有聚集体均向长棒状结构转变。利用阳离子吡啶基团与阴离子的静电相互作用，可以进行细胞内带有负电荷的分子如 BSA、DNA 含量的定量检测。

2. 含有能提供氢键结构的合成小分子

除了典型可以提供大量氢键的生物分子外，如酰胺基、氨基、羟基等均可以提供氢键，因此在 AIE 基团上连接含有这些官能团的分子同样可以实现增加 AIE 分子氢键的目的。本小节将介绍一些非生物来源小分子增加氢键的实例。

Xu 等[89]合成了含有席夫碱功能基团的三苯胺类分子 TPASB（图 3-31）。该分子同时具有扭曲分子内电荷转移（TICT）和 AIE 的性质。实验中发现该分子可以实现多级自组装，在水/THF 溶液体系中，随着水含量的增加（$f_w = 20\%$），TPASB 分子在氢键相互作用和疏水作用的共同影响下逐渐形成囊泡结构。如果水含量进一步升高到 90%，这些囊泡可以进一步串联成珍珠状结构，最后形成表面有条纹带的微米棒结构。同样也是由于氢键和疏水作用对分子振动的限制作用，这些聚集体的荧光强度大大增强。对分子结构进行分析发现，这种囊泡结构的形成与 TPASB 头尾的非对称性有直接关联，其中含有甲氧基修饰的苯环作为极性头部，含有席夫碱取代的苯环成为疏水尾部。这种分子结构使得分子不能紧密排满球形表面。囊泡表面的坑洞结构也说明该分子在聚集体结构中排列不是非常紧密。

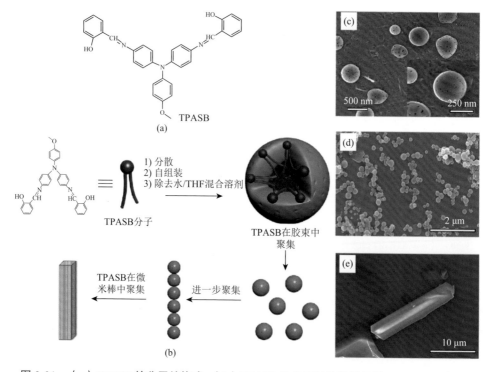

图 3-31　（a）TPASB 的分子结构式；（b）TPASB 的自组装结构示意图；$f_w = 20\%$（c）、$f_w = 30\%$（d）和 $f_w = 90\%$（e）条件下的 SEM 结果[89]

　　Wang 等[90]设计了一个四苯酰腙-TPE 衍生物，发现在水含量不同的 THF/H$_2$O 混合溶剂体系中，由于氢键的作用聚集体逐渐由纳米叶片（$f_w = 70\%$）向球形（$f_w = 90\%$）转变，同时利用酰腙基团对 Al^{3+} 的特异性识别作用，可以抑制分子内的光电子转移（PET）效应，锁定 C=N 键的构象，从而得到强烈荧光发射。

　　Xu 等[91]通过柔性间隔物将 TPE 与多面体低聚倍半硅氧烷（POSS）基团相连，得到单 TPE 取代的 POSS-ANS。通过调节柔性链长度，能够聚集成纳米粒子并发射强烈荧光。在 POSS-ANS 分子自组装过程中氢键作用和疏水作用均起到非常重要的作用。

　　Wang 等[92]则以含有羧基的笼型聚倍半硅氧烷（POSS-COOH）为基础，设计了更为复杂的分子结构。含有八个 TPE 基团修饰的 POSS-TPE 分子间具有很强的氢键相互作用，可以在不同浓度和不同溶剂中形成不同的聚集体，如图 3-32 所示。在纯 THF 溶剂中可以形成卵圆形聚集体，如果进一步增加浓度将会形成纤维状结构。如果引入不良溶剂水，可以形成纳米片状结构。由于 POSS-TPE 形成的聚集体含有大量的空隙，一些药物小分子可以扩散到聚集体结构中，如管制类药品氯胺酮，这些分子进入自组装结构后会使能量的非辐射衰减途径增多，荧光猝灭，达到检测的目的。

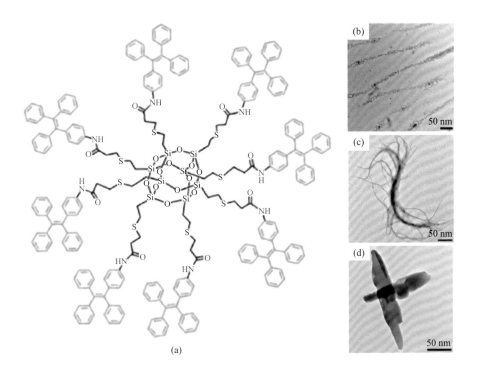

(a)　　(b)　　(c)　　(d)

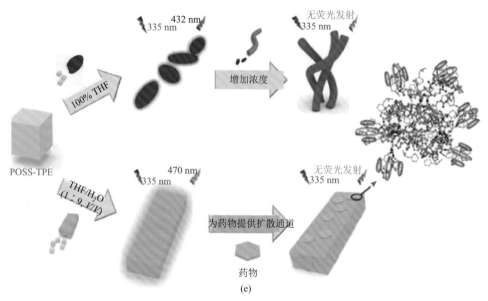

图 3-32 （a）POSS-TPE 的分子结构式；100%THF，$c = 0.1$ μmol/L（b），100% THF，$c = 1$ μmol/L（c）和 THF/H$_2$O = 1∶9（V/V），$c = 1$ μmol/L（d）条件下的 TEM 图片；（e）POSS-TPE 在不同溶剂和不同浓度下组装的模式图[92]

借助稀土离子特征的电子跃迁和发光特性，可以调制更加丰富的发光颜色。Lin 等[93]设计的由三吡啶修饰的苯酰胺（DTB）具有 AIE 特性，彼此之间可以通过氢键自组装形成稳定的超分子水凝胶，在 365 nm 照射下发出白色荧光。利用吡啶氮原子的配位作用可以与稀土离子发生 3∶1 配位，形成 DTB-M-G 凝胶，发出粉色、黄绿色、蓝色等多种颜色，可以作为一种稀土离子的有效分离剂使用。

3. AIE 基团与非生物来源氢键分子构成的高分子

聚乙二醇、聚丙烯酸等高分子化学中常用的亲水链端也是增加 AIE 分子在水中溶解性的良好工具。一个简单的案例，Huang 等[94]同时利用聚乙二醇和聚谷氨酸合成了双亲水链的 mPEG-PPLG-g-TPE，可以在水溶液中形成稳定的核壳结构纳米粒子。

此外，Gao 等[95]以双硒连接的聚乙烯亚胺作为牺牲性 ROS 作用位点，实现对基因的运输和高空间分辨率成像定位，如图 3-33 所示。OEI-SeSex-AIE 分子中的聚乙烯亚胺作为亲水片段，在生理状态下与质子结合呈现聚阳离子特性，可以通过静电相互作用与 DNA 共组装形成以 AIE 为内核的纳米粒子。进入细胞后聚乙烯亚胺中的双硒结构会在 ROS 条件下被切断，改变 OEI-SeSex-AIE 分子的亲疏水平衡，纳米粒子解聚，DNA 释放，荧光消失。通过最终荧光消失情况可以确定目的基因的释放情况和程度。

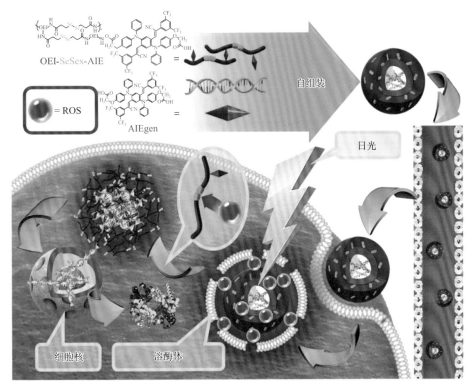

图 3-33　聚集诱导荧光基团修饰的阳离子基因载体 OEI-SeSex-AIE 及其在日光下自供 ROS
引发二硒键断裂，进而促进基因输运示意图[95]

4. 小结

本小节介绍了多种其他类型的氢键参与的 AIE 自组装分子设计，其中生物质
来源的小分子和大分子占比较重要的地位。需要注意的是，氢键往往与亲水性相
关，增加氢键作用位点一般也提高了分子在水中的溶解度。这往往不利于组装，
因为当分子能够完全溶解时，将倾向于以单分子形式存在，不能有效发生自组装，
这也是进行分子设计时应该注意的问题。

本小节关于以氢键作用为主的高分子的介绍主要关注于完全亲水的高分子链
的选择。两亲高分子链和疏水链连接的 AIE 分子部分内容已在 3.1 节中进行介绍，
这里不再过多赘述。

在介绍能够提供氢键作用的酰胺键、席夫碱、酰腙键时往往同时会伴随配位
作用的出现，金属离子可以参与特定结构的自组装，从而抑制分子内 PET 效应或
分子内/分子间电荷转移，实现荧光增强，发光颜色改变。在设计和使用类似分子
时，可以多进行金属离子配位和识别方面的探索。

结合实例不难发现，能够提供氢键的基团，往往会有良好的 pH 响应性，当 pH 改变时会发生电离或者质子化而带有相应的电荷，所以常常与反电荷的物质共组装，用于分子识别或者药物、DNA 等的运输，在这里静电作用也起到了不可忽视的作用。对静电作用更加详细的分类介绍，请参见 4.1 节中相关内容。

3.3 增加分子间 π-π 相互作用

在正常情况下，π-π 相互作用会导致激基缔合物的形成，分子吸收的能量通过非辐射通道消耗，从而减弱发射强度，这也是通常平面大 π 共轭结构的有机荧光分子浓度升高后出现 ACQ 现象的原因。然而 π-π 相互作用也并非与组装体发光完全不兼容，如果能够合理地进行分子结构安排，使分子堆积距离大于激基缔合物形成距离[96]，完全有可能实现既存在分子间 π-π 相互作用又能保留 AIE 性质的自组装结构。

本节中涉及的 π-π 相互作用不仅仅包括芳香基团间的 π-π 相互作用，C—H⋯π 作用和芳环 H⋯π（ArH⋯）作用也被认为是广义的 π-π 相互作用，它们共同促进了 AIE 分子的自组装。根据以上定义，本节将从 AIE 分子间的 π-π 相互作用，以及修饰 AIE 基团的结构间存在的 π-π 相互作用两种设计思路出发，介绍 π-π 相互作用在 AIE 自组装中的使用，并在最后简要总结这类分子的主要应用领域。

3.3.1 AIE 分子间的 π-π 相互作用

AIE 分子通常由较多芳香基团组成，虽然因为分子内扭曲不能有效形成大的共轭 π 体系，这些芳香基团间通常可以发生一定程度的 π-π 相互作用，如果与较为刚性的分子结构或者特殊化学键共同配合，同样可以得到排列有序的分子自组装结构。

例如，Cao 等[97]设计的含有三个 TPE 分子的四阳离子双环烷结构具有较大的分子刚性（图 3-34），借助分子间 π-π 相互作用和 C—H⋯π 作用，可以在混合溶剂中斜向排列自组装形成具有双纳米管通道结构的一维链，链间以相反斜向排列组成二维结构，二维结构彼此层层堆叠可以形成有序的组装体，能被 410 nm 可见光激发，发射橙色荧光。在形成的纳米粒子中包裹尼罗红（Nile red），可以得到能量转移效率高达 77.5% 的光能捕获系统。郑炎松等[98]设计了结构由简单到复杂的一系列三个刚性发卡结构，以三嗪作为中间的连接基团，TPE 分子发卡的折叠位点。实验中发现，随着发卡连接增多，在水/THF 混合溶剂中组装体形态逐渐由纳米棒变为纳米球，最终变为空心球。在所有自组装过程中 ArH⋯π 相互作用最为重要。类似的分子设计还可以参考 Bhosale 等[99]的吡啶基取代 TPE（Py-TPE）。

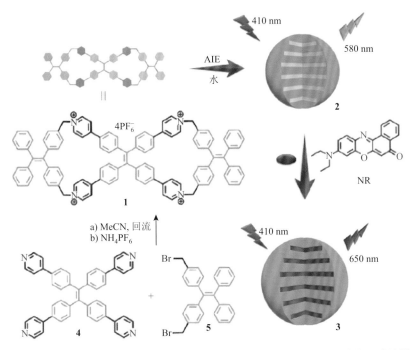

图 3-34　含 TPE 刚性阳离子 1 的合成方法和分子结构式，以及应用于能量捕获系统的模式图[97]

田文晶等[100]则通过 SeDSA 分子中的 Se—Se 键实现溶解性和分子间作用力的平衡（图 3-35）。通过 AIE 型分子 DSA 之间的 π-π 相互作用可以形成尺寸分布均匀的球形纳米粒子，利用 DSA 与紫杉醇之间的疏水相互作用可以辅助载药。Se—Se 键同时也赋予了荧光纳米粒子对谷胱甘肽（GSH）的氧化还原响应能力。

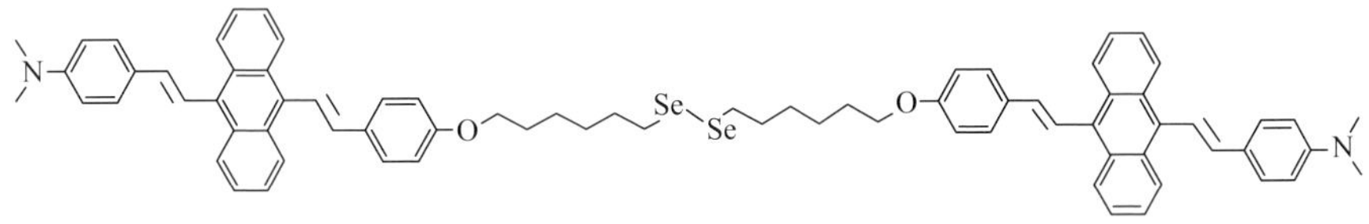

图 3-35　含有氧化还原响应位点的 SeDSA 分子结构式[100]

3.3.2　与 AIE 分子相连基团间的 π-π 相互作用

由于 AIE 分子为非平面结构，直接通过 AIE 分子之间的 π-π 相互作用通常需要比较特殊的分子结构才能达到足够强的分子间作用力，实现自组装。这样的分子设计相对比较困难，同时 AIE 分子类型相对有限，能够根据这种方法设计的自组装分子数量较少。在 AIE 分子上连接其他具有更强 π-π 相互作用的取代基团是一种更为方便的选择。

1. AIE-卟啉结构

卟啉是一类由四个吡咯类亚基的 α-碳原子通过次甲基桥互连而形成的大分子杂环化合物。卟啉的 26 个 π 电子共平面，是一个经典的高度共轭环状体系，通常具有近红外波段的发光能力，能够与金属离子选择性配位。Bhosale 等[101]将 TPE 与卟啉结合，合成了两个 π 共轭卟啉分子。利用分子间 π-π 相互作用，该化合物在非极性和极性溶剂中均能够发生自组装，其中在极性有机溶剂中形成环状纳米结构（图 3-36）。

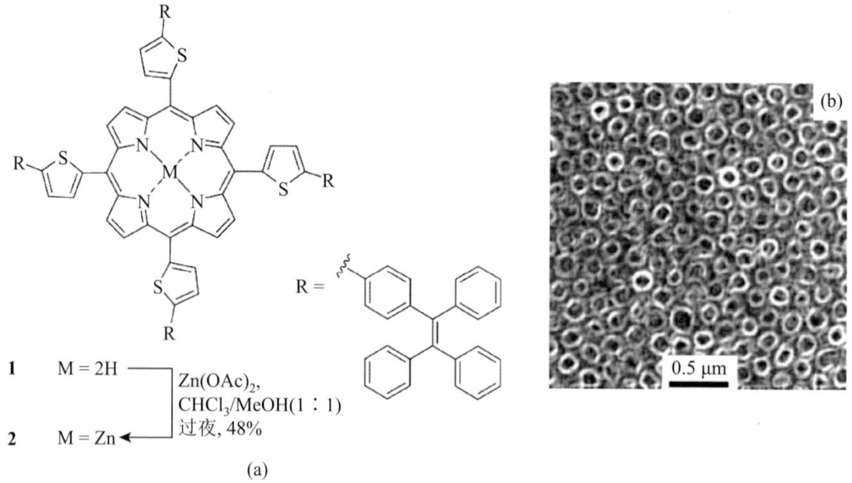

图 3-36　（a）TPE-卟啉的分子结构；（b）CH₃CN/MeOH 中 TPE-卟啉的 TEM 图像[101]

Yang 等[102]则研究了卟啉液晶的 AIE 特性。将四个聚乙二醇修饰的 AIE 分子氰基二苯乙烯与卟啉连接得到目标化合物，分子间通过卟啉的 π-π 相互作用，纵向三个分子构成一组，进一步堆积形成六方柱状液晶。卟啉外的苯环，以及氰基二苯乙烯与之并不共平面，保证了 AIE 性质不受破坏，相互交联的聚乙二醇网络增加了液晶的稳定温度范围。AIE 分子与卟啉之间具有很好的 FRET 效应。

2. AIE-NDI 结构

萘二酰亚胺（NDI）具有平面大 π 共轭体系，在稀溶液中具有极高的荧光量子产率，在有机光电材料中应用广泛。然而显著的 ACQ 问题使 NDI 在固体发光材料中应用非常受限。Bhosale 等[103, 104]将 NDI 分子的平面结构和极强的 π-π 相互作用能力与 TPE 分子的 AIE 性质结合在一起，合成了具有分子内电荷转移性质的分子 2-TPEcNDI、2, 6-DTPEcNDI 及 TTPEcNDI（图 3-37）。借助分子间 π-π 相互作用，可以在不同混合溶剂中形成不同的组装体形貌，且组装体结构与混合溶剂的比例无关。例如，TTPEcNDI 可以在氯仿/己烷中形成空心球形，在氯仿/甲醇中以由扁带状纤维组成的哑铃型形式存在，在 THF/水中表现为叶型结构。

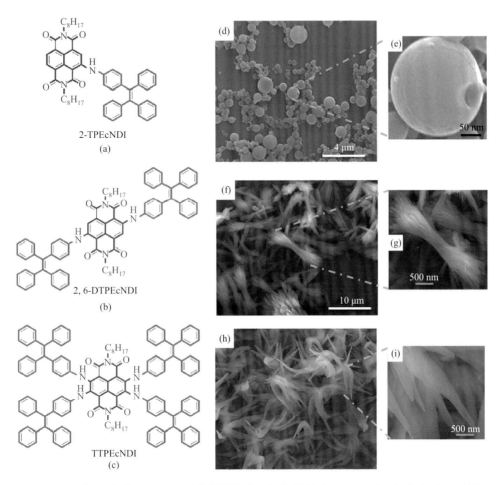

图 3-37　（a）~（c）TPE-NDI 的分子结构式；氯仿/己烷（$f_h = 90\%$）[（d）、（e）]、氯仿/甲醇（$f_m = 70\%$）[（f）、（g）]和 THF/水（$f_w = 40\%$）[（h）、（i）]条件下的 SEM 结果[104]

3. AIE 分子与其他 π 体系连接

除以上介绍的卟啉或者萘二酰亚胺，平面型多环芳烃萘同样具有很强的 π-π 相互作用。唐本忠等[105]设计的萘取代 TPE 可以形成从纳米球、纳米线到纳米膜等多种聚集体形貌。然而这种平面大 π 共轭结构的分子通常溶解性不好，结合 AIE 分子自身溶解性有限的特性，直接 AIE-大 π 共轭的分子设计往往并非最佳选择。

如果 AIE 分子的修饰基团能够同时利用多种分子之间作用力，不仅可以有效提高溶解度，还可以获得更加丰富的自组装结果。这样的分子设计通常以 π-π 相互作用与氢键的组合共同作为自组装的驱动力。

例如，姜世梅等[106]通过含叔丁基的间苯二甲酰胺连接两个氰基二苯乙烯构成 V 型结构分子 BPBIA。该分子间存在多种相互作用力，包括酰胺之间的氢键、苯环间的 π-π 相互作用及氰基相互作用，可以在多种有机溶剂中自组装形成凝胶，通过蒸发溶剂形成一维纳米纤维。Lai 等[107]利用能够提供氢键和 π-π 相互作用的三烷氧基苯修饰 2, 3, 4, 5-四苯基噻咯实现一维纳米纤维、二维单分子层[位于高定向热解石墨（HOPG）表面]和三维六方柱状液晶的自组装。类似的分子设计还可以参考文献[108]。

当金属原子或离子距离足够近时可以形成金属-金属键，Yam 等[109]将三联吡啶合铂(Ⅱ)与 TPE 通过炔基连接，受配位作用影响，三联吡啶以平面结构存在，分子间距离小于 Pt(Ⅱ)···Pt(Ⅱ)有效作用距离，同时产生金属键和 π-π 相互作用，共同促进分子自组装。研究发现，随着配位单元与 TPE 分子之间柔性链的加长，亲水性提高，聚集体逐渐由纳米线转变为纳米叶最后变成纳米棒状结构（图 3-38）。

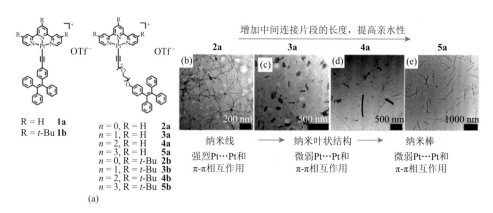

图 3-38 （a）TPE-三联吡啶合铂(Ⅱ)分子结构式；（b）～（e）2a、3a、4a、5a 分子在乙腈/水（$f_w = 80\%$）条件下的自组装 TEM 结果[109]

3.3.3 含 π-π 相互作用 AIE 自组装分子的应用

含有 π-π 相互作用的 AIE 自组装分子常用于分子和离子的检测，特别是芳香硝基化合物。例如，Wei 等[110]设计的分子 TG，能够通过荧光猝灭的方式对三硝基苯酚高选择性检测。由于芳香硝基化合物通常缺电子，极易与相对富电子的 AIE

分子发生 π-π 堆积，改变原有自组装结构，使荧光猝灭。这种检测方式通常具有极高的灵敏度。此外，π-π 相互作用的 AIE 自组装分子也可以对离子进行"on-off"（开-关）或者 "on-off-on"（开-关-开）方式的检测。例如，Zhou 等[111]设计的分子 DNS 可以对 Fe^{3+}、Al^{3+}、$H_2PO_4^-$ 和精氨酸进行检测。

3.3.4　小结

本节主要介绍了以 π-π 相互作用为主要驱动力的 AIE 分子自组装。以 π-π 相互作用作为唯一作用力的分子设计相对较少，而利用多种相互作用力，特别是氢键作用共同促进自组装是合成的主要设计思路。在能够形成液晶的案例中，由 π 平面相互作用的方向决定，主要形成六方柱状液晶。本节中涉及的应用相对比较局限，多用于离子或者分子检测，光能捕获系统或者负载 π 共轭体系的药物方面。作为 AIE 分子自组装设计相对比较特殊的一种思路，应用领域还需进一步扩展。

3.4　设计 D-A 结构 AIE 分子

功能材料分子在设计中往往会同时引入电子供体基团（D）和电子受体基团（A），这样的分子被称为 D-A 型分子。D-A 型分子设计能够增强分子共轭、拓宽吸收光谱、降低分子带隙，被广泛用于光电研究领域，在有机非线性光学材料、有机导体和超导体等方面也具有很好的潜在应用前景。吸电子和给电子基团在分子中彼此分开，分子通常具有较大的偶极矩，使得分子可以通过偶极-偶极相互作用进行自组装；而排列规整的自组装结构进一步促进 D-A 型分子光电效率的提高和应用领域的拓展。

D-A 型分子具有显著的分子内电荷转移（ICT）效应和溶剂效应。这种分子结构的最大特点在于分子的非对称性及分子内电荷分布不均，因此分子的堆积方式对化学环境非常敏感，在不同的溶剂、温度和制备过程影响下，常表现出不同的荧光颜色、组装体结构和发光效率。

本节将详细介绍 D-A 型分子设计与自组装之间的关系。首先从简单的实例出发，介绍 D-A 型组装体的设计与基本组装特征，之后分别介绍改变分子内给体（D）结构、受体（A）结构及供受体在分子内排列位置对于自组装能力和结果的影响，最后从应用的角度举例介绍 D-A 型自组装结构的优势。

3.4.1　D-A 型分子设计与特征

首先以 Yang 等[112]设计的二苯乙炔型 D-A 分子为例，说明 D-A 型分子强大的自组装能力和丰富的组装体结构。将环己基碳二亚胺与取代二苯乙炔反应得到如图 3-39 所示的 D-A 型分子 a。该分子自组装具有明显的温度和浓度效应。在室温条件下，随着浓度逐渐由 2.5 mg/mL 提高至 10 mg/mL，聚集体逐渐由微米带转变为花状高级结构。当温度降低至 0℃时，蒸发 10 mg/mL 浓度以上的溶液可以得到由细长形金字塔构成的花状结构，而 2.5 mg/mL 的溶液蒸发后则得到扭曲状的微米带，可以进一步组装形成螺旋结构。丰富的组装结构和强烈的蓝色荧光，为其在光波导方面的应用提供了可能。

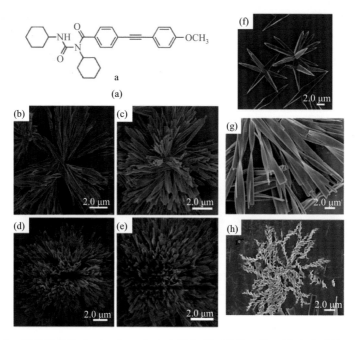

图 3-39 （a）a 的分子结构式；（b）~（e）室温条件下蒸发 a 的乙醇溶液后的 SEM 结果，浓度依次为 2.5 mg/mL、5 mg/mL、7.5 mg/mL、10 mg/mL；（f）~（h）0℃蒸发 a 的乙醇溶液后的 SEM 结果，浓度依次为 10 mg/mL、2.5 mg/mL 和 2.5 mg/mL[112]

实际上 D-A 型分子不需要完全从头设计，利用目前已有的分子，分析其存在的问题，保留原有的基本骨架，只需要进行较小程度的改变通常便可以得到预期的效果。例如，田禾等[113]以喹啉丙二腈基分子（BD）为新分子设计的出发点，将 BD 中的氧原子替换为富含电子的 N-乙基得到 D-A 型化合物 ED（图 3-40）。由于存在显著的 D-A 效应，ED 的分子构象高度扭曲，避免了喹啉丙二腈部分的 π-π 堆积。在偶极-偶极相互作用的驱动下，ED 分子自组装成非常密集的长纤维，具有红色光波导性质。

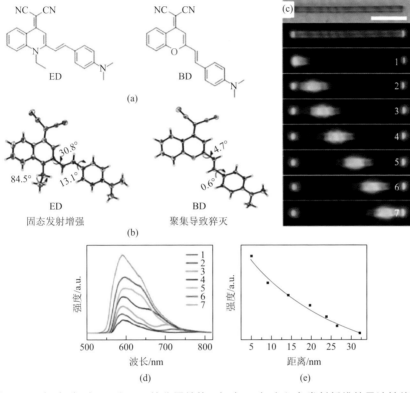

图 3-40　（a）、（b）ED 和 BD 的分子结构；（c）~（e）红色发射纤维的导波性能[113]

　　因为偶极-偶极相互作用对环境的敏感性，D-A 型分子的自组装结构极易受到环境的影响。除参考文献[112]中提到的温度、浓度诱导组装体改变外，溶剂极性的变化同样会影响组装结构的显著变化 Ganyuly 等[114]在 TPAN 型 D-A 分子中观察到了 DMF 溶液和水溶液中鲜明的组装体形态差异（图 3-41）。具体表现为，在水溶液中能够自组装形成球形纳米粒子，在极性略低的 DMF 中形成具有尖端的棒状结构。这是 π-π 相互作用、C—H⋯π 作用和偶极作用共同作用的结果。

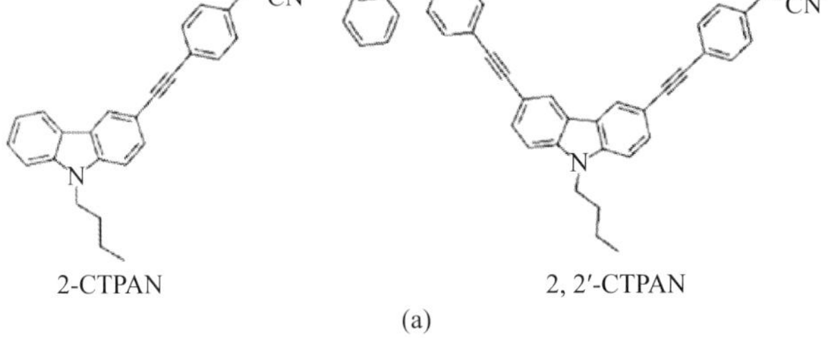

2-CTPAN　　　　　　　　　　　2, 2′-CTPAN

(a)

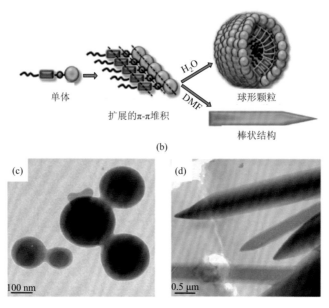

图3-41　（a）基于 TPAN 和咔唑的 AIE 分子设计；（b）聚集体形成的模式图；水溶液中球形纳米粒子（c）和 DMF 中棒状结构（d）的 TEM 图片[114]

3.4.2　D-A 型分子结构与组装体的关系

根据选择的给电子基团及吸电子基团的强弱不同，D-A 型分子的偶极矩也会发生相应的变化，这对以分子间偶极-偶极相互作用为主要驱动力的 D-A 型分子自组装具有很大的影响。这类研究对了解不同官能团的电子性质与结构的关系意义重大。杨文胜等[115]以 3-苯基-5-异噁唑酮作为电子供体，改变电子受体，分别合成了 D-A 型分子 DLS、CLS、CSS 和 DSS。四种分子均表现出性质优良的三级非线性吸收能力。通过选择合适的溶剂和制备方法，后三种分子可以依次形成袋状结构、盘状结构、空心球形/盘状结构等不同类型的组装体。温度、浓度、聚集体的生长速度均对组装结构有显著影响。在自组装过程中，除偶极-偶极相互作用外，C—H…π 作用和 π-π 相互作用同样不能忽视。

类似改变电子供体的例子还有 Ouyang 等[116]的研究。以 BSPD 为基础，研究人员合成了四种电子内多取代的 AIE 化合物 BSPD-OMe、BSPD、BSPD-Me 和 BSPD-OH，它们可以自组装成四种不同的形貌（微米块、微米球、微米棒和纳米线），具有三种发射颜色（绿色、黄色和橙色），如图 3-42 所示。机理研究认为，强电子给体取代基（OMe 和 OH）的使用能扭曲分子构象，降低 π 共轭度，增大能隙，引起聚集结构的形态变化和发射光蓝移。该研究表明，不同取代基对 D-A 型 AIE 分子的自组装有重要作用，这为灵活调控 AIE 材料的结构和性能提供了一种良好的方法。

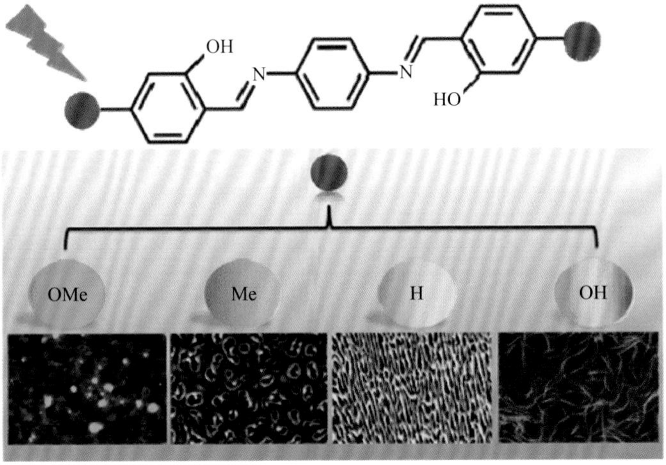

图 3-42　不同取代基对自组装结构的影响[116]

与之相对，Pandey 等[117]尝试了改变吸电子受体考察对分子自组装带来的影响。他们以哌嗪作为弱电子供体（D），以二氰基亚乙烯基作为主要的电子受体（A），并与哌嗪的 N 原子相连。哌嗪的另一个 N 原子则由起辅助作用的另一个电子受体（A'）取代，形成 A'-D-π-A 型分子。其中，A'为吡啶基和嘧啶基时分别被命名为PM2 和 PM3。在 THF/水（$f_w = 90\%$）中，PM2 可以形成叶型聚集体，PM3 为扭曲丝带状纳米聚集体，部分可以观察到螺旋结构。在形成聚集体过程中，分子间氢键和哌嗪分子的柔性作用同样重要。

根据有机化学知识可以知道，如果改变取代基的位置，将会对分子的极性产生巨大的影响。对于以分子间偶极-偶极相互作用为自组装主要驱动力的 D-A 型分子，改变电子受体和供体之间的相对位置也是控制组装体结构的重要途径。

Duan 等[118]设计了以羧基为电子受体，甲氧基为电子供体的一系列 D-A 型分子 MOBA1～MOBA6，由于分子对称性的差异，聚集体状态和颜色存在显著的不同，可以由图 3-43 进行总结。当电子给体和电子供体处于对位方向时，分子结构更加对称，有利于分子间偶极-偶极相互作用，得到结构更加规整的组装体形貌，如 MOBA2 和 MOBA5；而当给体和供体均位于分子一侧时，显著的不对称性将导致分子很难有效堆积，如 MOBA4 的情形。由此可以看出，D-A 型自组装的实现，一定的对称结构和适当的偶极方向是必须考虑的问题。

不仅是聚集体结构的改变，分子堆积方式的变化也会影响分子的扭曲程度和共轭片段长度，进而对发光颜色和发光效率产生直接影响。

Han 等[119, 120]以席夫碱类化合物为原型，系统地研究了给电子基团和吸电子基团位置的改变对荧光性质的影响（图 3-44）。他们合成了一系列席夫碱类化合物

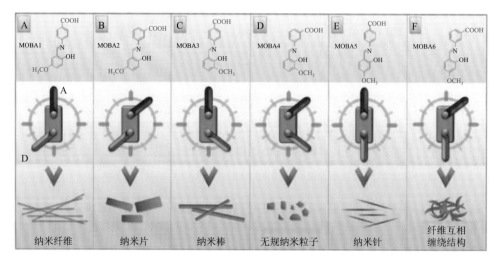

图 3-43 D、A 取代基团的位置与组装体关系的模式图[118]

HMBA-1～HMBA-4，实验中发现随着供受体基团的位置不同，聚集体形态会从微米片向微米棒、纳米片到纳米线转变。与之相伴的还有荧光颜色的变化。供受体位置变化导致分子的能级发生改变是这一系列分子发光颜色不同的主要原因。研究同时发现，这类 AIE 异构体可以在吸收胺之后，发射波长和强度均改变，可以用于挥发性有机胺的检测。这主要是由于有机胺分子影响苯甲酸基团的吸电子作用，打破其吸电子与供电子平衡，破坏分子内电荷转移过程，进而影响荧光的强度。

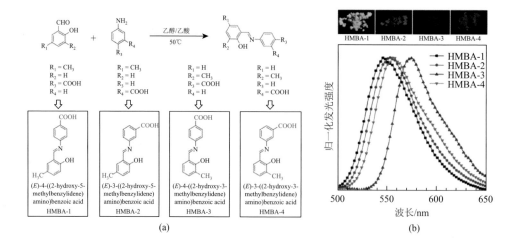

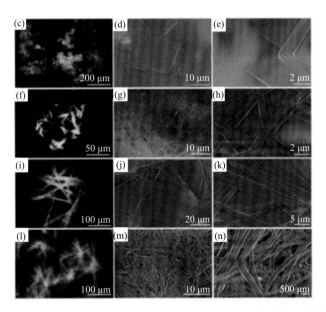

图 3-44 （a）HMBA 系列分子的结构式；（b）HMBA 系列分子的荧光光谱图；HMBA 系列分子的激光扫描共聚焦显微镜图片[（c）、（f）、（i）、（l）]和扫描电子显微镜图片[（d）、（e）、（g）、（h）、（j）、（k）、（m）、（n）]][119]

3.4.3 D-A 型自组装分子的应用

除最常见的光电学应用以外，D-A 型分子本身具有对环境的响应性，通过巧妙的分子设计可以赋予其多种附加功能，使得多功能集成和偏振荧光成为可能。

湿度检测一直是固体无机陶瓷材料的"天下"，随着高分子和低维碳材料研究的深入，基于导电高分子和含碳材料的湿度传感也越来越受到重视。在此大潮中，D-A 型分子应用于湿度检测也成为可能。Du 等[121]设计了以二甲氨基为电子供体，羧基为电子受体的 D-A 型分子 DBIA。在偶极-偶极相互作用、π-π 相互作用和氢键三重分子间相互作用的共同配合下，DBIA 聚集体展现出随混合溶剂中水的体积分数变化而变化的特点。当水的体积分数达到 60%时，可以形成纳米棒结构，85%时转变为具有纳米厚度的分层微米片。因为氢键参与聚集体的形成，随着湿度增加，聚集体中氢键强度增强，数量增多，对非辐射跃迁限制增强，荧光强度逐渐提高。利用这个特点，可以得到检出限为相对湿度（RH）22.5%的新型湿度检测器。除湿度外，董宇平等[122]也实现了对空气中氨气的灵敏检测。

与简单的荧光成像不同，多模态成像以其更高的灵敏度、更大的时空分辨率和更深的穿透性更适于疾病的诊断和治疗。多模态成像通常包括荧光成像、暗场扫描和 X 射线计算机断层扫描（CT）。惰性金属的等离子体共振通常会导致荧光淬灭，使得多模态成像的发展一度遭遇瓶颈。唐本忠等[123]利用 Ag⁺ 与含有酚羟基的 TPE-M2OH 分子通过氧化还原反应合成了核壳结构的 AACSN，在多模态成像的各个方面均有比较满意的表现。具有还原能力的 AIE 分子同时也是一个 D-A 型分子，通过与 Ag⁺ 反应，生成由单质 Ag 组成的球形纳米粒子，TPE-M2OH 分子则通过偶极-偶极相互作用在纳米粒子外部形成壳层结构，改变使用的 TPE-M2OH 的量可以控制壳层的厚度和荧光强度。壳层的荧光与核内部的 Ag 等离子体共振之间相互独立，没有干扰（图 3-45）。

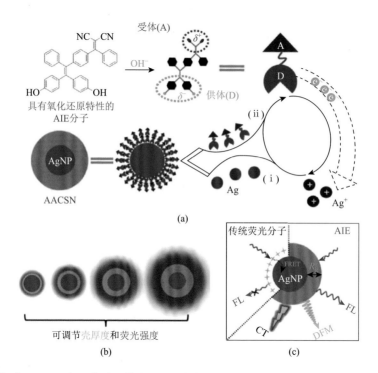

图 3-45　（a）AACSN 自组装过程模式图；（b）壳层结构厚度与荧光强度的关系；（c）AACSN 的多模态成像说明[123]

　　手性荧光材料，特别是圆偏振荧光产生效率低、控制难度大，一直是光学相关材料的攻关热点。唐本忠等[124]利用溶液状态 AIE 分子几乎不能发光的特性，实现了由 TPE 到 BODIPY 的分子内暗能量共振能量转移。连接经典的手性分子联萘后，得到了具有大斯托克斯位移的手性分子 R/S-TPE-BINOL。在水/THF 混合溶剂中可以形成碗状空心纳米球，其发光不对称因子 g_{lum} 在 10^{-3} 量级。

　　Cheng 等[125, 126]则将 D-A 型手性分子与商用向列相液晶共组装，得到了极高

g_{lum} 值（分别为±0.37 和 1.42）的液晶相。结构分析发现，分子越接近于平面型，给电子基团提供电子能力越强，g_{lum} 值越大。

3.4.4　小结

本节从结构设计出发，以应用为终详细介绍了 D-A 型 AIE 分子的设计和调控。实际上在 AIE 自组装领域，D-A 型分子设计是一个相对小众的设计思路。就目前在 D-A 型分子设计中电子给体和受体的选择仍比较局限，以甲氧基、氨基、羧基等最常见的取代基为主。如果能够尝试使用较为复杂的 D/A 基团，虽会对分子合成提出更高的要求，但能够引入更多功能，实现功能集成化，相关研究非常值得去探索。

D-A 型 AIE 分子主要的自组装驱动力是偶极-偶极相互作用，但往往同时存在 π-π 相互作用和氢键作用。吸电子与给电子能力差异带来的分子内电荷转移是这类分子产生荧光的主要机理，也同时使其对堆积方式和化学环境非常敏感，这也为精确调控其自组装提供了可能。

除以上涉及的案例外，D-A 型分子的类似设计与研究还可以参见 Tang 等[127]、Tian 等[128]和 Wang 等[129]发表的文章。

参 考 文 献

[1] Yan Y，Xiong W，Huang J，et al. Organized assemblies in bolaamphiphile/oppositely charged conventional surfactant mixed systems. The Journal of Physical Chemistry B，2005，109：357-364.

[2] Yan Y，Huang J，Li Z，et al. Vesicles with superior stability at high temperature. The Journal of Physical Chemistry B，2003，107：1479-1482.

[3] Yan Y，Huang J，Li Z，et al. Aggregates transition depending on the concentration in the cationic bolaamphiphile/SDS mixed systems. Langmuir，2003，19：972-974.

[4] Anuradha，La D D，Al Kobaisi M，et al. Right handed chiral superstructures from achiral molecules: self-assembly with a twist. Scientific Reports，2015，5：15652.

[5] Anuradha，La D D，Al Kobaisi M，et al. Chiral assembly of AIE-active achiral molecules: an odd effect in self-assembly. Chemistry，2017，23：3950-3956.

[6] Li N，Liu Y，Li Y，et al. Fine tuning of emission behavior，self-assembly，anion sensing，and mitochondria targeting of pyridinium-functionalized tetraphenylethene by alkyl chain engineering. ACS Applied Materials & Interfaces，2018，10：24249-24257.

[7] Zhang S，Fan J，Wang Y，et al. Tunable aggregation-induced circularly polarized luminescence of chiral AIEgens via the regulation of mono-/di-substituents of molecules or nanostructures of self-assemblies. Materials Chemistry Frontiers，2019，3：2066-2071.

[8] Zhao Z，Chen S，Shen X，et al. Aggregation-induced emission，self-assembly，and electroluminescence of 4，4'-bis(1，2，2-triphenylvinyl)biphenyl. Chemical Communications，2010，46：686-688.

[9] Dang D，Qiu Z，Han T，et al. 1 + 1 ≫ 2：dramatically enhancing the emission efficiency of TPE-based AIEgens but keeping their emission color through tailored alkyl linkages. Advanced Functional Materials，2018，28：1707210.

[10] Salimimarand M，La D，Bhosale S，et al. Influence of odd and even alkyl chains on supramolecular nanoarchitecture via self-assembly of tetraphenylethylene-based AIEgens. Applied Sciences，2017，7：1119.

[11] Gao H，Xu D，Wang Y，et al. Effects of alkyl chain length on aggregation-induced emission，self-assembly and mechanofluorochromism of tetraphenylethene modified multifunctional β-diketonate boron complexes. Dyes and Pigments，2018，150：59-66.

[12] Jiang S，Qiu J，Lin L，et al. Circularly polarized luminescence based on columnar self-assembly of tetraphenylethylene with multiple cholesterol units. Dyes and Pigments，2019，163：363-370.

[13] Yuan Y，Xiong J，Luo J，et al. The self-assembly and chiroptical properties of tetraphenylethylene dicycle tetracholesterol with an AIE effect. Journal of Materials Chemistry C，2019，7：8236-8243.

[14] Ye Q，Zhu D，Zhang H，et al. Thermally tunable circular dichroism and circularly polarized luminescence of tetraphenylethene with two cholesterol pendants. Journal of Materials Chemistry C，2015，3：6997-7003.

[15] Guan W，Zhou W，Lu C，et al. Synthesis and design of aggregation-induced emission surfactants: direct observation of micelle transitions and microemulsion droplets. Angewandte Chemie International Edition，2015，54：15160-15164.

[16] Guan W，Wang S，Lu C，et al. Fluorescence microscopy as an alternative to electron microscopy for microscale dispersion evaluation of organic-inorganic composites. Nature Communications，2016，7：11811.

[17] Zhong J，Guan W，Lu C. Surfactant-assisted algal flocculation via aggregation-induced emission with an ultralow critical micelle concentration. Green Chemistry，2018，20：2290-2298.

[18] Jiao L，Zhang L，Guan W，et al. Fluorescence visualization of interactions between surfactants and polymers. RSC Advances，2016，6：88954-88958.

[19] Zhang L，Jiao L，Zhong J，et al. Lighting up the interactions between bacteria and surfactants with aggregation-induced emission characteristics. Materials Chemistry Frontiers，2017，1：1829-1835.

[20] Xia Y，Dong L，Jin Y，et al. Water-soluble nano-fluorogens fabricated by self-assembly of bolaamphiphiles bearing AIE moieties：towards application in cell imaging. Journal of Materials Chemistry B，2015，3：491-497.

[21] Yan S，Gao Z，Xia Y，et al. A tetraphenylethene luminogen-functionalized gemini surfactant for simple and controllable fabrication of hollow mesoporous silica nanorods with enhanced fluorescence. Inorganic Chemistry，2018，57：13653-13666.

[22] Yan S，Gao Z，Xia Y，et al. Aggregation-induced emission gemini surfactant-assisted fabrication of shape-controlled fluorescent hollow mesoporous silica nanoparticles. European Journal of Inorganic Chemistry，2018，2018：1891-1901.

[23] Yan S，Gao Z，Han J，et al. Controllable fabrication of stimuli-responsive fluorescent silica nanoparticles using a tetraphenylethene-functionalized carboxylate gemini surfactant. Journal of Materials Chemistry C，2019，7：12588-12600.

[24] Ding A，Shi Y，Zhang K，et al. Self-assembled aggregation-induced emission micelle（AIE micelle）as interfacial fluorescence probe for sequential recognition of Cu^{2+} and ATP in water. Sensors and Actuators B：Chemical，2018，255：440-447.

[25] Ding A，Tan Z，Shi Y，et al. Gemini-type tetraphenylethylene amphiphiles containing [12]aneN$_3$ and long

hydrocarbon chains as nonviral gene vectors and gene delivery monitors. ACS Applied Materials & Interfaces，2017，9：11546-11556.

[26] Zhang M，Yin X，Tian T，et al. AIE-induced fluorescent vesicles containing amphiphilic binding pockets and the FRET triggered by host-guest chemistry. Chemical Communications，2015，51：10210-10213.

[27] Zhan R，Pan Y，Manghnani P N，et al. AIE polymers：synthesis，properties，and biological applications. Macromolecular Bioscience，2017，17：1600433.

[28] Zhang X，Zhang X，Yang B，et al. Renewable itaconic acid based cross-linked fluorescent polymeric nanoparticles for cell imaging. Polymer Chemistry，2014，5：5885-5889.

[29] Zhang X，Zhang X，Yang B，et al. Fabrication of aggregation induced emission dye-based fluorescent organic nanoparticles via emulsion polymerization and their cell imaging applications. Polymer Chemistry，2014，5：399-404.

[30] Huang H，Liu M，Luo S，et al. One-step preparation of AIE-active dextran via formation of phenyl borate and their bioimaging application. Chemical Engineering Journal，2016，304：149-155.

[31] Zhang X，Zhang X，Yang B，et al. Facile preparation and cell imaging applications of fluorescent organic nanoparticles that combine AIE dye and ring-opening polymerization. Polymer Chemistry，2014，5：318-322.

[32] Zhang X，Zhang X，Yang B，et al. PEGylation and cell imaging applications of AIE based fluorescent organic nanoparticles via ring-opening reaction. Polymer Chemistry，2014，5：689-693.

[33] Zhang X，Zhang X，Yang B，et al. Novel biocompatible cross-linked fluorescent polymeric nanoparticles based on an AIE monomer. Journal of Materials Chemistry C，2014，2：816-820.

[34] Zhang X，Zhang X，Yang B，et al. Facile fabrication and cell imaging applications of aggregation-induced emission dye-based fluorescent organic nanoparticles. Polymer Chemistry，2013，4：4317-4321.

[35] Wan Q，Liu M，Xu D，et al. Facile fabrication of amphiphilic AIE active glucan via formation of dynamic bonds：self assembly，stimuli responsiveness and biological imaging. Journal of Materials Chemistry B，2016，4：4033-4039.

[36] Chen J，Wu W. Fluorescent polymeric micelles with aggregation-induced emission properties for monitoring the encapsulation of doxorubicin. Macromolecular Bioscience，2013，13：623-632.

[37] Wang Z，Yong T，Wan J，et al. Temperature-sensitive fluorescent organic nanoparticles with aggregation-induced emission for long-term cellular tracing. ACS Applied Materials & Interfaces，2015，7：3420-3425.

[38] Liu Y，Mao L，Yang S，et al. Fabrication and biological imaging of hydrazine hydrate cross-linked AIE-active fluorescent polymeric nanoparticles. Materials Science and Engineering：C，2019，94：310-317.

[39] Zhang X，Zhang X，Yang B，et al. Polymerizable aggregation-induced emission dye-based fluorescent nanoparticles for cell imaging applications. Polymer Chemistry，2014，5：356-360.

[40] Zhang X，Liu M，Yang B，et al. Cross-linkable aggregation induced emission dye based red fluorescent organic nanoparticles and their cell imaging applications. Polymer Chemistry，2013，4：5060-5064.

[41] Zhang C，Jin S，Li S，et al. Imaging intracellular anticancer drug delivery by self-assembly micelles with aggregation-induced emission（AIE micelles）. ACS Applied Materials & Interfaces，2014，6：5212-5220.

[42] Zhang Y，Chen Y，Li X，et al. Folic acid-functionalized AIE Pdots based on amphiphilic PCL-*b*-PEG for targeted cell imaging. Polymer Chemistry，2014，5：3824-3830.

[43] Zhang N Y，Hu X J，An H W，et al. Programmable design and self assembly of peptide conjugated AIEgens for biomedical applications. Biomaterials，2022，287：121655.

[44] Zhang X，Zhang X，Yang B，et al. A novel method for preparing AIE dye based cross-linked fluorescent polymeric nanoparticles for cell imaging. Polymer Chemistry，2014，5：683-688.

[45] Li H，Zhang X，Zhang X，et al. Ultra-stable biocompatible cross-linked fluorescent polymeric nanoparticles using AIE chain transfer agent. Polymer Chemistry，2014，5：3758-3762.

[46] Jiang R，Cao M，Liu M，et al. AIE-active self-assemblies from a catalyst-free thiol-yne click reaction and their utilization for biological imaging. Materials Science and Engineering：C，2018，92：61-68.

[47] Guan X，Lu B，Jin Q，et al. AIE-active fluorescent nonconjugated polymer dots for dual-alternating-color live cell imaging. Industrial & Engineering Chemistry Research，2018，57：14889-14898.

[48] Zhang Y，Wang C，Huang S. Aggregation-induced emission（AIE）polymeric micelles for imaging-guided photodynamic cancer therapy. Nanomaterials，2018，8：921.

[49] Xu Y，Li G，Zhuang W，et al. Micelles prepared from poly(*N*-isopropylacrylamide-*co*-tetraphenylethene acrylate)-*b*-poly[oligo(ethylene glycol)methacrylate] double hydrophilic block copolymer as hydrophilic drug carrier. Journal of Materials Chemistry B，2018，6：7495-7502.

[50] Wang X，Zhou S，Ding L，et al. Controllable emission via tuning the size of fluorescent nano-probes formed by polymeric amphiphiles. Chinese Journal of Polymer Science，2019，37：767-773.

[51] Lu H，Su F，Mei Q，et al. A series of poly[*N*-(2-hydroxypropyl)methacrylamide] copolymers with anthracene-derived fluorophores showing aggregation-induced emission properties for bioimaging. Journal of Polymer Science Part A：Polymer Chemistry，2012，50：890-899.

[52] Lu H，Su F，Mei Q，et al. Using fluorine-containing amphiphilic random copolymers to manipulate the quantum yields of aggregation-induced emission fluorophores in aqueous solutions and the use of these polymers for fluorescent bioimaging. Journal of Materials Chemistry，2012，22：9890-9900.

[53] Ishiwari F，Hasebe H，Matsumura S，et al. Bioinspired design of a polymer gel sensor for the realization of extracellular Ca^{2+} imaging. Scientific Reports，2016，6：1-11.

[54] Ma C，Zhang X，Wang K，et al. A biocompatible cross-linked fluorescent polymer prepared via ring-opening PEGylation of 4-arm PEG-amine，itaconic anhydride，and an AIE monomer. Polymer Chemistry，2015，6：3634-3640.

[55] Qin A，Zhang Y，Han N，et al. Preparation and self-assembly of amphiphilic polymer with aggregation-induced emission characteristics. Science China Chemistry，2012，55：772-778.

[56] Yuan Y，Zhang C，Liu B. A photoactivatable AIE polymer for light-controlled gene delivery：concurrent endo/lysosomal escape and DNA unpacking. Angewandte Chemie International Edition，2015，54：11419-11423.

[57] Wang H，Liu G，Dong S，et al. A pH-responsive AIE nanoprobe as a drug delivery system for bioimaging and cancer therapy. Journal of Materials Chemistry B，2015，3：7401-7407.

[58] Long Z，Liu M，Wang K，et al. Facile synthesis of AIE-active amphiphilic polymers：self-assembly and biological imaging applications. Materials Science and Engineering：C，2016，66：215-220.

[59] Wang Z，Chen S，Lam J W，et al. Long-term fluorescent cellular tracing by the aggregates of AIE bioconjugates. Journal of the American Chemical Society，2013，135：8238-8245.

[60] Xie G，Ma C，Zhang X，et al. Chitosan-based cross-linked fluorescent polymer containing aggregation-induced emission fluorogen for cell imaging. Dyes and Pigments，2017，143：276-283.

[61] Mandal K，Jana D，Ghorai B K，et al. Functionalized chitosan with self-assembly induced and subcellular localization-dependent fluorescence 'switch on' property. New Journal of Chemistry，2018，42：5774-5784.

[62] Lim C K, Kim S, Kwon I C, et al. Dye-condensed biopolymeric hybrids: chromophoric aggregation and self-Assembly toward fluorescent bionanoparticles for near infrared bioimaging. Chemistry of Material, 2009, 21 (24): 5819-5825.

[63] Chen H, Zhang E, Yang G, et al. Aggregation-induced emission luminogen assisted self-assembly and morphology transition of amphiphilic glycopolypeptide with bioimaging application. ACS Macro Letters, 2019, 8: 893-898.

[64] Huo M, Ye Q, Che H, et al. Polymer assemblies with nanostructure-correlated aggregation-induced emission. Macromolecules, 2017, 50: 1126-1133.

[65] Wu Y, Qu L, Li J, et al. A versatile method for preparing well-defined polymers with aggregation-induced emission property. Polymer, 2018, 158: 297-307.

[66] Chen W, Qing G, Sun T. A novel aggregation-induced emission enhancement triggered by the assembly of a chiral gelator: from non-emissive nanofibers to emissive micro-loops. Chemical Communications, 2016, 53: 447-450.

[67] Wang H, Ren C, Song Z, et al. Enzyme-triggered self-assembly of a small molecule: a supramolecular hydrogel with leaf-like structures and an ultra-low minimum gelation concentration. Nanotechnology, 2010, 21: 225606.

[68] Wang H, Yang C, Tan M, et al. A structure-gelation ability study in a short peptide-based 'super hydrogelator' system. Soft Matter, 2011, 7: 3897-3905.

[69] Han A, Wang H, Kwok R T, et al. Peptide-induced AIEgen self-assembly: a new strategy to realize highly sensitive fluorescent light-up probes. Analytical Chemistry, 2016, 88: 3872-3878.

[70] Liu X, Liang G. Dual aggregation-induced emission for enhanced fluorescence sensing of furin activity *in vitro* and in living cells. Chemical Communications, 2017, 53: 1037-1040.

[71] Ji S, Gao H, Mu W, et al. Enzyme-instructed self-assembly leads to the activation of optical properties for selective fluorescence detection and photodynamic ablation of cancer cells. Journal of Materials Chemistry B, 2018, 6: 2566-2573.

[72] Frisch H, Spitzer D, Haase M, et al. Probing the self-assembly and stability of oligohistidine based rod-like micelles by aggregation induced luminescence. Organic & Biomolecular Chemistry, 2016, 14: 5574-5579.

[73] Chen Z, Ding Z, Zhang G, et al. construction of thermo-responsive elastin-like polypeptides (ELPs)-aggregation-induced-emission (AIE) conjugates for temperature sensing. Molecules, 2018, 23: 1725.

[74] Zhang C, Liu C, Xue X, et al. Salt-responsive self-assembly of luminescent hydrogel with intrinsic gelation-enhanced emission. ACS Applied Materials & Interfaces, 2014, 6: 757-762.

[75] Li H, Cheng J, Zhao Y, et al. l-Valine methyl ester-containing tetraphenylethene: aggregation-induced emission, aggregation-induced circular dichroism, circularly polarized luminescence, and helical self-assembly. Materials Horizons, 2014, 1: 518-521.

[76] Li H, Cheng J, Deng H, et al. Aggregation-induced chirality, circularly polarized luminescence, and helical self-assembly of a leucine-containing AIE luminogen. Journal of Materials Chemistry C, 2015, 3: 2399-2404.

[77] Li H, Zheng X, Su H, et al. Synthesis, optical properties, and helical self-assembly of a bivaline-containing tetraphenylethene. Scientific Reports, 2016, 6: 19277.

[78] Ng J C Y, Li H, Yuan Q, et al. Valine-containing silole: synthesis, aggregation-induced chirality, luminescence enhancement, chiral-polarized luminescence and self-assembled structures. Journal of Materials Chemistry C, 2014, 2: 4615-4621.

[79] Li B, Huang X, Li H, et al. Solvent and surface/interface effect on the hierarchical assemblies of chiral aggregation-induced emitting molecules. Langmuir, 2019, 35: 3805-3813.

[80] Lin L, Huang P, Yang D, et al. Influence of the secondary structure on the AIE-related emission behavior of an

amphiphilic polypeptide containing a hydrophobic fluorescent terminal and hydrophilic pendant groups. Polymer Chemistry，2016，7: 153-163.

[81] Liu Q，Xia Q，Wang S，et al. *In situ* visualizable self-assembly，aggregation-induced emission and circularly polarized luminescence of tetraphenylethene and alanine-based chiral polytriazole. Journal of Materials Chemistry C，2018，6: 4807-4816.

[82] Mandal K，Jana D，Ghorai B K，et al. Fluorescent imaging probe from nanoparticle made of AIE molecule. The Journal of Physical Chemistry C，2016，120: 5196-5206.

[83] Tian J，Jiang R，Gao P，et al. Synthesis and cell imaging applications of amphiphilic AIE-active poly(amino acid)s. Materials Science and Engineering: C，2017，79: 563-569.

[84] Liu J，Su H，Meng L，et al. What makes efficient circularly polarised luminescence in the condensed phase: aggregation-induced circular dichroism and light emission. Chemical Science，2012，3: 2737-2747.

[85] Ji Y，Liu G，Li C，et al. Water-soluble glucosamine-coated AIE-active fluorescent organic nanoparticles: design，synthesis and assembly for specific detection of heparin based on carbohydrate-carbohydrate interactions. Chemistry: An Asian Journal，2019，14: 3295-3300.

[86] Long Z，Liu M，Mao L，et al. One-step synthesis，self-assembly and bioimaging applications of adenosine triphosphate containing amphiphilies with aggregation-induced emission feature. Materials Science and Engineering: C，2017，73: 252-256.

[87] Li D M，Zheng Y S. Single-hole hollow nanospheres from enantioselective self-assembly of chiral AIE carboxylic acid and amine. The Journal of Organic Chemistry，2011，76: 1100-1108.

[88] Kumar V，Naik V G，Das A，et al. Synthesis of a series of ethylene glycol modified water-soluble tetrameric TPE-amphiphiles with pyridinium polar heads: towards applications as light-up bioprobes in protein and DNA assay，and wash-free imaging of bacteria. Tetrahedron，2019，75: 3722-3732.

[89] Zeng Z，Wu J，Chen Q，et al. A multifunctional triphenylamine Schiff-base compound with novel self-assembly morphology transitions. Dyes and Pigments，2019，170: 107649.

[90] Wang F，Zeng X，Zhao X，et al. A fluorescent light-up probe for specific detection of Al^{3+} with aggregation-induced emission characteristic and self-assembly behavior. Journal of Luminescence，2019，208: 302-306.

[91] Zhou H，Li J，Chua M，et al. Tetraphenylethene（TPE）modified polyhedral oligomeric silsesquioxanes（POSS）: unadulterated monomer emission，aggregation-induced emission and nanostructural self-assembly modulated by the flexible spacer between POSS and TPE. Chemical Communications，2016，52: 12478-12481.

[92] An Z，Chen S，Tong X，et al. Widely applicable AIE chemosensor for on-site fast detection of drugs based on the POSS-core dendrimer with the controlled self-assembly mechanism. Langmuir，2019，35: 2649-2654.

[93] Fan Y，Liu J，Chen Y，et al. An easy-to-make strong white AIE supramolecular polymer as a colour tunable photoluminescence material. Journal of Materials Chemistry C，2018，6: 13331-13335.

[94] Yu M，Zhong S，Quan Y，et al. Synthesis of AIE polyethylene glycol-block-polypeptide bioconjugates and cell uptake assessments of their self-assembled nanoparticles. Dyes and Pigments，2019，170: 107640.

[95] Huang Y，Chen Q，Lu H，et al. Near-infrared AIEgen-functionalized and diselenide-linked oligo-ethylenimine with self-sufficing ROS to exert spatiotemporal responsibility for promoted gene delivery. Journal of Materials Chemistry B，2018，6: 6660-6666.

[96] Belei D，Dumea C，Bicu E，et al. Phenothiazine and pyridine-*N*-oxide-based AIE-active triazoles: synthesis，morphology and photophysical properties. RSC Advances，2015，5: 8849-8858.

[97]　Li Y，Dong Y，Cheng L，et al. Aggregation-induced emission and light-harvesting function of tetraphenylethene-based tetracationic dicyclophane. Journal of the American Chemical Society，2019，141：8412-8415.

[98]　Xiong J，Feng H，Wang J，et al. Tetraphenylethylene foldamers with double hairpin-turn linkers，TNT binding mode and detection of highly diluted TNT vapor. Chemistry，2018，24：2004-2012.

[99]　Rananaware A，Bhosale R S，Patil H，et al. Precise aggregation-induced emission enhancement via H$^+$ sensing and its use in ratiometric detection of intracellular pH values. RSC Advances，2014，4：59078-59082.

[100]　Han W，Zhang S，Qian J，et al. Redox-responsive fluorescent nanoparticles based on diselenide-containing AIEgens for cell imaging and selective cancer therapy. Chemistry：An Asian Journal，2019，14：1745-1753.

[101]　Rananaware A，Bhosale R S，Ohkubo K，et al. Tetraphenylethene-based star shaped porphyrins：synthesis，self-assembly，and optical and photophysical study. The Journal of Organic Chemistry，2015，80：3832-3840.

[102]　Guo H，Zheng S，Chen S，et al. A first porphyrin liquid crystal with strong fluorescence in both solution and aggregated states based on the AIE-FRET effect. Soft Matter，2019，15：8329-8337.

[103]　Rananaware A，La D D，Bhosale S V. Solvophobic control aggregation-induced emission of tetraphenylethene-substituted naphthalene diimide via intramolecular charge transfer. RSC Advances，2015，5：63130-63134.

[104]　Rananaware A，La D D，Jackson S M，et al. Construction of a highly efficient near-IR solid emitter based on naphthalene diimide with AIE-active tetraphenylethene periphery. RSC Advances，2016，6：16250-16255.

[105]　Hu R，Lam J W Y，Deng H，et al. Fluorescent self-assembled nanowires of AIE fluorogens. Journal of Materials Chemistry C，2014，2：6326-6332.

[106]　Zhang Y，Liang C，Shang H，et al. Supramolecular organogels and nanowires base on a V-shaped cyanostilbene amide derivative with aggregation-induced emission（AIE）properties. Journal of Materials Chemistry C，2013，1：4472-4480.

[107]　Wan J，Mao L，Li Y，et al. Self-assembly of novel fluorescent silole derivatives into different supramolecular aggregates：fibre，liquid crystal and monolayer. Soft Matter，2010，6：3195-3201.

[108]　Pathak S K，Pradhan B，Gupta R K，et al. Aromatic π-π driven supergelation，aggregation induced emission and columnar self-assembly of star-shaped 1, 2, 4-oxadiazole derivatives. Journal of Materials Chemistry C，2016，4：6546-6561.

[109]　Cheng H，Yeung M C，Yam V W. Molecular engineering of platinum(Ⅱ)terpyridine complexes with tetraphenylethylene-modified alkynyl ligands：supramolecular assembly via Pt—Pt and/or π-π stacking interactions and the formation of various superstructures. ACS Applied Materials & Interfaces，2017，9：36220-36228.

[110]　Lin Q，Guan X，Fan Y，et al. A tripodal supramolecular sensor to successively detect picric acid and CN—through guest competitive controlled AIE. New Journal of Chemistry，2019，43：2030-2036.

[111]　Chen Y，Lin Q，Zhang Y，et al. Rationally introduce AIE into chemosensor：a novel and efficient way to achieving ultrasensitive multi-guest sensing. Spectrochimica Acta Part A：Molecular and Biomolecular Spectroscopy，2019，218：263-270.

[112]　Zang Y，Li Y，Li B，et al. Light emission properties and self-assembly of a tolane-based luminogen. RSC Advances，2015，5：38690-38695.

[113]　Shi C，Guo Z，Yan Y，et al. Self-assembly solid-state enhanced red emission of quinolinemalononitrile：optical waveguides and stimuli response. ACS Applied Materials & Interfaces，2013，5：192-198.

[114] Maity S, Aich K, Prodhan C, et al. Solvent-dependent nanostructures based on active π-aggregation induced emission enhancement of new carbazole derivatives of triphenylacrylonitrile. Chemistry, 2019, 25: 4856-4863.

[115] Jiang D, Xue Z, Li Y, et al. Synthesis of donor-acceptor molecules based on isoxazolones for investigation of their nonlinear optical properties. Journal of Materials Chemistry C, 2013, 1: 5694-5700.

[116] Niu C, Zhao L, Fang T, et al. Color-and morphology-controlled self-assembly of new electron-donor-substituted aggregation-induced emission compounds. Langmuir, 2014, 30: 2351-2359.

[117] Singh R S, Mukhopadhyay S, Biswas A, et al. Exquisite 1D assemblies arising from rationally designed asymmetric donor-acceptor architectures exhibiting aggregation-induced emission as a function of auxiliary acceptor strength. Chemistry, 2016, 22: 753-763.

[118] Hou Y, Du J, Hou J, et al. Insights into the isomeric effect on the self-assembly of donor-acceptor type aggregation-induced emission luminogens: colour-tuning and shape-controlling. Journal of Luminescence, 2018, 204: 221-229.

[119] Hou J, Du J, Hou Y, et al. Effect of substituent position on aggregation-induced emission, customized self-assembly, and amine detection of donor-acceptor isomers: implication for meat spoilage monitoring. Spectrochimica Acta Part A: Molecular and Biomolecular Spectroscopy, 2018, 205: 1-11.

[120] Han J, Li Y, Yuan J, et al. To direct the self-assembly of AIEgens by three-gear switch: morphology study, amine sensing and assessment of meat spoilage. Sensors and Actuators B: Chemical, 2018, 258: 373-380.

[121] Sun J, Yuan J, Li Y, et al. Water-directed self-assembly of a red solid emitter with aggregation-enhanced emission: implication for humidity monitoring. Sensors and Actuators B: Chemical, 2018, 263: 208-217.

[122] Han T, Wei W, Yuan J, et al. Solvent-assistant self-assembly of an AIE + TICT fluorescent Schiff base for the improved ammonia detection. Talanta, 2016, 150: 104-112.

[123] He X, Zhao Z, Xiong L, et al. Redox-active AIEgen-derived plasmonic and fluorescent core@shell nanoparticles for multimodality bioimaging. Journal of the American Chemical Society, 2018, 140: 6904-6911.

[124] Feng H, Gu X, Lam J W Y, et al. Design of multi-functional AIEgens: tunable emission, circularly polarized luminescence and self-assembly by dark through-bond energy transfer. Journal of Materials Chemistry C, 2018, 6: 8934-8940.

[125] Li Y, Liu K, Li X, et al. The amplified circularly polarized luminescence regulated from D-A type AIE-active chiral emitters via liquid crystals system. Chemical Communications, 2020, 56: 1117-1120.

[126] Li X, Hu W, Wang Y, et al. Strong CPL of achiral AIE-active dyes induced by supramolecular self-assembly in chiral nematic liquid crystals (AIE-N*-LCs). Chemical Communications, 2019, 55: 5179-5182.

[127] Shen X, Wang Y, Zhao E, et al. Effects of substitution with donor-acceptor groups on the properties of tetraphenylethene trimer: aggregation-induced emission, solvatochromism, and mechanochromism. The Journal of Physical Chemistry C, 2013, 117: 7334-7347.

[128] Xu B, He J, Dong Y, et al. Aggregation emission properties and self-assembly of conjugated oligocarbazoles. Chemical Communications, 2011, 47: 6602-6604.

[129] Javed I, Zhou T, Muhammad F, et al. Quinoacridine derivatives with one-dimensional aggregation-induced red emission property. Langmuir, 2012, 28: 1439-1446.

自组装 AIE 超分子设计

超分子相互作用是构建 AIE 自组装材料的另一个重要策略[1-3]。与直接进行分子共价修饰相比，非共价相互作用具有许多优点[2]，如易制备、高产率、功能单元选择灵活、对外界刺激的响应性与自修复能力等[4]，这些优点赋予了 AIE 超分子材料独特的潜力与应用前景。本章将重点围绕形成超分子结构的分子间作用力展开，分别介绍静电作用、配位作用、主客作用在自组装 AIE 超分子材料设计和应用中的重要作用。

4.1 　基于静电作用的 AIE 超分子

静电是一种非常常见的电磁现象。在日常生产生活中，静电的应用非常广泛，如静电除尘、静电喷涂、静电植绒等。在材料学制备中，静电纺丝是一种效率非常高的方法。在分子层次上，静电作用也是一种非常常见的分子间非共价相互作用，其主要特征在于相互作用无方向性且结合强度大。

静电作用通常发生在带有相反电荷的分子之间，通过静电诱导层层自组装可以实现具有各向异性的薄膜的制备。静电作用也是分子自组装的一种方法。由于静电作用力较强，以此种方法获得的组装体具有极高的稳定性，即使在极稀的溶液、较高的温度或苛刻的 pH 环境下组装体也很难发生解体。

根据产生静电作用的分子结构差异，静电相互作用又分为阴阳离子间的离子相互作用和缺电子分子与富电子分子间的电荷转移相互作用。本章将按照这种分类方法分别介绍离子相互作用和电荷转移相互作用在 AIE 分子自组装中的应用。

4.1.1　离子相互作用

具有相反电荷的有机分子通过静电相互作用可以形成离子对。与单个分子相比，中性的离子对具有更强的疏水性，显示出更强的自组装能力[5]。基于此原理的自组装行为称为离子自组装（ISA）[6, 7]。离子自组装是形成形貌可控的微观聚集体，特别是多级自组装、薄膜材料、凝胶材料的重要方法。对于 AIE 类型分子，由于离子间静电作用非常强，极大地限制了 AIE 分子的振动非辐射跃迁，因此以这种方法得到的 AIE 分子组装体通常具有较强的荧光发射能力。

根据发生离子自组装的分子结构，可以进行以下分类：带电荷的 AIE 分子与反电荷的表面活性剂、其他类型的小分子、反电荷聚电解质的一级静电自组装；带电荷的 AIE 分子与反电荷分子之间发生的多级自组装与复杂结构的形成。本小节将按照以上的分类方法依次进行详细介绍。除在溶液体系中发生的可控自组装外，在本小节最后还将介绍由离子自组装构成的凝胶及薄膜结构。

1. AIE 分子与表面活性剂离子自组装

表面活性剂由于具有两亲性，可以在 CMC 以上自发形成胶束等多种组装体。将带电荷的 AIE 分子与反电荷的表面活性剂结合是设计离子自组装的一种简单而直接的方法。例如，Liu 等[8]设计了带正电的 AIE 型分子 TPE-Br 和 TPE-I，能够与阴离子表面活性剂共组装导致荧光增强。实验中发现，通过静电作用和疏水作用的协同效应，可以实现对阴离子表面活性剂 SDS 的灵敏检测，检出限在 100 nmol/L 左右。

利用带负电荷的 AIE 分子与阳离子表面活性剂也可以进行共组装。黄建滨、阎云等[9]利用阳离子表面活性剂 CTAB 与带负电荷的 AIE 分子 TPE-BPA 通过静电作用和疏水作用形成了电中性的超分子荧光囊泡。由于 CTAB 的烷基链长度恰好与 TPE 分子中一个苯环和 1,6-吡啶二羧酸长度匹配，得到静电复合超分子 TPE-BPA@8CTAB，这些超分子单元之间可以进一步通过疏水作用自组装成能够发射蓝色荧光的囊泡。向囊泡中加入 Zn^{2+}，因为 Zn^{2+} 与 1,6-吡啶二羧酸头基发生 1:2 配位，使囊泡带有正电荷。静电斥力导致大的囊泡破裂成小囊泡，并伴随荧光强度减弱，这个过程可以用来模拟研究电荷在癌细胞分裂中的作用（图 4-1）。

(a)

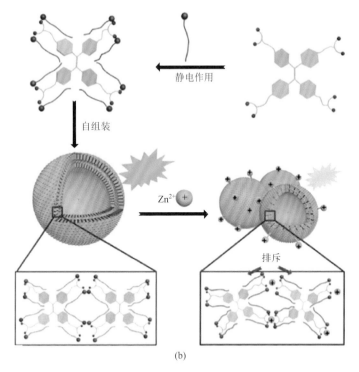

图 4-1　（a）TPE-BPA 和 CTAB 的分子结构式；（b）荧光囊泡形成和加入 Zn²⁺ 后囊泡裂解的模式图[9]

　　在荧光囊泡上连接叶酸的三乙氧基硅烷（FA-APTS）进行硅化后，这个囊泡可以被包裹一层二氧化硅外壳，而二氧化硅对囊泡的荧光强度与发射波长没有显著影响，嫁接的叶酸则可以使这个囊泡具有靶向癌细胞的能力。通过这种方式研究者获得了一种能够自导航和成像的荧光药物载体，使得在原位跟踪整个药物在体内运输和作用位点成为可能[10]。

　　利用类似的静电作用方法[9]，该研究团队将构成静电超分子聚集体的阳离子表面活性剂 CTAB 更换为同样带有正电荷的胆碱酯酶底物氯化肉豆蔻酰胆碱（MChCl），此时 TPE-BPA 和 MChCl 仍可以通过离子相互作用形成一种超两亲聚集体 TPE-BPA@8MChCl，并进一步自组装成囊泡（图 4-2）。由于该囊泡具有胆碱酯酶的反应位点，如果在含有囊泡的溶液中加入这些酶，能够使 MChCl 分子分解，从而破坏静电相互作用，使囊泡分解，溶液荧光强度减弱。由于胆碱酯酶在阿尔茨海默病患者体内富集，通过该囊泡负载胆碱酯酶抑制剂有望应用于阿尔茨海默病的治疗[11]。

　　烷基链的长度不同但结构类似的表面活性剂往往被归为一系列，通常随着烷基链长度增加表面活性剂在水中的溶解度逐渐下降，CMC 也显著降低。Laschat 等[12]

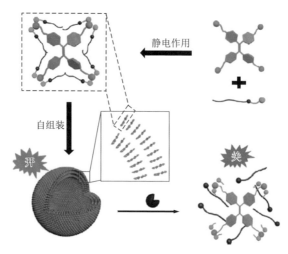

图 4-2 乙酰胆碱酯酶引起的含肉豆蔻酰胆碱的荧光囊泡自组装和分解过程的图解[11]

研究了反电荷表面活性剂烷基链长度的不同对离子自组装的影响。利用阳离子胍
基取代的 TPE 分子与具有较强疏水性的长碳链烷氧基取代的对苯磺酸，研究者成
功得到了柱状液晶结构。根据烷基链长度不同，液晶由 $Col_h(C_8, C_{10}, C_{12})$ 转变为
$Col_{ob}(C_{14}, C_{16})$。柱状液晶相的形成可以通过偏光显微镜（POM）证实，阴阳离子
对的排列方式如图 4-3 所示，主要的自组装驱动力为静电作用力、苯环之间的 π-π
堆积和阴离子长烷氧基链之间的范德瓦耳斯相互作用。

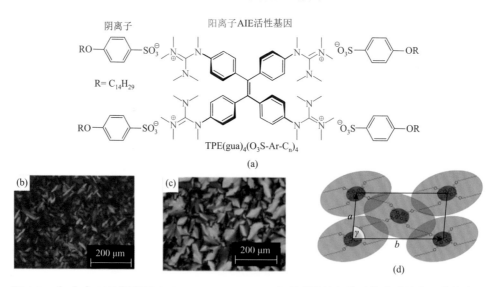

图 4-3 （a）含 AIE 阳离子 TPE(gua)₄(O₃S-Ar-Cₙ)₄ 与长碳链烷氧基对苯磺酸的分子结构式；
（b）、（c）液晶的偏光显微镜图片；（d）静电自组装结构的示意图[12]

除了使用单链表面活性剂诱导静电自组装，双链表面活性剂由于更强的聚集能力，可以诱导更复杂的 AIE 自组装结构。Ren 等[6, 7]设计了一种带负电荷修饰的 TPE 小分子，可以与双链阳离子表面活性剂通过静电作用结合形成中性超分子 TPE-DOAB。在室温条件下，该静电复合物可以自组装成由低阶螺旋柱组成的液晶相（图 4-4）。在加热过程中，它转变为一个具有高度有序螺旋分子堆积的液晶相，这种转变是由不同温度下外周链运动程度的变化引起的。图 4-4（b）显示了 TPE-DOAB 在螺旋柱中的分子堆积模式。双链表面活性剂的强疏水作用使得 TPE-DOAB 具有很强的聚集能力，在固态下可以获得高达 46%的量子产率。液晶相 AIE 材料往往具有其他材料不可替代的作用，文献[13]～[20]总结了一些基于液晶相 AIE 自组装材料的研究工作。

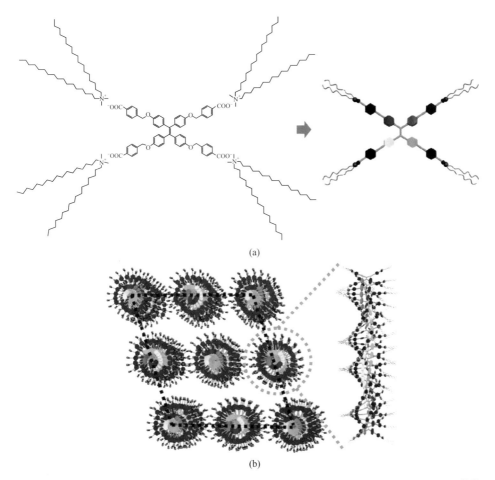

(a)

(b)

图 4-4　（a）TPE-DOAB 的结构示意图；（b）TPE-DOAB 在单斜晶格中的螺旋柱模型[6, 7]

在以上的研究中，使用了多种不同类型的表面活性剂，从阴离子到阳离子，从单链到双链，根据表面活性剂相关知识不难理解，当选择的表面活性剂聚集能力及刚柔性不同时，形成组装体的难易程度、组装体形貌及荧光强弱会有显著差异。

王毅琳等[21]尝试了不同表面活性剂与同一种 AIE 分子自组装，研究了表面活性剂类型对离子自组装的影响。实验中以阳离子 AIE 分子 M-噻咯为研究对象，更换不同类别的表面活性剂，发现具有两条疏水链的 gemini 型表面活性剂可以在更低浓度下与 M-噻咯形成组装体。相比于完全由饱和烷烃构成柔性如疏水链的 SDS 及 12-3-12(SO$_3$)$_2$，含有苯环的表面活性剂 SDBS 及 C8BC3C8B 分子可以得到荧光强度更高的组装体（图 4-5）。

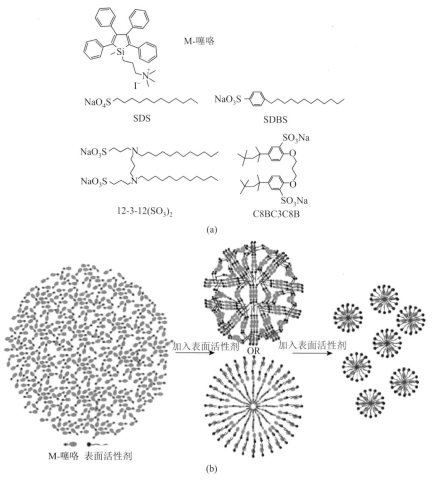

图 4-5 （a）M-噻咯和四种使用的阴离子表面活性的分子结构式；（b）M-噻咯与表面活性剂
比例与聚集体形态的关系[21]

除表面活性剂结构对聚集体的影响外，表面活性剂与 AIE 分子的比例也会对荧光强度产生影响。王毅琳等进一步发现，M-噻咯与表面活性剂的疏水链通过疏水相互作用结合，形成双层结构，层间堆积形成实心纳米球。当表面活性剂与 AIE 分子比例为 1∶1 时，恰好电荷达到平衡，此时的荧光强度最高，如果进一步增加表面活性剂浓度，由于静电斥力，聚集体将会分裂成更小的胶束，AIE 分子被分散在不同的胶束中，对分子振动的抑制作用下降，荧光强度降低。

2. AIE 分子与其他带电荷小分子的离子自组装

除表面活性剂外，其他简单小分子也可以实现离子自组装。如果在多肽上连接长的烷基链可以得到与表面活性剂类似的两亲性，王毅林等[22]将十二酸与淀粉样 β-蛋白的一部分通过酰胺键连接在一起，得到 C_{12}-Aβ(11-17)，通过调节多肽两亲分子的浓度和 pH，可以与阴离子 TPE 分子自组装形成不同荧光强度和形态的组装体。具体来讲，固定阴离子 TPE 分子浓度为 0.05 mmol/L，当 C_{12}-Aβ(11-17) 浓度较低（0.05 mmol/L）时，可以在 pH 为 4.0～7.0 范围内形成长度小于 5 μm 的 β 折叠二级结构，当 C_{12}-Aβ(11-17) 浓度为 1.0 mmol/L 时，在 pH 为 3.0 条件下可以形成长度大于 50 μm 的 β 折叠螺旋带，当 pH 为 10.0 时二级结构消失，荧光减弱但仍为纳米带结构。该研究证实了 TPE 分子与 C_{12}-Aβ(11-17) 中组氨酸之间的静电作用使电荷中和，有利于氢键作用增强，为多肽二级结构的控制提供了新的途径。

完全亲水性的对离子也可以促进离子型 AIE 分子的自组装，Hong 等[23]利用 β-CD 包裹的带有阳离子氨基末端的刚性轮烷聚醚胺（iTP-JA）与四苯基噻吩磺酸钠（TPS）结合，能够发生离子自组装。在这里 β-CD 提供的刚性在荧光增强中具有非常重要的作用。

3. AIE 分子与聚电解质的离子自组装

聚电解质来源广、种类多，通常带有大量电荷。同时高分子链缠绕和对分子运动的限制作用，使其在 AIE 分子荧光增强中具有非常大的优势。利用季铵化带正电荷的纤维素（QC）与磺酸基修饰的 TPE（SPOTPE），Zhou 等[24]成功通过静电自组装获得纳米线状聚集体，如图 4-6 所示。由于修饰的 TPE 分子及带正电荷的纤维素中氧原子可与 Fe^{3+} 配位，使 Fe^{3+} 与 SPOTPE 距离足够近，发生电子和能量的转移，导致显著的荧光猝灭，因此该超分子聚集体可以用于 Fe^{3+} 的检测。

同样为生物质来源的壳聚糖，在 pH 降低后氨基被质子化而带正电荷，能与带有磺酸基的 TPE 分子发生静电自组装，荧光显著增强。利用这一原理，可以检测水中溶解的 CO_2 的含量[25]。因为 CO_2 的溶解将降低水的 pH，促进壳聚糖与带磺酸基的 TPE 的作用，导致荧光增强。

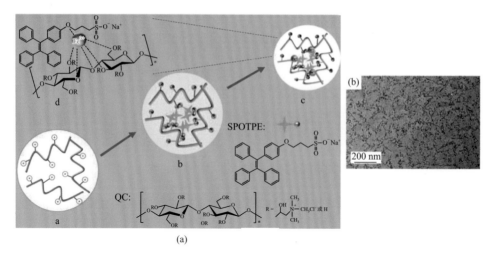

图 4-6 （a）SPOTPE 的结构式及静电自组装示意图；（b）组装体的透射电子显微镜结果

聚苯乙烯磺酸钠（PSS）是一种水溶性聚电解质，因其在水中良好的分散性，常用做乳化剂、疏水小分子/高分子的分散剂、水处理絮凝剂等。黄飞鹤等[26]选择 PSS 和被季铵修饰的 TPE 在水的参与下自组装形成荧光凝胶。由于季铵与生物小分子 ATP 的结合能力强于与 PSS 的磺酸基的结合能力，在 ATP 存在下，荧光凝胶逐渐解体；而在 ATP 酶存在时，ATP 被分解，荧光凝胶可以重新形成（图 4-7）。

虽然阴阳离子间的静电作用没有方向选择性，但这并不意味着任意阴离子和任意阳离子间的静电作用强度完全相同，这种静电结合强度差异的选择性被称为"静电锁定"。Wang 等[27]发现以三唑鎓为阳离子兼电子受体，TPE 为电子给体的 D-A 型 AIE 分子 AIETI 和 AIETBF$_4$能够选择性地与磺酸基特异性结合，赋予其对肝素、软骨素等生物分子及磺酸修饰的环糊精的优异识别能力（图 4-8）。带正电荷的 AIE 分子与这些磺酸盐可以相互锁定，自组装形成含有疏水 TPE 内核和亲水外壳的核壳结构。如果加入临床处理肝素过量的鱼精蛋白可以破坏锁定结构，猝灭荧光，这对于实时监控肝素含量和鱼精蛋白的作用效果具有重大意义。

4. 离子型 AIE 分子参与多级自组装

多级自组装是形成复杂微观结构的有效方法，一般自组装层级大于等于 2 级的组装过程均可称为多级自组装。每一自组装层级的驱动力和原理可以相同也可以完全不同。多级自组装为分子机器设计和纳米尺度精确操纵提供了可能。

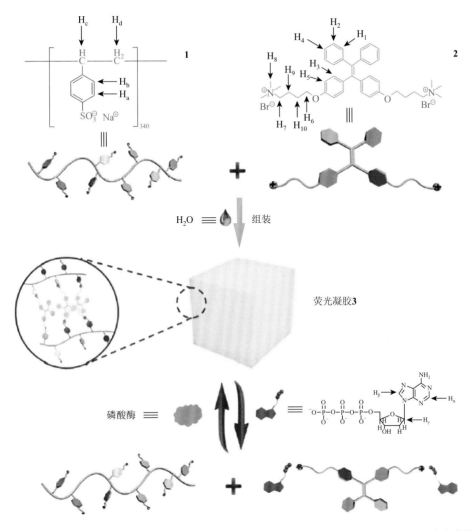

图 4-7　PSS（1）和季铵修饰 TPE 衍生物（2）的分子结构式及荧光凝胶对 ATP/ATP 酶响应模式图[26]

AIETI

(a)

AIETBF₄

(b)

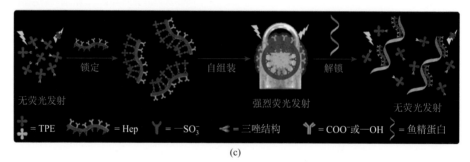

(c)

图 4-8 AIETI（a）和 AIETBF₄（b）的分子结构式；（c）AIE 分子对肝素的静电锁定荧光
发射与解锁和荧光猝灭模式图[27]

Lee 等[28]利用多级自组装成功实现伴刀豆球蛋白 A（Con A）均匀分散的人工
脂筏的构建（图 4-9）。他们首先利用两亲分子 **1** 自组装，形成表面带有负电荷的脂
筏。该脂筏与带正电荷的含有 *N, N, N*-三甲基苯胺结构的 AIE 型二苯乙烯基蒽衍生
物（**3**）发生静电自组装，形成能够发射绿色荧光的纳米粒子。带有负电荷的 Con A
与之进一步组装，形成 Con A 均匀分散（$d = 12 \, nm$）的脂筏结构。其中两亲分子 **1**
与 AIE 分子 **3** 的静电组装结构在 Con A 均匀分散中起重要作用，直接使用带正电荷
的两亲分子 **2** 形成的脂筏将导致 Con A 无规聚集。该脂筏在促进白细胞介素-2（IL-2）
的释放中表现出良好的效果，绿色荧光的存在为其定位提供了方便。

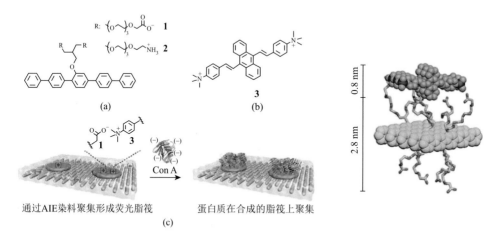

图 4-9 （a）两亲分子 1、2，AIE 分子 3 的分子结构式；（b）1 和 3 静电自组装结构示意图；
（c）与 Con A 进一步组装的模式图[28]

带电荷的嵌段共聚物通常具有两亲性，是自组装的良好材料。将嵌段共聚物
与金属配位超分子网络结合，黄建滨、阎云等实现了 AIE 分子的多级自组装[29, 30]。
利用季铵化的 P₂VP-PEO 与 TPE-(EO)₄-L₂ 和 Gd³⁺ 形成的配位超分子网络发生静电

自组装，可以得到一种具有蓝绿色荧光的 C3Ms 胶束（图 4-10），作为金属配位中心的 Gd^{3+}同时也能提供增强的磁共振成像效果[29]。

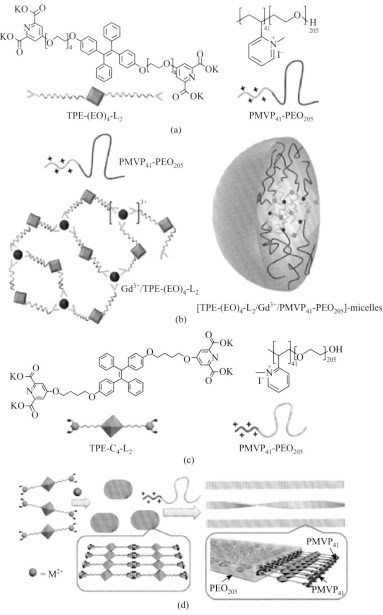

图 4-10　（a）、（c）TPE-C$_4$-L$_2$、TPE-(EO)$_4$-L$_2$ 和 PMVP-PEO 的分子结构式和示意图，PMVP$_{41}$-PEO$_{205}$ 简称 PMVP-PEO；（b）荧光和磁共振成像（MRI）双功能 C3Ms 胶束形成模式图；（d）蚕茧型组装体到纳米梯的转变示意图[29, 30]

如果将 PMVP-PEO 加入由 TPE-C$_4$-L$_2$ 和 Ni^{2+} 形成的蚕茧结构中，可以得到极长的纳米梯状结构，梯间距离与 TPE-C$_4$-L$_2$ 长度匹配，进一步证实了由 TPE-C$_4$-L$_2$ 和 Ni^{2+} 形成的基本骨架，以及 PMVP-PEO 的电荷平衡作用[30]。

将 AIE 分子通过静电作用多级自组装也是对自组装结构进行可视化观察的一种便捷方法。相比于共组装方法，在组装体形成后再将带有相反电荷的 AIE 型分子加入，对原有自组装过程的干扰程度更小，更能体现真实的自组装形貌。利用阳离子 AIE 型荧光分子 OF$^+$，Zhu 等[31]成功实现了对银纳米线、细菌纳米纤维素及嵌段共聚物胶束的荧光成像。

5. 离子型 AIE 分子形成凝聚态发光材料

除在溶液中能有效分散的微观自组装结构，如囊泡、螺旋纤维、纳米带等，宏观自组装材料因其更加突出的机械性能和可操作性，目前受到越来越多的重视。

凝胶是一种常见的宏观自组装材料。荧光凝胶在发光器件、可视化软体机器人等方面具有独特的应用前景。而通过直接将 AIE 分子与成胶因子共价连接，在合适的条件下获得荧光凝胶是其常用的制备方法。由于每一次都需要进行化学合成，成胶因子的选择非常重要，一般不能轻易更换。成胶因子选择是否合适将直接影响凝胶的性质。Camerel 等[32]指出，如果选择将成胶因子与 AIE 分子通过静电作用结合，则可以非常方便地研究不同成胶因子与特定 AIE 分子形成凝胶的差异。研究人员以具有 AIE 活性的阴离子磷杂环戊二烯为研究对象，与四种含有咪唑鎓的有机凝胶成胶因子结合，发现疏水烷基链的长度对能否形成凝胶具有非常大的影响，烷基链过长时由于溶解度降低反而不利于凝胶的形成。

与体相荧光凝胶材料不同，荧光薄膜因其独特的"薄"的特性，原料用量少、材料透明度高、量子产率高。黄建滨、阎云等以 AIE 型配体 TPE-DPA 与 Zn^{2+} 形成带负电荷的金属配位超分子网络，进一步与带正电荷的聚电解质 PEI 进行层层自组装，得到发蓝绿色荧光的薄膜[33, 34]。如果将 TPE-DPA/Zn^{2+} 配位超分子与含有 Eu^{3+} 的超分子网络 L$_2$EO$_4$-Eu^{3+} 以合理比例混合，可以得到白光发射的荧光薄膜，CIE 坐标可达(0.335，0.347)[33]。

AIE 多级组装形成的荧光薄膜还可以通过配位作用交联荧光胶束实现。黄建滨、阎云等在 AIE 型配位两亲分子 TPE-BPA 与表面活性剂 CTAB 形成的静电复合胶束体系中加入 Zn^{2+} 可以得到交联的胶束沉淀，离心后对沉淀施加压力，促进 TPE-BPA 与 Zn^{2+} 交联成均匀的超分子网络，就可以得到荧光薄膜[34]。如果在薄膜形成过程中加入其他具有响应性的分子，可实现薄膜对湿度、可挥发小分子等多种刺激的快速可视化响应（图 4-11）。

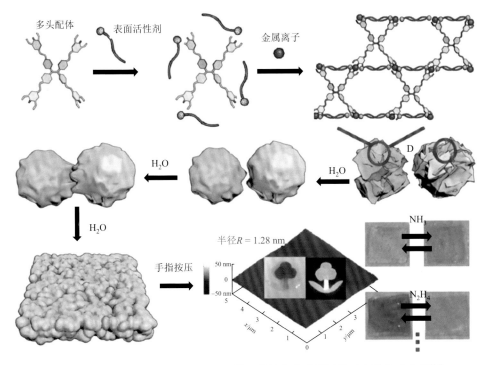

多头配体　　表面活性剂　　金属离子

D

H_2O

H_2O

H_2O

NH₃

N₂H₄

半径$R = 1.28$ nm

手指按压

50 nm
0
−50 nm

图 4-11　由 TPE-BPA、CTAB 和 Zn^{2+} 形成的荧光薄膜及其对刺激的响应性[34]

类似的研究还有，通过改变聚乙烯基磺酸钠（PSV）与 AIE 分子 $TP\text{-}NH_3^+$ 的比例，Hong 等[35]成功得到了荧光量子产率高达 91% 的荧光薄膜。

6. 小结

本小节分类介绍了不同类型的 AIE 分子离子自组装，其中与表面活性剂的静电自组装是最常见类型，表面活性剂疏水片段长度、疏水链数目与刚性程度均会对组装效果产生影响。聚电解质也是实现静电自组装常用的方法。多级自组装为更为复杂的组装结构提供了可能。材料更多附加功能的实现常依靠多级自组装。除以上在溶液中分散的一维和二维组装材料，荧光凝胶和薄膜也具有非常重要的功能，可以通过阴阳离子间极强的静电作用获得宏观组装材料。

静电作用也不是完全坚不可摧，如果加入高浓度的盐溶液，可以起到静电屏蔽作用，破坏静电自组装结构。例如，NaCl 溶液常用作静电组装体破坏剂。改变pH，打破电荷平衡也是一种行之有效的破坏静电自组装的方法。对于有金属离子参与的配位情况，加入金属络合剂也可以实现组装体的解体。因此，静电自组装同样具有刺激响应性。

在静电自组装分子设计中，金属离子配位和静电作用经常被一起考虑，因此本小节中部分实例形成组装体的驱动力也同时包括了配位作用。更多的金属离子自组装的分子设计请参考 4.2 节内容。

4.1.2 电荷转移相互作用

3.4 节中已经介绍了分子内电荷转移在 AIE 分子自组装中的作用。实际上这种电荷转移不仅发生于分子内，当一种缺电子分子与另一种富电子分子相互靠近时，同样可以发生电荷转移，这种电荷转移被称为分子间电荷转移（CT）[36]。

对于 AIE 型分子，当发生分子间电荷转移时往往会导致显著的荧光猝灭，可用于对环境中缺电子化合物的检测。本小节将举例介绍基于分子间电荷转移作用的 AIE 分子自组装。

黄飞鹤等[37]在 TPE 分子上分别修饰富电子的萘和缺电子紫精衍生物，得到一对 CT 分子（TPE-PQ 和 TPE-NP），如图 4-12 所示。由于萘和紫精之间电荷转移作用的存在，该 CT 复合物能够以 1:1 的比例共同形成一个稳定的构建基元，在水中将进一步自组装成一维纳米棒。由于 TPE-PQ 分子能与带负电荷的水溶性柱 [6]芳烃（H_4）形成更稳定的包结物，在纳米棒悬浮液中加入 H_4 可导致 TPE-NP/TPE-PQ CT 复合物的分解，进而导致纳米棒的分解，荧光强度急剧减弱。然而，在酸性环境中，H_4 分子带正电荷，与缺电子的 TPE-PQ 产生排斥反应，导致 $H_4 \subset$ TPE-PQ 包结物的结合常数大大降低，包结物分解，荧光恢复。因此，当一个由 $H_4 \subset$/TPE-PQ@TPE-NP 组成的系统被加入到肿瘤组织中，由于肿瘤组织中的 pH 比正常组织低，使得在肿瘤组织中 H_4 与 TPE-PQ 结合常数更低，更有利于具有 AIE 活性的 CT 复合物的形成，可用于癌细胞成像。

含有硝基取代的化合物通常属于缺电子化合物，随着取代硝基的增多，分子的缺电子性逐渐增强。Zhao 等[38]通过叠氮-炔环加成（CuAAC）反应合成了 TPE-三亚苯基取代化合物 **7**，能够与缺电子的 2,4,7-三硝基-9-芴酮（TNF）发生分子间电荷转移，形成由盘状液晶构成的柱状相。通过荧光猝灭可以实现对 TNF 的有效检测。

以上缺电子分子对 AIE 分子的荧光猝灭主要通过静态方式实现。Li 等[39]则同时实现了静态荧光猝灭和动态荧光猝灭。研究者分别设计了含有 TPE 的电子供体 S109 及电子受体 TPE-CP4，与非荧光性成胶剂 GluLC18 在 DMSO 中共组装形成有机凝胶（图 4-13）。其中疏水烷基链之间的疏水作用、酰胺键之间的氢键作用是共组装的主要驱动力。由于 S109 与 GluLC18 都具有较长的烷基链及酰胺键，二者之间存在较强的相互作用，S109 可以被固定在凝胶纤维上。其中 S109 一侧的四个烷基链深深"扎入"纤维之中形成锚定，TPE 内核则位于纤维表面。TPE-CP4 则由于烷基链较短且不能与 GluLC18 有效形成氢键，与纤维的作用力较

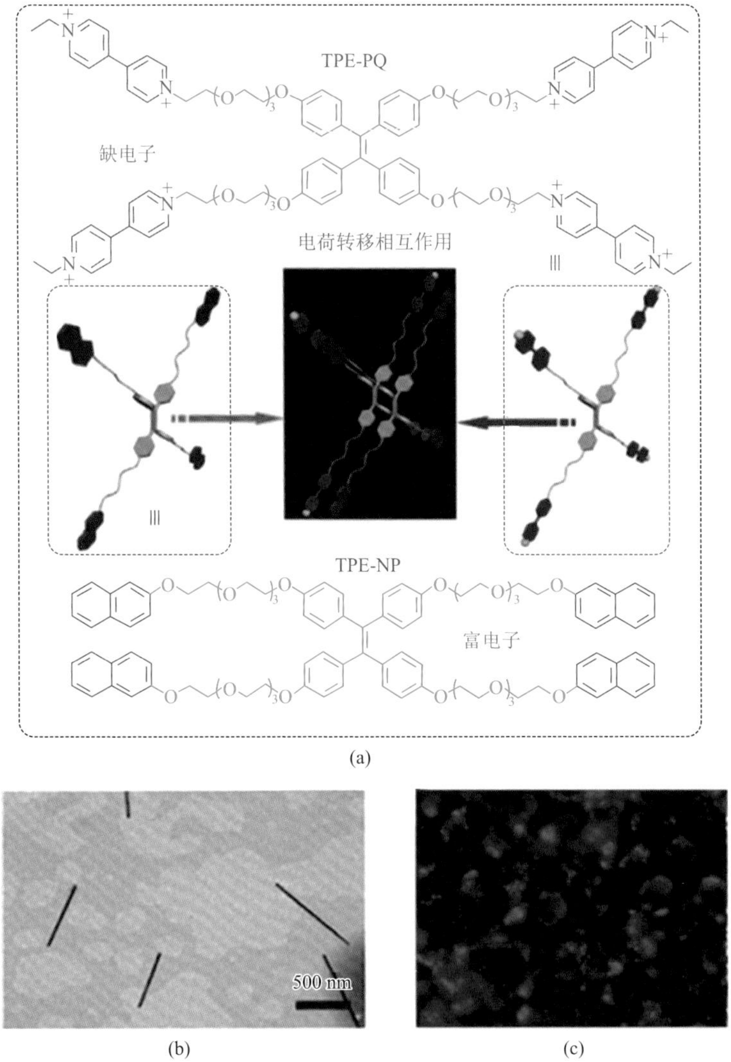

(a)

(b)

(c)

图 4-12　（a）TPE-PQ 和 TPE-NP 之间电荷转移相互作用的图解；（b）CT 复合物自组装结构
的 TEM 图像；（c）用 H₄⊂TPE-PQ@TPE-NP 孵育的活 MCF-7 乳腺癌细胞的激光扫描
共聚焦显微镜图像[37]

弱，部分 TPE-CP4 溶解在凝胶溶剂中。因此，当 S109 和 TPE-CP4 同时与 GluLC18
共组装时，能够与纤维结合的 TPE-CP4 将与周围的 S109 发生静态荧光猝灭，溶
解在溶剂中的 TPE-CP4 可以发生动态荧光猝灭。这种分子间电荷转移荧光猝灭凝
胶的分子设计与生物体内蛋白质辅助电荷转移非常类似，对于理解蛋白质的结构
和功能具有促进作用。

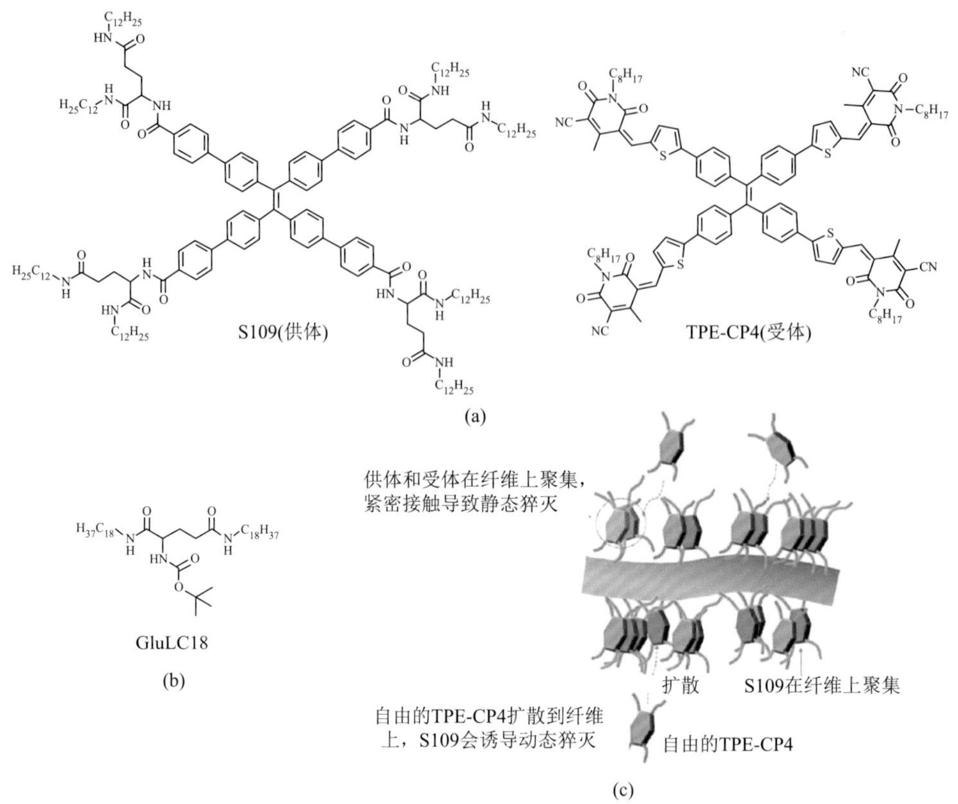

图 4-13 （a）电子供体 **S109** 和电子受体 **TPE-CP4** 的分子结构式；（b）非荧光小分子成胶因子 **GluLC18**；（c）静态和动态分子间电荷转移荧光猝灭的模式图[39]

以分子间电荷转移为基础的 AIE 分子自组装经常导致荧光猝灭，这类组装体系一般不能用于成像分析、光学波导等以发射荧光为基础的场合，但可以用于缺电子化合物特别是强烈爆炸物的检测，这也是目前该类体系的主要应用方向。分子间电荷转移荧光猝灭的发生，以静态猝灭机理为主，对动态猝灭原理的认识和模拟则有利于增加生物体系特别是含金属蛋白质和酶作用原理的认识。

4.2 基于配位作用的 AIE 超分子

金属离子配位自组装具有很多优势，如容易合成、产率高、产物的形状和大小可控等。同时由于配位键的可逆性，金属离子配位自组装材料一般具有自修复和自纠错能力。另外，配位键的能量接近共价键，这使得配位结构非常稳定。此外，配位场具有方向性，由此带来的几何约束可以实现对配体分子空间取向的控制，这使得通过配位相互作用构建特定拓扑结构的超分子结构变得更加方便[40]。

配位自组装的设计思路主要是通过金属离子与配体的作用将不同的功能单元"集成"在一起,这样在形成超分子组装结构时,各个不同模块的功能不受影响,是制备多重刺激响应性材料的常用方式[41-44]。

在 AIE 自组装中,配位作用的应用比较常见。由于配位作用对分子振动的限制,组装体通常具有很强的荧光发射。根据金属离子配位数的不同,可以形成键角不同的骨架单元,骨架之间进一步通过配位键形成多种复杂的平面或立体拓扑结构,使得自组装产物可以从简单的线型结构到二维网络结构,从平面大环超分子到立体配位积木,金属配位超分子还可以进一步发生自组装,成多级自组装结构[45, 46]。

本节将从配体的选择出发,介绍以金属离子与配体的配位作用为主要驱动力形成的不同自组装结构,包括囊泡、纳米管、网状超分子、凝胶等,并对配位形成的复杂拓扑结构进行详细分类和介绍,从二维的平面配位多边形到立体配位积木和含有 AIE 分子的有机金属框架化合物,最后将会涉及金属离子配位作用参与的多级自组装。

4.2.1 AIE 型配位超分子的配体选择

金属离子与小分子配体发生配位作用是形成金属配位超分子组装结构的有效方法。羧基、三联吡啶、1,6-二羧基吡啶、席夫碱等是常用的配位基团。根据所选金属离子的不同,配位数和最佳配体随之改变,可以得到结构不同的分子自组装产物。本小节以配体为主要分类依据,分别介绍以羧基、吡啶及其衍生物为配体形成的 AIE 型金属配位超分子。最后,对基于其他类型配体的配位体系也略做说明。

1. 以羧基为配体的 AIE 型配位自组装

羧基具有很强的配位能力。通常一个羧基的两个氧原子均可以参与配位,提供两个配位位点。基于羧基与金属离子配位作用的 AIE 分子配位自组装研究已经比较深入。

阎云等[47]发现单羧基取代的三苯胺(TPA-1)可以与 Zn^{2+} 发生配位自组装,形成具有双光子成像功能的囊泡(图 4-14)。囊泡的空腔还可以载药。5-氟尿嘧啶(5-Fu)在其中的负载量可以达到 53.4%。通过结构分析可知,Zn^{2+} 与羧基以 1:2 的比例配位形成 2TPA-1@Zn^{2+} 超分子基元,该基元进一步通过疏水作用形成囊泡。囊泡膜由 2TPA-1@Zn^{2+} 双分子层组成,其疏水部分为尾对尾排列的 TPA-1 中未被取代的苯环,亲水部分是羧基与 Zn^{2+} 的配位中心。进一步研究发现,TPA-1 对 Zn^{2+} 具有很好的选择性,只有 Zn^{2+} 的加入才能够形成囊泡,显著增强荧光。因此,该囊泡在金属离子识别、荧光成像和药物运输中均具有良好的表现。

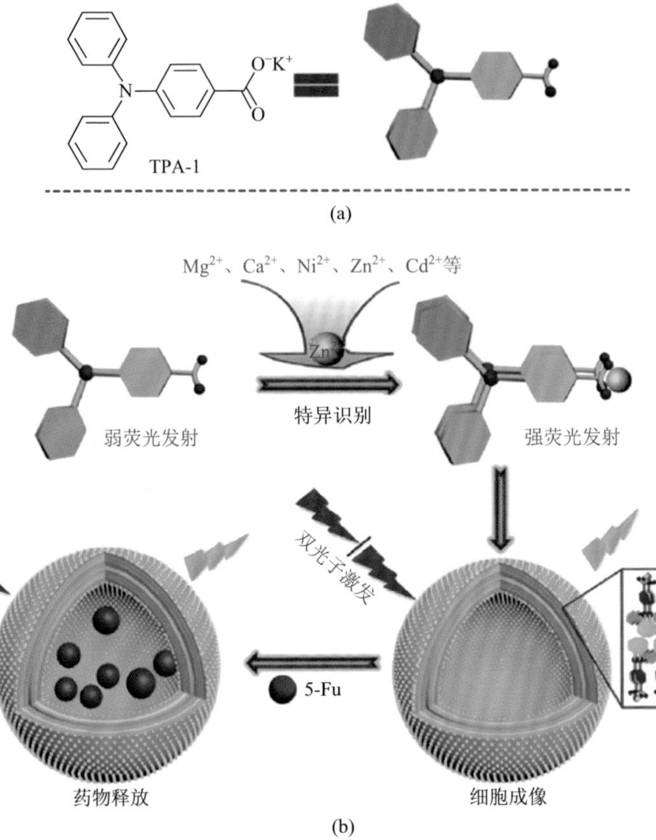

图 4-14 （a）TPA-1 分子的结构式和模拟图；（b）TPA-1 分子对 Zn^{2+}的选择性，囊泡形成中分子排列结构与双光子成像和药物运输的应用模式图[47]

类似对金属离子的识别还可参考 Feng 等[48]的研究。研究者设计了被四个羧酸钠取代的 TPE 分子（TPE-4CO_2Na），发现该化合物可以与 Al^{3+}或 Pb^{2+}选择性配位，形成网状配位超分子，荧光增强。使用对应的掩蔽剂 $NaBF_4$ 或谷胱甘肽可以实现两种离子的分别检测。而利用 TPE-4CO_2Na 的细胞穿透能力则可以实现细胞内离子分布的点亮式荧光成像。

利用含有羧基的金属配位超分子也可以形成凝胶。苏成勇等[49]通过四（羧基苯基）乙烯（H_4TCPE）与三价金属离子（Al^{3+}、Cr^{3+}、Fe^{3+}、Ga^{3+}、In^{3+}）的配位得到了多孔结构的荧光凝胶，该凝胶可以实现对苦味酸等爆炸物的检测。

2. *以吡啶及其衍生物为配体的 AIE 型配位自组装*

吡啶是一种常见的配体，其中 N 原子通常作为配位位点。冯圣玉等[50]直接利用吡啶 N 与 Ag^+的良好配位能力，形成刚性的分子内配合物 TPE **1**·Ag_2（图 4-15）。

该配合物能够限制 TPE 基团的振动，使其发出荧光。而当继续加入 Ag⁺后，在 Ag-C 作用和 π-π 相互作用共同促进下，分子发生聚集，进一步限制 TPE 基团的振动，形成能够发出强烈荧光的球形纳米粒子。

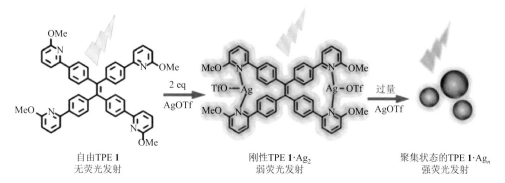

自由TPE **1**
无荧光发射

刚性TPE **1·Ag₂**
弱荧光发射

聚集状态的TPE **1·Ag**ₙ
强荧光发射

图 4-15　吡啶修饰的 TPE 衍生物 1 与银离子的配位自组装和荧光发射增强[50]

　　由于单独的吡啶分子的配位能力有限，常使用三联吡啶（TPY）作为配位基团，除配位作用外，TPY 较大的体积也对抑制 AIE 分子振动有重要贡献。由于空间位阻的限制，两个 TPY 分子通常以相互垂直排列方式与金属离子配位。

　　Maji 等[51]设计了四臂均被 TPY 修饰的 TPE 分子（L）作为含有 AIE 基团的成胶因子。实验中发现 L 分子自身可以在氢键作用下形成由纳米纤维构成的凝胶，这时 TPY 基团位于纤维的表面。当加入 Eu³⁺后，L 被配位作用交联，形成大面积单层，最后卷曲成中空的纳米管。同时，配位后的 Eu³⁺贡献红色荧光，能够对体系的荧光颜色进行调节（图 4-16）。

　　类似利用 TPY 与金属配位作用实现聚集体形貌转变的研究还可见于 Jung 等[52]的研究。他们合成了含有 TPY 配体的分子 BT₃，发现在 π-π 相互作用和氢键作用下 BT₃自身可以形成纳米纤维，加入 Zn²⁺后聚集体转变为具有强烈荧光发射的球形纳米结构。利用 TPY 也可以用于形成平面环状 AIE 分子，相关的实例可以参考 4.2.2 节中的内容。

　　除完全依靠吡啶的 N 原子提供配位位点外，1,5-吡啶二羧基也是一种可以同时提供三个结合位点的配体。阎云等设计合成了以 1,5-吡啶二羧酸作为配位基团的 AIE 分子 TPE-(EO)₄-L₂，加入 Li⁺后，其中羧基和 EO 基团均可与 Li⁺配位结合，最后形成 TPE-(EO)₄-L₂与 Li⁺以 1∶6 配位的结构基元，其中每一个羧基与一个 Li⁺配位，剩余两个 Li⁺分别与两个四聚乙二醇发生配位。根据 X 射线衍射光谱（XRD）分析可知，在形成配位结果过程中，五个 TPE-(EO)₄-L₂分子以伸展状态聚集在一起形成五棱柱结构，共同提供 Li⁺配位所需的 N 原子（图 4-17）。五棱柱可以进一

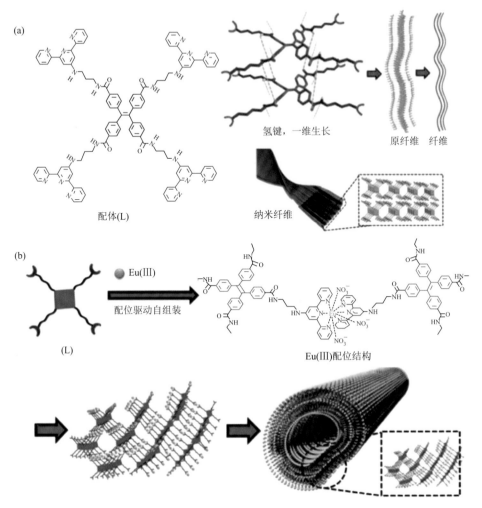

图 4-16 （a）含有 TPY 配体的成胶因子 **L** 的分子结构式及其自身自组装形成纳米纤维的模式图；（b）在 Eu³⁺配位作用下，组装结构向纳米管转变的模式图[51]

步自组装形成球形纳米粒子。该组装结构有望作为治疗躁狂症的 Li⁺载体，降低药物临床使用中的副作用[53]。

同样以 1,5-吡啶二羧基作为配体，该研究团队又合成了分子 PBFL，其中疏水的 PBF 作为 AIE 基团[54]。1,5-吡啶二羧基可以与多种一价、二价金属离子（Mg²⁺、Ca²⁺、K⁺、Sr²⁺、Ba²⁺、Mn²⁺、Pb²⁺）具有良好的配位能力，自组装形成多种结构。随结合水数量的不同，不同金属离子配位体系的荧光颜色不同。而当通过加热、干燥或研磨去掉结合水时，荧光颜色均变为黄色。这是第一例利用结合水精确调节 AIE 配位组装体荧光颜色的实例，有望在光学记录材料中得以应用。

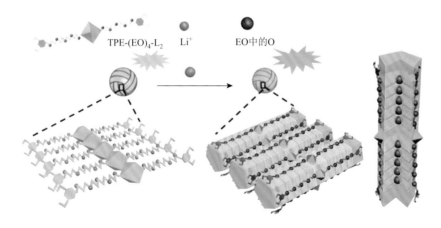

图 4-17　TPE-(EO)$_4$-L$_2$ 与 Li$^+$配位自组装形成 Li$^+$纳米载体的示意图[53]

3. 其他配体选择

金属离子的配体种类和结构非常丰富。随着合成化学和配位化学的不断发展，每天都有更多新的配体被合成出来。除以上研究相对集中的配体外，其他结构的配体同样能够与金属离子形成结合常数很高的配合物，在 AIE 自组装中的应用不容忽视。

醛基吡啶与氨基反应生成的席夫碱结构是一个能够提供两个配位点的配体。Beves 等[55]将四个氨基取代的 TPE 分子与四个醛基吡啶反应所得分子能够在 Fe^{2+}的存在下形成三螺旋结构。同样为席夫碱与金属离子的配位，郑岩松等[56]和 Hu 等[57]设计并合成了如图 4-18（a）～（c）所示的三种分子，即分子 a～分子 c，均能在混合溶剂中自组装成有序的聚集体[图 4-18（d）～（f）]。Cu^{2+}的加入对这些自组装结构的发射有强烈的猝灭作用。与此相反，其他金属离子的加入对荧光强度没有显著影响。这使得席夫碱分子成为 Cu^{2+}的敏感探针[图 4-18（g）]。通过扫描电子显微镜观察发现，Cu^{2+}诱导图 4-18（b）和（c）所示化合物聚集形成桶状结构。Cu^{2+}通过配位键被紧密地固定在桶腔中。这种 Cu^{2+}捕获行为与 CopC 蛋白非常相似，可以作为该蛋白的一个模拟模型[图 4-18（h）]。

三唑结构的 N 原子也可以作为金属配位的结合位点。王勇等[58]将 TPE 分子通过点击化学反应与环糊精结合，形成的三唑结构可以作为 Cd^{2+}的结合位点，检出限低至 0.01 μmol/L。

大环多胺通常能够与尺寸合适的金属离子发生螯合。朱锦涛等[59]将 TPE 分子与两个大环多胺结合，利用大环多胺与 Zn^{2+}发生配位，Zn^{2+}同时与邻苯二酚紫以 2∶1 的比例配位，发生能量转移导致荧光猝灭，当存在含有较多胸腺嘧啶的 DNA 时，Zn^{2+}与邻苯二酚紫的配位被竞争解除，荧光被重新点亮。与之类似，郑炎松

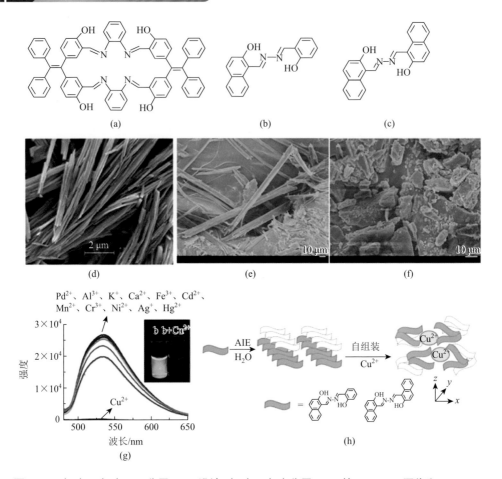

图 4-18　（a）～（c）AIE 分子 a～c 设计；（d）～（f）分子 a～c 的 FE-SEM 图像和 AIEgens；
（g）加入不同金属离子的分子 b 的荧光光谱；（h）环境影响评价的拟议机理和含 Cu^{2+} 的分子
b 和 c 的自组装原理[56, 57]

等[60]利用具有 AIE 性质的阳离子咪唑大环作为螯合的配体，可以选择性与焦磷酸
根形成 1∶1 配合物，该配合物可以进一步与 Zn^{2+} 配位形成线型配位高分子，发出
强烈荧光。

　　金属离子除用于将小分子配体连接成配位高分子外，本身也具有很多功能。
与以上研究不同，杨海波等[61]选择了具有潜在抗癌能力的 Pt^{2+} 作为配位中心，通
过巧妙设计构建了含有轮烷的支化树枝状超分子 G1～G3（图 4-19），在这里 DSA
分子作为 AIE 基团，研究中发现随着树枝状结构分支越多，对 AIE 分子的振动抑
制作用越强，荧光强度逐渐增强。

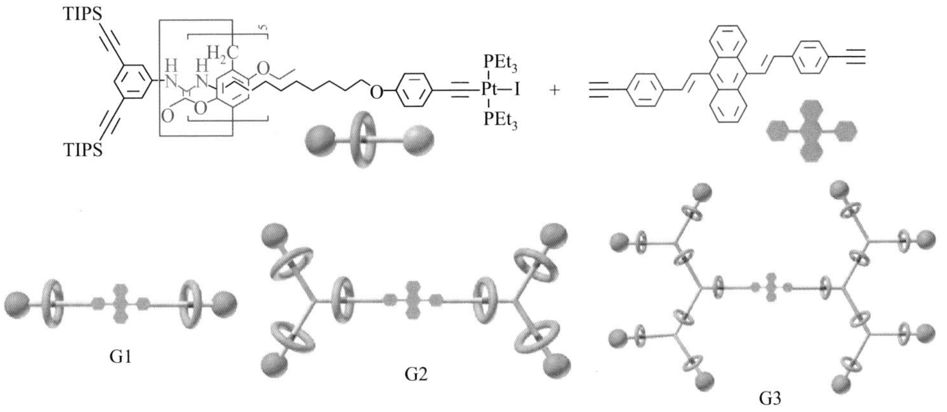

图 4-19 G1～G3 基本组分的分子结构式和模式图[61]

实际上，Pt(Ⅱ)参与的配位自组装不仅可以形成树枝状超分子，还是复杂二维和三维配位拓扑结构的常用金属配位中心，相关的研究请参考 4.2.2 节和 4.2.3 节中的内容。

4. 小结

本小节以配体选择为分类依据，介绍了不同结构配合物的形成，从球形纳米粒子到囊泡，从纳米纤维到纳米管，从线型超分子到树枝状超分子，配位作用的方向性为形成特定结构的聚集体提供了可能。在配位作用中，金属离子的选择没有太多的限制，通常以配位数更高的二价和三价金属离子为主，一些一价金属离子，如 Ag$^+$ 和 Li$^+$ 同样可以发生配位。螯合作用因能够有效提高结合常数，在金属配位自组装中比较常见。到目前为止，金属离子参与的 AIE 型配位自组装在离子、分子识别中具有广泛的应用。

4.2.2 配位连接的 AIE 大环

Pt(Ⅱ)的配位数为 4，与 C 原子和 N 原子的结合能力较强，通常形成平面四边形配位结构。当加入卤素离子后，Pt—C 和 Pt—N 键会被破坏。基于以上特点，Pt(Ⅱ)经常被用来构建金属离子配位大环，而卤素离子可以作为结构的破坏剂。根据所设计分子的弯折角度不同，可以形成三角形、菱形、正方形、六边形或者更为复杂的结构。TPE 分子的四个苯环能够以四个方向向外延伸。由于能够连接的方向多，TPE 分子是金属离子配位多边形中最常使用的 AIE 基团[62]。

杨海波等[63]设计并合成了一系列以 TPE 为核心，TPY 作为配位位点的多配体分子。当与 Cd(Ⅱ)配位时，TPE-TPY 双配体可以形成多种多边形结构。TPE-TPY

四配体（L2、L3）则可以形成更为复杂的玫瑰花状大环。如图 4-20 所示，随着混合溶剂中水的比例增加，大环溶液的颜色逐渐变黄。动态光散射（DLS）表明，在乙腈/水混合溶剂中，金属超分子将会进一步聚集成纳米球形颗粒。在该研究中，通过调控 TPY 配位基团的数量、修饰位置及乙腈/水混合比例等因素实现了金属超分子结构的尺寸、形状和组成的精确调控，有望应用于发光二极管、传感器、光电器件、生物成像等领域。

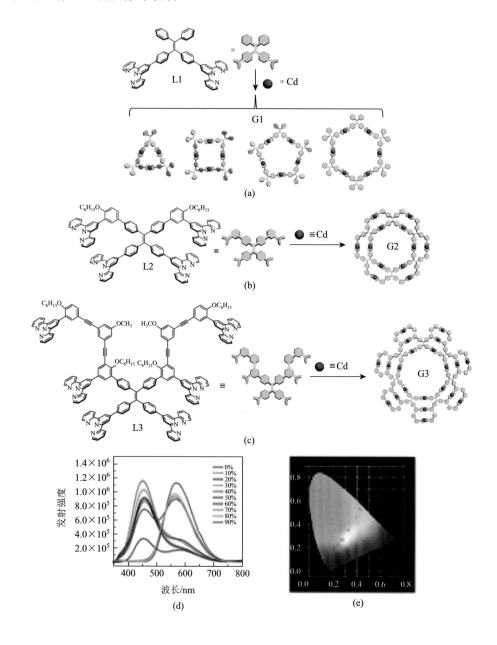

(a)

(b)

(c)

(d)

(e)

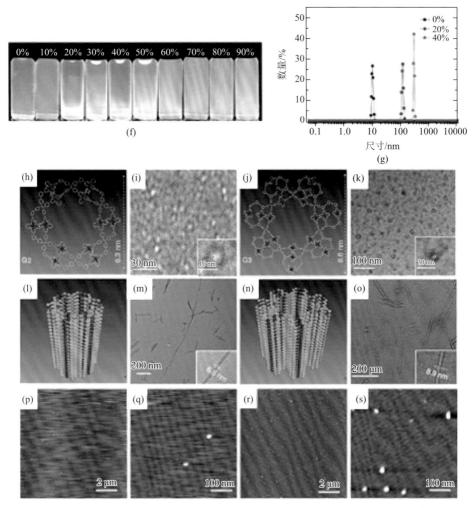

图 4-20　（a）～（c）超分子玫瑰花结 G1～G3 的自组装示意图；CH₃CN/水中水含量不同条件下 G2 的荧光光谱（λ_{ex} = 320 nm，c = 1.0 μmol/L）（d），CIE 1931 色度图对应变化（e），宏观照片（f）；（g）CH₃CN/水混合溶液中 G2 的 DLS；（h）、（j）具有代表性的能量最小化结构；G2（i）和 G3（k）的 TEM 图像；G2（l）和 G3（n）三维堆积结构的模拟图；G2（m）和 G3（o）纳米管的 TEM 图像；2 μm 和 100 nm 的 G2[（p）和（q）]和 G3[（r）和（s）]的 AFM 图像[63]

　　除依靠调控混合溶剂比例实现自组装，杨海波等[64]通过在 Pt(Ⅱ)配位六边形顶点上修饰亲水基团聚 N-异丙基丙烯酰胺，得到具有两亲性的有机铂金属环，在水溶液中即可自组装形成荧光纳米粒子。

　　在配位 AIE 大环上引入其他荧光基团，可以实现对荧光颜色发光波长的调控。李宵鹏等[65]以 TPE 分子为核心，在相邻的两个苯环上分别修饰配位基团三联吡啶和 BODIPY，在 Zn^{2+} 的配位作用下，可以形成六边形环状二聚体。由于三联吡啶和 BODIPY 空间位阻作用共同促进了 TPE 分子的 AIE 效应，在紫外灯下发出明亮的绿色荧光。

不同的拓扑结构的刚性存在差异，对分子振动的限制能力不同，往往会有不同的荧光强度。如图 4-21 所示，使用以 TPE 为内核，吡啶为配位基团和 Pt(Ⅱ) 配位化合物设计了一个金属棒状体和一个三角形拓扑结构。菱形结构 **7** 在稀溶液中的荧光强度弱于三角形 **8**，而在聚集状态中观察到发射强度呈现相反的特点。这种现象的产生与不同多边形拓扑结构有直接关系：在稀溶液中，将 TPE 基团固定在双三角结构中比固定在双菱形结构中对其分子内运动有更多的限制；相反，在聚集体中，菱形骨架的相对柔性可以使它们比刚性三角形结构更紧密地聚集，因此 **7** 形成比 **8** 更大的聚集体。此外，双三角形 **8** 含有比 **7** 更多的 Pt(Ⅱ) 中心，这可能会增加电子系统间交叉转换效率，导致荧光量子产率下降[66]。

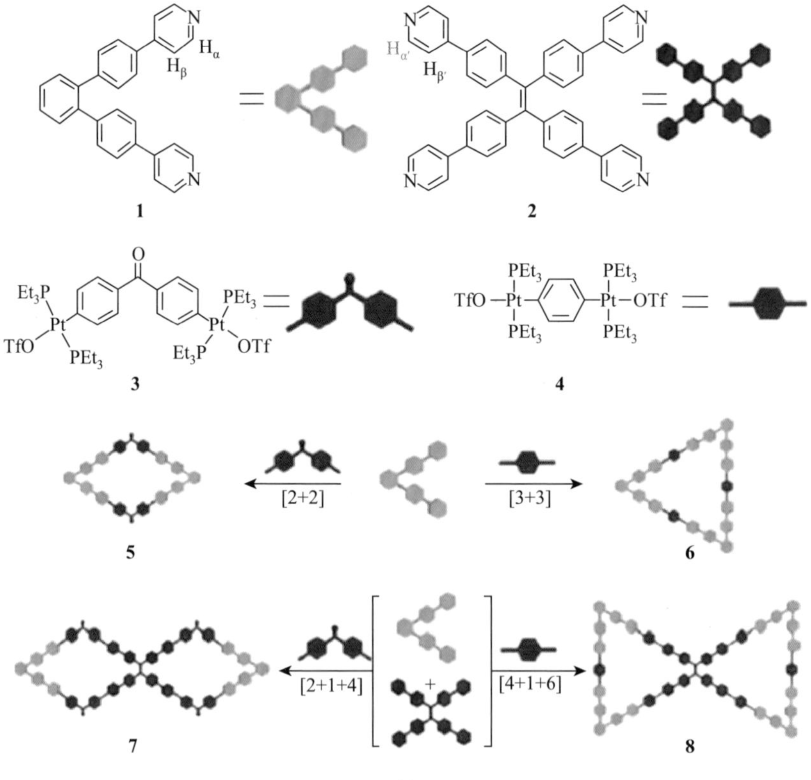

(a)

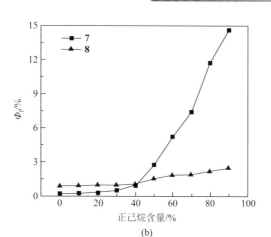

(b)

图 4-21 （a）多组分配位驱动自组装合成双菱形 **7** 和双三角形 **8**；（b）CH₂Cl₂/正己烷混合溶剂中不同正己烷含量下 **7** 和 **8** 的量子产率变化趋势[66]

　　配位作用可以使构成大环的基本单元之间彼此互不干扰地执行各自的功能，这为多重响应配位多边形的构建提供了可能。根据这种构想，Muhkerjee 等[67]设计了如图 4-22 所示的三种 Pt(Ⅱ)配位的六边形超分子 M1～M3，通过在构筑基元上引入具有 AIE 活性、TICT 活性或者光致变色能力的基团，成功赋予超分子结构多重结合功能。结构中同时含有具有 AIE 活性的三苯乙烯和光致变色基团螺吡喃的 M3，可以在己烷/二氯甲烷混合溶剂中形成直径 200 nm 左右的球形纳米粒子[图 4-22（c）]，在紫外光/可见光及酸碱作用下溶液颜色能够可逆循环转变[图 4-22（d）和（e）]。

　　这种含有 AIE 基团的金属拓扑配位化合物常用于离子或者小分子化合物的检测。由于在甲醇/水（1∶1，V/V）中，一些氨基酸与金属离子的结合常数很大，含有 TPE 的金属笼可以作为氨基酸的"点亮"传感器。当溶液中不存在氨基酸时，金属笼几乎不发出荧光，但当含有巯基的氨基酸（半胱氨酸或谷胱甘肽）时，它会发出强烈的荧光[41]。类似的对小分子的检测还见于含有 TPE 的有机 Pt(Ⅱ)2D 金属环，该金属环可用于检测硝基芳烃的存在[68]。

无AIE活性　　　　AIE活性　　　　TICT活性　　　　光致变色(PC)受体d2
受体a1　　　　　受体a2　　　　　供体d1

(a)

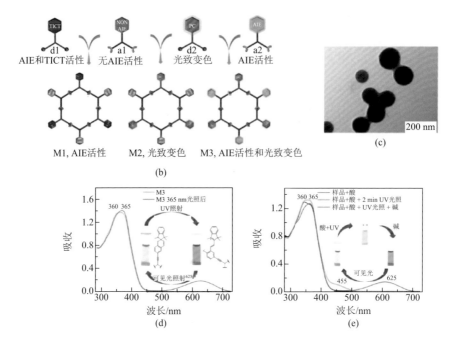

图 4-22　含 Pt(II)的 **TPE** 配位结构基元分子的结构式（a）及其形成六边形超分子结构的示意图（b）；（c）六边形超分子结构 **M3** 进一步自组装的透射电子显微镜结构；（d）、（e）含 **M3** 囊泡结构的溶液在紫外光/可见光及酸碱的作用下实现颜色的可逆循环转变[67]

4.2.3　配位连接的 AIE 大环积木

利用金属离子的配位作用不仅可以形成二维平面多边形，还可以得到各种多面体，这些由配位键形成的含有 AIE 分子的立体结构被称为 AIE 大环积木。类似于乐高积木，使用最基本的积木砖块凭借想象力即可通过拼接得到完全不同的作品。配位作用的定向性质使我们能够通过巧妙的配体设计，获得期待的配位超分子拓扑结构。

除通过巧妙的配位多面体设计，金属有机框架材料（MOFs）因具有高孔隙率、低密度、大比表面积、孔道规则、孔径可调及拓扑结构多样性、可裁剪性等优点目前受到越来越多的重视。简单来讲，金属有机框架化合物是指过渡金属离子与有机配体通过自组装形成的具有周期性网络结构的晶体多孔材料。将 AIE 分子通过配位键固定在 MOFs 中，利用 MOFs 的刚性结构同样可以促进其荧光发射，这是设计 AIE 分子聚集以外诱导其发光的另一种重要方式。

在本小节中，将首先介绍由配位键形成 AIE 多面体，并对含有 AIE 的 MOFs 结构进行举例介绍，在所有的实例中主要使用 TPE 作为 AIE 基团。

1. 金属离子配位键连接形成 AIE 多面体

立体结构的 AIE 配合物可以通过 TPE 分子与 Pt(Ⅱ)直接形成[69]，如图 4-23 所示。配合物的荧光强度与 TPE 分子受限程度有关。当四个苯环均被配位键限制时，**1** 的荧光强度高于仅有两个苯环被限制的 **2** 的情况。

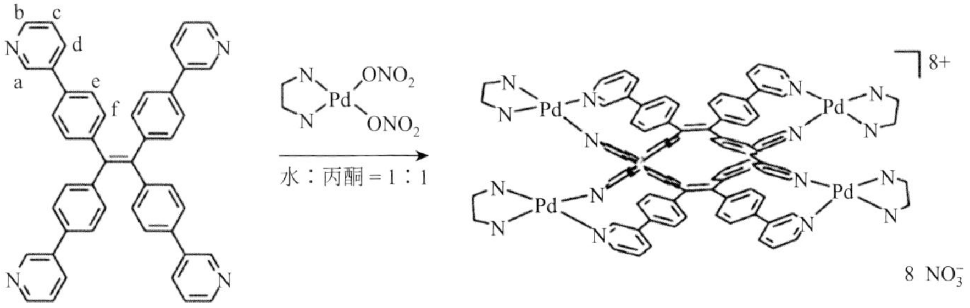

图 4-23　由 TPE 和 Pt(Ⅱ)直接配位形成的 AIE 立体结构 **1** 和 **2** 的分子结构式[69]

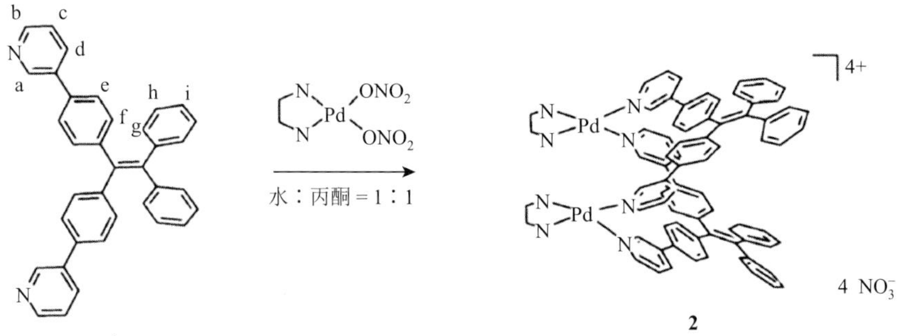

实际上，以上简单的立体结构并不多见。更常见的金属离子配位多面体是由六个面组成的立方体或四棱柱，通常的设计方案是由两个 TPE 分子构成相对的两个面，用其他的分子作为四个支撑的立柱。在这方面，Stang 等设计了一系列不同功能和特性的金属受体和有机配体[41, 70, 71]。例如，以金属受体 **3** 作为四棱柱的一个面，以不同的有机供体 **4** 或 **5** 作为立柱，用含 Pt(Ⅱ)配合物 **6** 进行连接可以得到如图 4-24 所示金属笼 **1** 和 **2**。研究发现，溶剂的极性对金属笼的聚集和电子状态有很大影响，进而导致不同的发射颜色。配位作用增加了金属笼中的 MLCT 过程，进而使得 AIE 部分显示出构象依赖性发射，在 CIE 坐标中体现为较大范围的移动。这两种效应的结合使得金属笼的发射对溶剂环境非常敏感，可以用于常用溶剂的区分鉴别。例如，发射颜色可以受到结构相似的酯化合物的影响。酯类结构的微小变化可能会在可见光区域引发显著的波长移动。

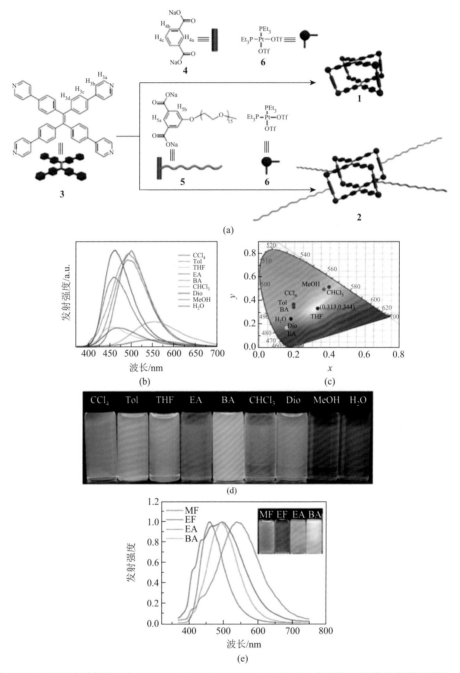

(a)

(b)

(c)

(d)

(e)

图 4-24 （a）四方棱柱体 1（3 + 4 + 6）和 2（3 + 5 + 6）的合成；金属笼 2 的荧光发射光谱（b）、
CIE 色度坐标（c）、在不同溶剂中的宏观照片（d），Tol 表示甲苯，THF 表示四氢呋喃，EA
表示乙酸乙酯，BA 表示乙酸丁酯，Dio 表示二氧六环；（e）2 在不同酯溶剂中的归一化荧光
发射光谱和宏观照片，MF 表示甲酸甲酯，EF 表示甲酸乙酯[71]

金属笼 **2** 与 **1** 的差异主要在 **2** 的四棱柱四根立柱上连接了 PEG 链，这对其在混合溶剂中的自组装变形带来影响。具体表现为，随着水含量的增加，金属笼 **1** 自组装成不规则纳米粒子、规则纳米球和网状聚集体。然而，金属笼 **2** 形成的聚集体的形貌仅从不规则的纳米粒子转变为规则的纳米球[71]。

同样是含有 TPE 分子的四棱柱结构，刘天波等[72]实现了通过调节分子间距离调节发光颜色的目的。具体来讲，当四棱柱金属笼以分散状态存在，主要发出黄色荧光，当四棱柱之间彼此聚集，形成状如蓝莓的结构，荧光颜色转变为绿色，且随着聚集体增大蓝移；最后当四棱柱形成沉淀后，荧光颜色变为蓝色。荧光颜色改变的物理化学本质归因于四棱柱之间的距离不同，对 TPE 分子振动的抑制程度不同。当非辐射能量耗散减少时，发光波长向短波移动。

这种含 Pt(Ⅱ)的四棱柱金属笼在生物医学领域也具有重要的应用。Stang 等[73]将金属笼用两亲分子 mPEG-DSPE 和 biotin-PEG-DSPE 包裹得到具有荧光的纳米粒子。由于 biotin（生物素）对癌细胞具有良好的靶向能力，该含有 Pt(Ⅱ)配合物的纳米粒子具有抗癌功能。

除以上相对固定的四棱柱金属笼结构，Stang 等又设计了完全由 TPE 基团围成的拓扑结构，如图 4-25 所示。实验中发现当金属笼的对阴离子不同时，摩尔吸收系数(ε)、荧光发射强度和量子产率(QY)具有一定差异，按 $PF_6^- > OTf^- > NO_3^-$ 的顺序逐渐降低。所有的金属环和金属笼均可以在 CH_2Cl_2/正己烷中形成完整的球形纳米聚集体。反离子主要通过影响金属环或金属笼的溶解度，对这些金属配位超分子的光物理性质产生影响[74]。

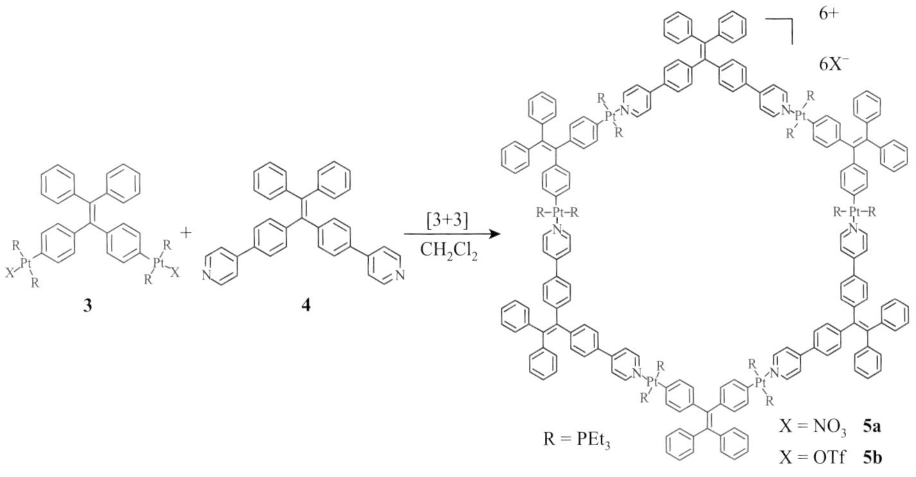

(a)

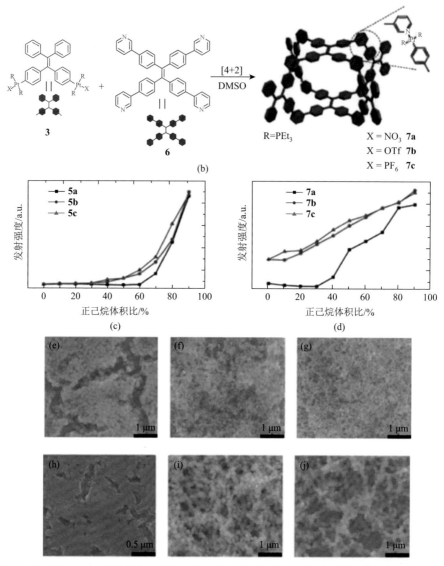

图 4-25　金属环 5（a）和金属笼 7（b）的合成；5（c）和 7（d）在不同反离子存在情况下的发射强度与正己烷分数的关系；5a（e）、5b（f）、5c（g）、7a（h）、7b（i）和 7c（j）在 CH_2Cl_2/正己烷（90%正己烷）中的扫描电子显微镜图像[74]

Zhao 等[75]以三核锆的无机配合物作为顶点，以羧基取代的 TPE 分子作为多边形臂，得到了与以上结构不同的六面体（图 4-26）。这种六面体笼具有很好的pH 稳定性，荧光强度随着黏度升高和温度降低而增强。由于 TPE 基团位于六面体外，其苯环能够自由运动。当此笼浸泡在不同结构的挥发性有机化合物中时，苯环振动的受限程度不同，荧光强度呈现规律性变化。

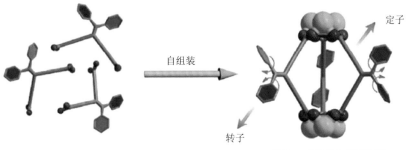

图 4-26　六面体三核锆配合物顶点、含有 TPE 的棱柱的分子结构式及其自组装模式图[75]

金属笼的结构并非一成不变，也可以在加入其他配体后发生变化。颜徐洲等[76]实现了三棱柱型金属笼向四棱柱型金属笼的转变（图 4-27）。由于在两个金属笼中 TPE 所处环境不同，荧光强度存在显著差异。这种具有荧光的金属笼可以用于配位自组装形成和结构转变过程和速度的研究。

模拟绿色荧光蛋白桶状蛋白对荧光基团的包裹和疏水环境促进荧光发光的原理，Stang 等[77]又尝试了更为复杂的金属笼结构，即由 12 个 TPE 与 Pt(Ⅱ)或 Pd(Ⅱ)配位形成球形金属笼。实验中发现由于 TPE 分子在球形结构内的限制束缚作用更强，荧光强度远高于在球外的 TPE。这为绿色荧光蛋白的非生物模拟与类似物合成提供了启迪。

2. 含有 AIE 分子的 MOFs

MOFs 化合物的发展时间较长，借助其独特的刚性结构，目前在 AIE 分子荧光增强和自组装中的应用越来越多[78]。与传统的分子聚集诱导荧光发射不同，在 MOFs 结构中的 AIE 分子之间并不会紧密堆积，通过配位键限制分子振动减少能量耗散是其荧光增强的主要原因（图 4-28），这种方法也被称作 MCIE[79, 80]。

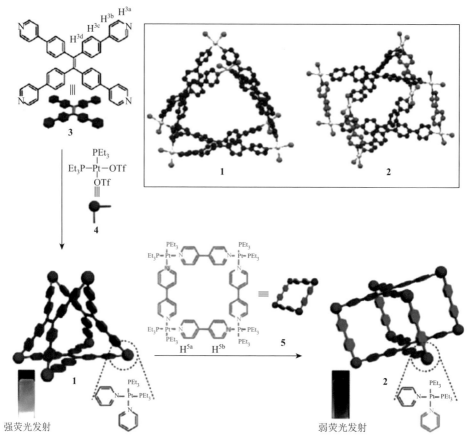

图 4-27　三棱柱金属笼的形成和向四棱柱结构转变的模式图[76]

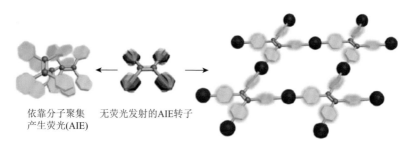

依靠分子聚集产生荧光(AIE)　无荧光发射的AIE转子

通过配位结构的刚性框架获得荧光(MCIE)

图 4-28　经典 AIE 与 MOFs 中的 MCIE 原理对比[79]

　　关于含有 AIE 基团的 MOFs 材料在这里仅作简单介绍和举例,更多关于基本原理、合成方法与特征内容请参考相关文献和专著。

　　含有 AIE 基团的 MOFs 材料通常以 TPE 作为荧光发射基团,羧基作为配位位点，Zn^{2+}是最常使用的配位金属离子。例如，Li 等[81]用含有四个羧基的 H_4tcbpe 与 Zn^{2+}配位形成具有黄色荧光的发光金属有机框架（LMOF）化合物，涂抹在蓝光 LED 表面可以得到白光发射材料。

除 Zn^{2+}外，其他金属离子也能够有效形成 MOFs 结构。王博等[82]利用含有两个羧基的 TABD-COOH 与 Mg^{2+}、Ni^{2+}和 Co^{2+}配位形成对应的 TABD-MOF-1、TABD-MOF-2 和 TABD-MOF-3（图 4-29），对于五元杂环化合物具有很好的检测效果。

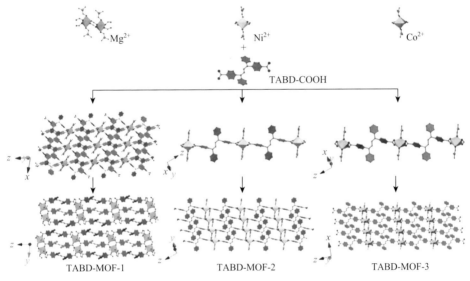

图 4-29　**TABD-COOH 与金属离子形成相应 MOFs 结构的示意图**[82]

相比于直接与单独的金属离子配位，在 MOFs 材料中以金属原子簇作为配位中心更为常见。Dincă 等[83]以桨轮型的 $Zn_2(O_2C)_4$作为配位中心，与 $TDPEPE^{8-}$形成 MOFs 结构，能够有效限制 TPE 的振动（图 4-30），荧光强度显著增强。类似地，该研究者又发现利用同样的配位中心，Zn_2(TCPE)可以在 100℃条件下对氨气进行检测，这种 MOFs 材料即使在很高的温度下仍能保持较强的荧光发射[84]。Zhao 等[85]则以 Zn_4O 为二级结构单元（SBU），与 TPE 共同构成 NUS-1a，可以在挥发性有机化合物的作用下点亮荧光。

含 Zr(Ⅳ)金属原子簇参与的 MOFs 结构更加丰富。王晓军等[86]用含有 TPE 的 H_2-etpdc 与 H_2-mtpdc、$ZrCl_4$形成了 MOFs 化合物 UiO-68-mtpdc/etpdc（图 4-31）。通过苯酚与咪唑之间的氢键，可以实现对特定芳香硝基化合物的检测，在可见光诱导的交叉脱氢偶联反应的催化中扮演重要角色。类似的研究还有 Zhou 等[87]利用含有 TPE 的 H_4ETTC 与 Zr_6原子簇形成的 PCN-94。

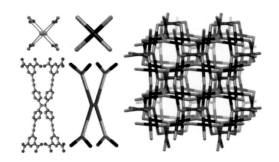

图 4-30 H₈TDPEPE 与 Zn₂(O₂C)₄ 形成的 MOFs 结构[83]

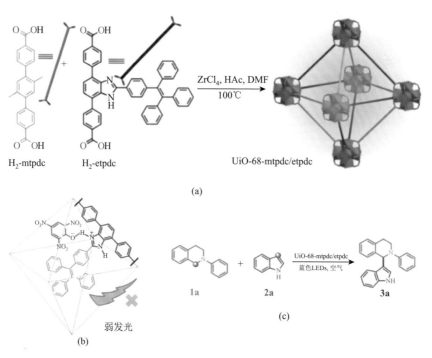

图 4-31 （a）UiO-68-mtpdc/etpdc 形成的模式图；（b）UiO-68-mtpdc/etpdc 在芳香硝基化合物检测中的应用；（c）UiO-68-mtpdc/etpdc 应用于交叉脱氢偶联反应的实例[86]

3. 小结

本小节介绍了金属配位形成的多面体和 MOFs 材料，在多面体中以四棱柱为主要立体结构，其他类型的多面体材料相对少见。多面体的配位金属以 Pt(Ⅱ)为主。在形成大环积木时，均使用了 TPE 作为荧光基团，在 AIE 分子的选择上比较局限，主要在生物成像和癌症治疗中具有较多应用。对于金属配位形成的 MOFs 材料，多用于挥发性有机化合物（VOCs）分子的检测。

在未来的研究中，其他简单的多面体结构及组合多面体结构均可以作为考虑的重点，四苯基/五苯基噻咯也可以用于形成多面体面，线型 AIE 分子如氰基二苯乙烯和 DSA 也可以考虑应用于棱柱结构的柱状部分。总之，金属配位大环积木的研究具有重要意义，它为自下而上构建有序结构提供了可能。

4.2.4 金属配位拓扑结构的高级组装

孤立的二维配位多边形和三维金属笼可以在其他分子间作用力的基础上实现进一步自组装。主客作用、氢键和疏水作用是常见的选择。多级自组装的逐级逐步组装特点，使得较高层级组装结构的破坏与重建对较低层级没有影响，这类材料往往可以具有稳定的刺激响应性，多次循环结构单元仍能够完整存在。本小节将以进一步自组装的作用力为分类依据，对金属配位拓扑结构的高级组装进行介绍。

1. 静电作用下的进一步自组装

配位作用形成的 AIE 大环结构通常带有正电荷，如果加入负电荷的分子将有利于这些大环结构互相靠近彼此组合形成更为复杂的结构，因此静电作用是实现金属配位拓扑结构进一步自组装的最直接方式。以此为设计思路，杨海波等[88]合成了一种含有 TPE 的带正电荷的有机 Pt(Ⅱ)金属环。添加带负电荷的肝素后，通过静电作用驱动可以形成类似"珍珠项链"的聚集体结构（图 4-32）。利用荧光增强特性，这种聚集体可以作为肝素检测的"点亮"探针。

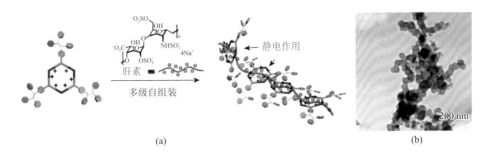

（a） （b）

图 4-32 （a）静电作用主导的多级自组装示意图；（b）多级自组装珍珠项链微观结构透射电子显微镜图[88]

Stang 等[89]则直接利用带有负电荷的棒状烟草花叶病毒（TMV）作为进一步自组装的工具。在这里，带正电荷的有机 Pt(Ⅱ)金属环 TPE-Pt-MC 可以将 TMV 聚集在一起形成具有荧光的棒状簇。加入四丁基溴化铵可以使聚集体结构解体。

2. 主客作用下的进一步自组装

当金属配位拓扑结构中包含主体或客体分子，在配位结构形成后再加入对应的客体或者主体分子即可实现主客作用诱导的进一步自组装，在这种方法中配位作用和主客作用互相不干扰。

杨海波等[90]设计了同时含有 AIE 活性的 TPE 基团，杯芳烃客体识别分子氰基和 Pt 配位位点的吡啶基团的化合物 G1 与含 Pt(Ⅱ)化合物 A，两者通过 2∶2 配位结合形成含有四个氰基的菱形金属环状物 G2，加入主体分子杯[5]芳烃后，G2 可以进一步自组装形成交联超分子网络[图 4-33（a）]。通过加入主客体竞争剂己二腈或者与 Pt(Ⅱ)结合能力更强的四丁基溴化铵，该超分子网状结构将被破坏。

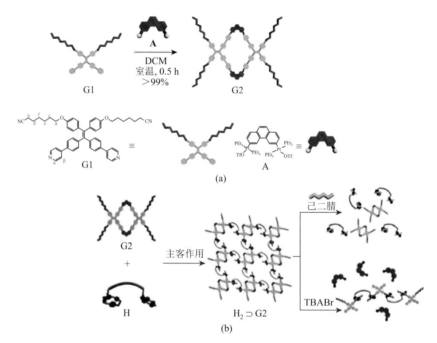

(a)

(b)

图 4-33 （a）含 Pt(Ⅱ)的 AIE 超分子结构模块分子结构式及其模式图；（b）H₂ 与 G2 构成网状结构的示意图及其被竞争剂破坏的原理

类似地，杨海波等[91]又将主体分子柱[5]芳烃直接与含有 TPE 基团和 Pt(Ⅱ)的菱形及六边形配位结构结合在一起，当再次加入含有氰基的客体分子时，同样可以形成交联网络结构。该结构对己二腈和 TBABr 具有竞争响应性。

除杯芳烃外，冠醚同样对金属离子，胺等小分子具有很强的选择配位能力。将冠醚设计在金属笼骨架中，也可以形成交联网络。图 4-34 就是这种类型的一个典型实例。研究者利用顺式[Pt(PEt)₂(OTf)₂]、四苯基乙烯基苯甲酸钠和线型联吡啶配体制备了一个在其棱柱结构部分附加了四个 21-冠-7（21C7）的四方棱柱笼。进一步添加双取代胺作为连接剂，可以使笼交联成网络。在凝胶化过程中，荧光强度迅速增加。冠醚主客作用形成的交联网络不仅赋予金属笼荧光的温度响应性，同时也增强了凝胶的自愈合能力[70]。

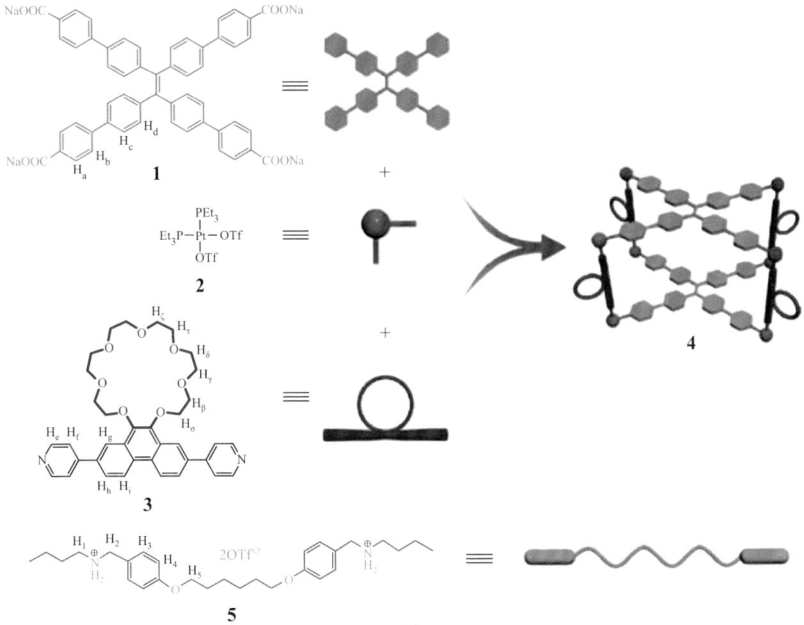

(a)

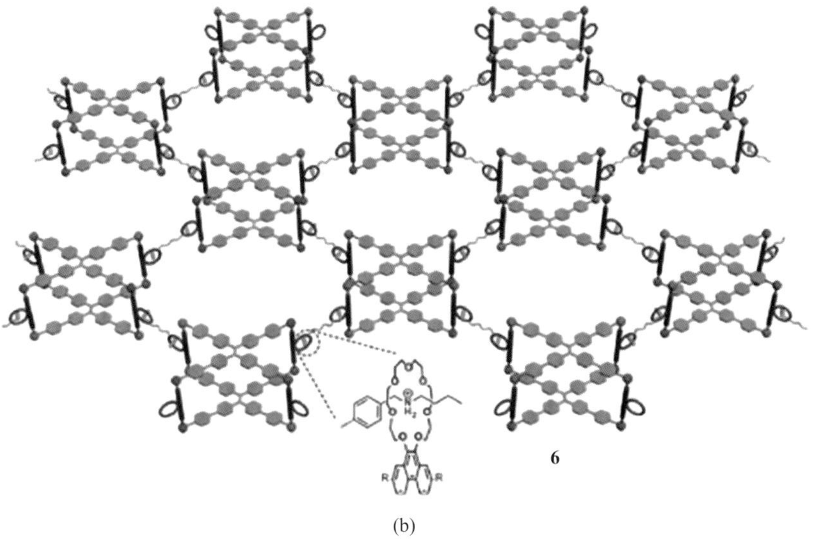

(b)

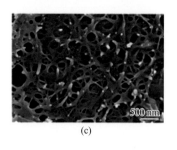
(c)

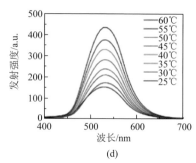
(d)

图 4-34 （a）立柱含有 21C7 的金属配位超分子化合物 4 的形成模式图；（b）由金属配位超分子化合物 4 和双铵盐 5 形成交联网状结构 6；（c）凝胶的扫描电子显微镜图像；（d）凝胶的温度依赖荧光光谱[70]

以上主客作用仅涉及金属配位多边形和金属笼的进一步自组装，更多依赖主客作用形成的 AIE 自组装分子设计请参考 4.3 节。

3. 将金属配位 AIE 分子与两亲高分子结合

金属笼的高级自组装不仅可以由巧妙设计的小分子实现，利用含有 AIE 基团的两亲高分子也是一个不错的选择。Stang 等[92]合成了一种四臂两亲共聚物，Pt-PAZMB-*b*-POEGMA，其中 TPE 衍生物作为荧光基团，phenPt 是一种抗癌药物（图 4-35）。在不同的实验条件下，该共聚物可以自组装成纳米粒子或囊泡来包裹抗癌药物。这种设计与前两部分中提到的方法最大的不同在于，由于两亲分子直接与配位模块连接，基于 AIE 的大环多级自组装可以同时连续进行。

Pt-PAZMB-*b*-POEGMA

(a)

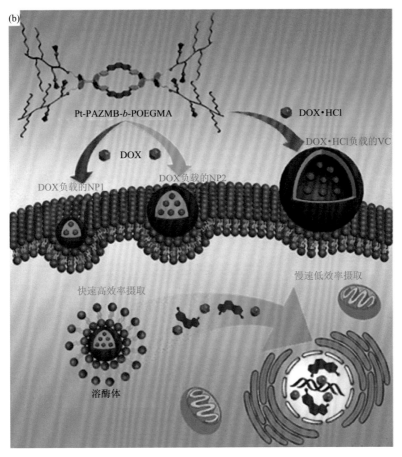

图 4-35　（a）Pt-PAZMB-*b*-POEGMA 嵌段共聚物的结构；（b）聚合物多级自组装成囊泡用于药物运输[92]

4.3　基于主客作用的 AIE 超分子

　　两个或多个分子或离子之间以一定结构结合在一起，一种分子包含在另一种分子结构之中的非共价相互作用被称为主客作用。其中能够包含其他分子或者结构的为主体，被包含的是客体。主客作用的驱动力通常是氢键、π-π 相互作用、静电作用和疏水作用。

　　常使用的主体材料主要为一些大环化合物，如环糊精、冠醚、杯芳烃、柱芳烃、葫芦脲等。每一类别又可根据形成环所需的小分子单元数目不同分为多个不同亚型。能够与溶剂直接接触的部分称为主体分子的外壁，小分子被包含在主体分子的内腔之中。

根据每一种主体分子的特点，不同的客体分子能够选择性与之形成结合常数不同的复合物。环糊精具有疏水内腔和亲水外壁，可以在水溶液中与疏水小分子形成复合物。冠醚对尺寸合适的无机阳离子及有机阳离子均具有很大的结合常数。杯芳烃的疏水内腔同样能够结合疏水小分子或离子。柱芳烃能够选择性结合带有阳离子或者中性的小分子。葫芦脲与柱芳烃的选择性类似。与每一种主体分子相匹配的典型的客体分子参见表 4-1。一般，随着构成主体分子的小分子单元数目增加，主体分子能够容纳的客体分子的大小和数量也随之增加，与客体分子的最佳结合比及结合常数相应发生变化。

表 4-1　不同主体分子的结构式和典型客体分子选择[93]

主体分子名称	主体分子结构	典型的客体分子
β-环糊精	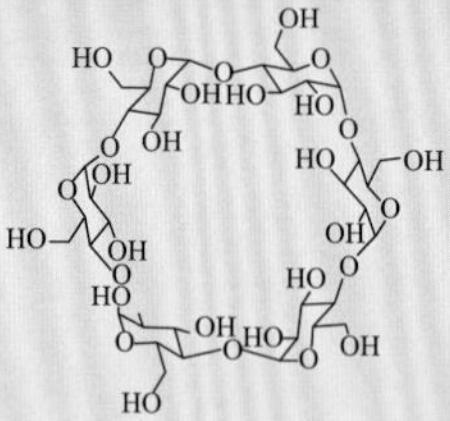	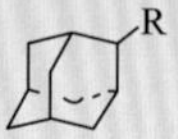 金刚烷 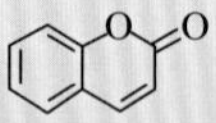 香豆素
葫芦[8]脲	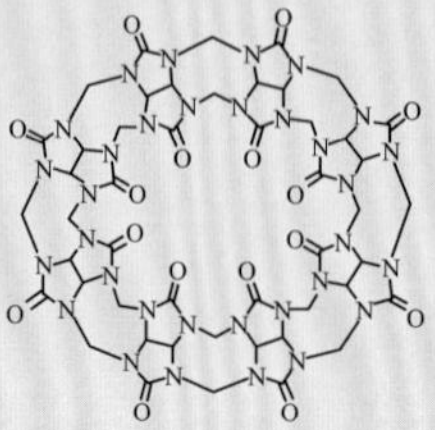	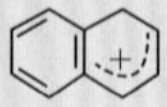 带电荷的萘 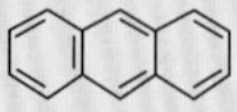 烷烃
冠醚	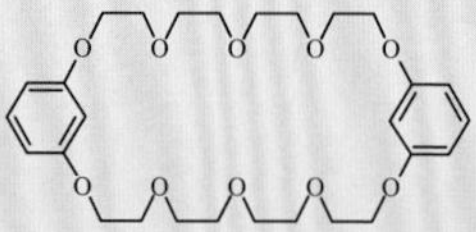	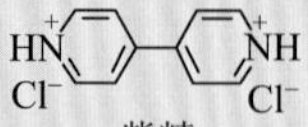 紫精 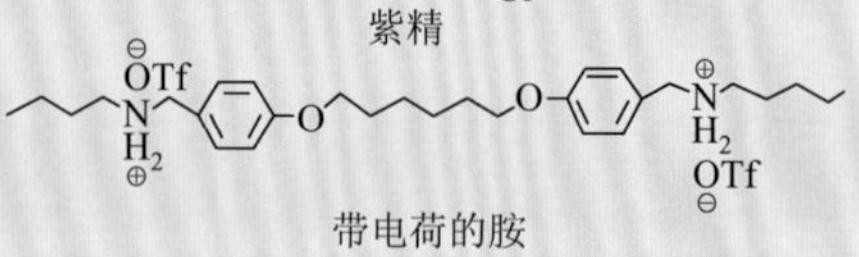 带电荷的胺 带电荷的烷烃
杯芳烃	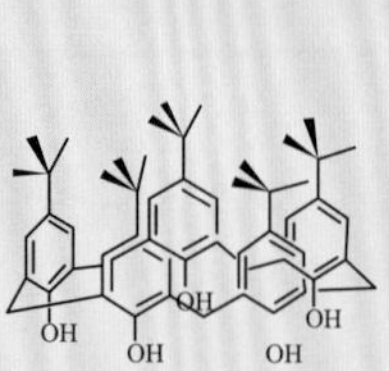	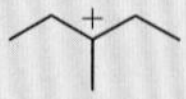 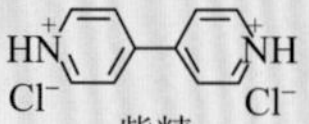 紫精 带电荷的咪唑
柱芳烃	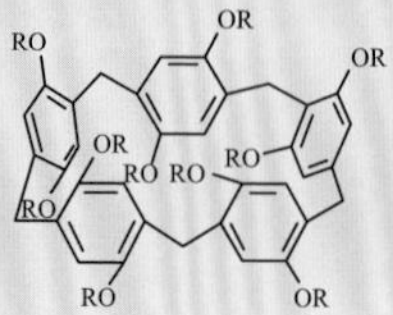	  DABCO

主客体复合物的形成与解离具有一定的可逆性，具有刺激响应性。因此，基于主客作用的超分子自组装体系在温度、pH、光照、氧化还原、浓度、特定离子或小分子等刺激响应性材料的制备中有广阔的应用。

当大环化合物与连接有 AIE 基团的客体分子通过主客作用自组装时，能够有效限制 AIE 分子的振动。不同的大环化合物之间又通过氢键、π-π 堆积或其他作用相结合，形成多级自组装结构，进一步增强了对分子振动的限制，得到具有很高发光效率的组装结构。具有荧光性质的主客体复合物为其在生物成像，药物追踪，小分子、离子的检测提供了可能。

基于以上的特点和设计思路，基于主客作用的 AIE 型超分子材料设计和研究一直是 AIE 自组装领域的热点，最近相关的研究结果较多，本节将以主体分子的选择为分类依据，分别介绍不同主体分子自身特性，以及基于此特性的主客体超分子自组装设计思路与组装体结构。

4.3.1 环糊精主客体系的 AIE 超分子

环糊精最早发现于 1891 年，是直链淀粉在由芽孢杆菌产生的环糊精葡萄糖基转移酶作用下生成的一系列环状低聚糖的总称，通常含有 6～12 个 D-吡喃葡萄糖单元，各葡萄糖单元以 1,4-糖苷键连接。环糊精结构呈锥形圆筒状，外部亲水，内腔疏水。根据含有的葡萄糖单元的数目不同，依次被命名为 α-环糊精、β-环糊精、γ-环糊精、δ-环糊精等。前三种环糊精最常使用，关于 α-环糊精、β-环糊精和 γ-环糊精的物理化学性质可以参考表 4-2[94]。

表 4-2 α-环糊精、β-环糊精和 γ-环糊精的物理化学性质[94]

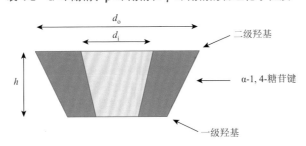

性质	α-环糊精	β-环糊精	γ-环糊精
无水化合物分子量	973	1135	1297
吡喃葡萄糖苷数量	6	7	8

性质		α-环糊精	β-环糊精	γ-环糊精
环糊精稳定水合物晶格中水分子数量	总数	6.4	9.6	14.2
	空穴内数量	2	6	8.8
大致尺寸/nm	高度（h）	0.78	0.78	0.78
	内直径（d_i）	0.50	0.62	0.80
	外直径（d_o）	1.46	1.54	1.75
25℃水中溶解性/（mg/mL）		129.5±0.7	18.4±0.2	249.2±0.2
$K_{1:1}$（总平均数±标准差，25℃）		130±8	490±8	350±9

环糊精是一种经典主客体分子，其疏水空腔常用来包裹烷基链、苯环和其他大小合适的有机分子。近年来利用环糊精主客作用进行进一步自组装的超分子研究受到了广泛的重视[95]。在自组装中常使用溶解度较小的 β-环糊精。由于 α-环糊精和 γ-环糊精溶解度较大，在溶液中常以单体形式存在，不利于自组装。本小节将以构成环糊精的葡萄糖单元数目为分类依据，首先介绍使用最多的 β-环糊精，之后分别介绍 α-环糊精和 γ-环糊精在 AIE 分子自组装中的应用。

1. β-环糊精参与 AIE 分子自组装

β-环糊精（β-CD）对金刚烷有很好的识别能力。危岩等借助这个特点设计了一系列能够自组装的分子。如图 4-36 所示的分子 TPE-Ad，TPE 基团通过酯键直接与金刚烷相连。TPE-Ad 可以与 β-CD 按照 1∶2 的比例结合，其中含有 β-CD 部分为亲水部分，TPE 核作为疏水部分，即形成具有两亲性的超分子[96]。在水溶液中 TPE-Ad/β-CD 自组装形成 173 nm 左右的荧光聚合物纳米粒子（LPNs），在 365 nm 紫外灯的激发下发出蓝绿色荧光，可以应用于细胞质成像。

当环糊精或客体分子被共价连接到高分子中，通过简单主客体识别即可形成超分子聚合物[97]。利用这种思路的 AIE 自组装还可参考危岩等[98-101]及刘育等[102]的研究工作。在这些研究中，AIE 分子直接与金刚烷胺连接，β-环糊精形成 A-A 型主体分子或连接在高分子链的侧链上。与之相对，刘育等[103]还巧妙地将 β-环糊精与 TPE 分子连接（TPECD），金刚烷胺位于透明质酸（HAAD）侧链，用反向设计思路构建 AIE 型主客体超分子自组装材料（图 4-37）。TPECD-HAAD 自组装形成 50 nm 的球形颗粒，可以靶向运载疏水药物 DOX，避免其副作用。

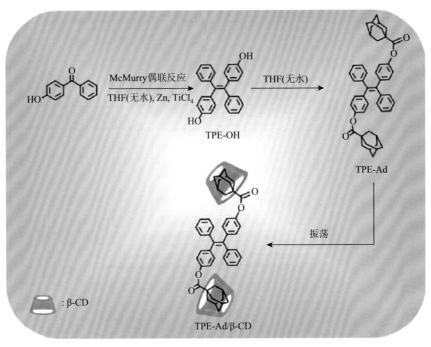

图 4-36 通过主客作用形成具有 AIE 活性 LPNs 的过程及 TPE-Ad 的合成途径[96]

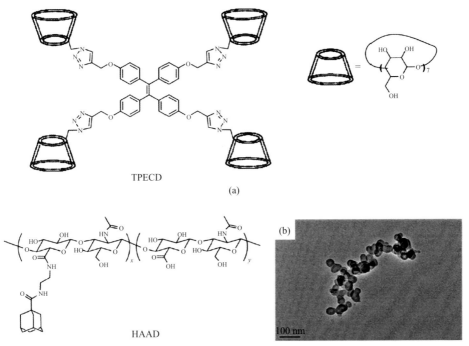

图 4-37 （a）TPECD 和 HAAD 的分子结构式；（b）自组装形成球形纳米颗粒的 TEM 结果[103]

环糊精亲水的外壁富含醇羟基，非常有利于分子间氢键的形成。当环糊精与客体形成复合物后，分子量明显增加，布朗运动减慢，更有利于氢键作用的增强，促进环糊精发生自组装[104-107]。利用这种特点，唐本忠等[108]发现当 TPE 直接与 β-环糊精连接（TPE-CD）时，环糊精之间的氢键可以促进其自组装形成纳米片，其中疏水性 TPE 层夹在两个亲水性环糊精层之间（图 4-38）。这种结构可用于检测有机污染物，这些污染物被收集并运输到 TPE 层，TPE 溶解度增加，荧光猝灭。

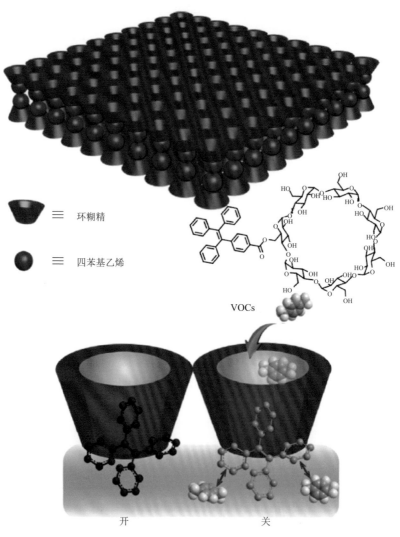

图 4-38　由 TPE-CD 形成的用于 VOCs 检测纳米片的示意图[108]

环糊精表面的醇羟基除能够提供氢键外，也是重要的反应位点。高辉等[109]利用硼酸可以和醇羟基发生螯合反应的特点进行了如下分子设计：将聚乙烯亚胺与精氨酸和 β-环糊精连接，获得聚阳离子 PEI-CD-Arg；以硼酸修饰 TPE，得到 TPEDB。硼酸与环糊精的醇羟基相互识别发生反应后形成 PEI-CD-Arg-TPEDB 复合物，利用其中精氨酸对带负电荷的细菌的黏附作用可以有效抑制细菌的繁殖。由于 TPE 在光照下能够高效率产生 ROS，可以进一步清除现有细菌，实现长效抑菌效果（图 4-39）。相关的研究也可参见唐本忠等[110]和危岩等[111]的分子设计。

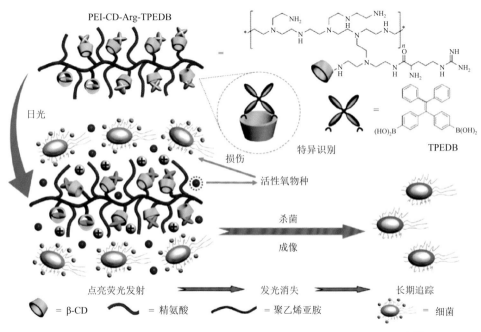

图 4-39　PEI-CD-Arg-TPEDB 的分子设计和除菌抑菌效果的原理图[109]

除直接使用 β-环糊精外，刘育等[112]选择磺酸化 β-环糊精（SCD）作为主体分子，与氰基二苯乙烯类 AIE 型客体分子 OPV-1 发生自组装，形成球形纳米粒子。掺杂疏水染料 NiR 后，能够发生有效的能量转移，该系统有望在人工光能捕获中得以利用。

2. α-环糊精参与 AIE 分子自组装

α-环糊精与 PEG 链形成轮烷是一个经典的主客体结构。Loh 等[113]设计了两臂被 PEG 修饰的 TPE 分子，当加入 α-环糊精时，PEG 链与之形成轮烷。这种质量大增的两臂对 TPE 基团的振动产生强烈的抑制，聚集体荧光进一步增强。除 PEG 外，α-环糊精还可以与长链烷烃发生主客作用。魏太保等[114]设计了含有长链烷烃的苯并咪唑基正离子客体分子 J2。加入 α-环糊精后在氢键和 π-π 相互作用共同促进下形成水凝胶。除常见的水凝胶热响应,甲基橙可以作为一种竞争客体分子。加入甲基橙后凝胶解体,荧光消失。加入其他的有机染料如亚甲基蓝和二甲酚橙同样会产生显著的荧光猝灭效应,因此该水凝胶可以作为有机染料探针使用。

3. γ-环糊精参与 AIE 分子自组装

由表 4-2 可知,γ-环糊精具有更大的内腔,可以实现更大尺寸分子的包裹。α-环糊精和 β-环糊精由于尺寸限制,只能通过与 AIE 分子侧链修饰基团相互作用,间接限制分子振动,促进荧光发射。与此不同,γ-环糊精可以直接容纳 AIE 分子。郑炎松等[115]在寡聚乙二醇修饰的 TPE 中加入 γ-环糊精实现了 TPE 分子聚集体荧光向单体荧光的转变(图 4-40)。在这里,TPE 分子作为 γ-环糊精的客体分子,两者之间发生 1:1 主客作用。由于每个 γ-环糊精空腔内结合一个 TPE 分子,TPE 表现出单体荧光,因此在荧光光谱中体现为短波段荧光增强(单体分子荧光)和长波段荧光减弱(AIE 荧光)。加入竞争客体分子胆酸后,聚集体的荧光可以逐渐恢复。类似 TPE 和 γ-环糊精主客作用还可参考 Zhu 等[116]合成的用于细胞成像的以 TPE 为末端的聚氨酯。

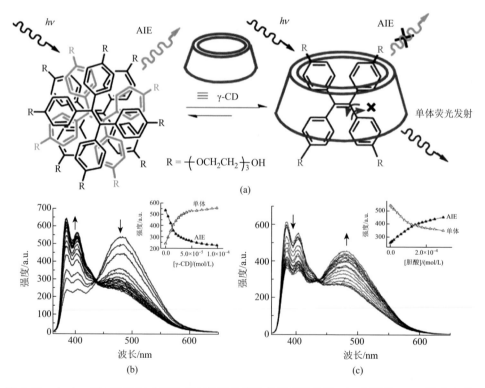

图 4-40 (a)γ-CD 与 TPE 主客作用与单体和聚集体发光的关系;(b)随着 γ-CD 浓度上升,单体荧光强度逐渐增强;(c)随着竞争客体胆酸浓度增加,AIE 荧光强度逐渐增强[115]

4. 小结

在本小节所涉及的基于环糊精主客作用的 AIE 分子自组装以 β-环糊精为主。其他环糊精的使用相对较少，且通常直接使用未经修饰的环糊精。通过主客作用形成两亲分子或高分子是实现自组装的主要途径。利用硼酸与环糊精外壁上的醇羟基发生反应的设计方式也有一定的报道，环糊精之间的氢键作用在 AIE 分子自组装中的重视程度仍显不足。目前基于环糊精主客作用的 AIE 型分子自组装主要应用于细胞成像和药物运载，范围比较局限，其他功能材料并不多见。总体来讲，环糊精在 AIE 分子自组装中的研究和使用仍处于比较初级阶段。

随着如羧基修饰环糊精、磺酸基修饰环糊精等多种亲水或者疏水基团修饰方法的成熟，如果可以将这类环糊精应用于 AIE 分子的自组装，将为环糊精参与的 AIE 分子自组装注入更多活力。

4.3.2　冠醚类主客体系的 AIE 超分子

冠醚是分子中含有多个乙醚结构单元的大环化合物。常见的代表有 18-冠-6（18C6）、21-冠-7（21C7）、二苯并-[24]-冠-8（DB24C8）、双(间亚苯基)-32-冠-10（BMP32C10）和双(对亚苯基)-34-冠-10（BPP34C10）。尺寸合适的无机阳离子及有机带电分子均可以作为冠醚的客体分子。

在冠醚参与的 AIE 分子自组装中，通常的设计方法是将客体分子或冠醚与 TPE 分子连接，加入特定的冠醚或对应的客体分子后通过主客作用自组装形成超分子网络。配位作用、静电作用等其他分子间作用力也往往参与其中。本小节将主要介绍在 AIE 分子自组装中使用最多的 DB24C8，对于其他类型的冠醚类 AIE 分子自组装也有所涉及。

在 AIE 分子上连接两个 DB24C8 与含有两个二苄基铵阳离子的 B-B 型客体分子可以形成简单的线型结构。尹寿春等[117]利用此方法合成了一种线型荧光传感器，利用 1, 2, 3-三唑分子对 Pd^{2+} 的配位作用，可以实现对金属离子的选择性检测（图 4-41）。

如果将客体分子修饰在功能分子上，则可以通过主客作用赋予超分子体系新的功能。例如，唐本忠等[118]将主体分子和客体分子分别修饰在不同的 TPE 基团上，通过酸碱性调节主客作用的强弱和 AIE 性质，发现随着进行酸/碱处理次数的增多，形成的凝胶的纤维逐渐变粗，荧光发光颜色逐渐蓝移。此外，何卫江等[119]利用带有 BODIPY 的二苄基胺 M2 与 DB24C8 修饰的 TPE 分子 M1 实现了 FRET，能量转换效率高达 93%。由于同时存在三唑和二苄基胺两个冠醚识别位点，pH 对 FRET 没有影响。

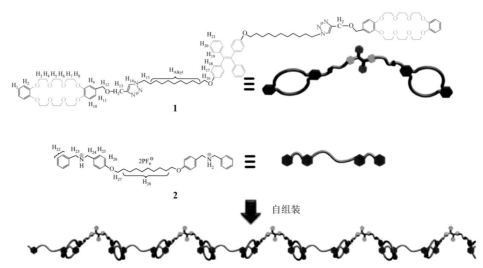

图 4-41 含有 DB24C8 的 TPE 分子 1 与含有二苄基铵阳离子的分子 2 的分子结构式与自组装
示意图[117]

冠醚参与的主客作用常与配位作用、氢键作用等其他分子间作用共同配合实现分子自组装。尹寿春等[120] 将 DB24C8 和三联吡啶与 TPE 基团连接（图 4-42），同时利用主客作用和金属离子的配位作用获得了交联超分子网络。该交联网络中同时存在仅在稀溶液中发光的具有 ACQ 效应的香豆素，以及只有聚集才能发光的具有 AIE 性质的 TPE 基团。通过二者荧光强度的比例可以灵活监控凝胶-溶液的转变及过程，实现对 pH、竞争客体分子大环多胺，以及凝胶破坏剂 TBACl 的灵敏检测。类似的设计方法还可见于该研究者更早发表的文章[121]。

除直接形成线型超分子和网络状超分子，以含有冠醚的轮烷作为超分子的单体，在外界刺激下，随着冠醚在轴上结合位置的改变往往会对组装能力和结构带来意想不到的结果。Chung 等[122] 将二苯并[24]-冠-8 一侧的苯环用叔丁基杯[4]芳烃或杯[4]芳烃取代，设计了以 TPE 为尾端的两种轮烷，当 pH 较低时，冠醚与 1, 2, 3-三唑结合，此时冠醚与 TPE 分子距离较近，分别命名为 R1 和 R2；当 pH 升高后，冠醚与远离 TPE 分子的尿素结合，分别得到 R1-b 和 R2-b（图 4-43）。在乙腈/水的混合溶剂中，R1 和 R2 可以形成实心的微米球，而 R1-b 和 R2-b 则形成空心微米球，只有当水的体积分数提高到 99%时才能转变为实心微米球。在自组装过程中，TPE 分子间的 C—H···π 作用、烷基链间的疏水作用和分子间氢键起到重要作用，同时可以发现冠醚在轮烷上的位置也对自组装的结构具有重要的影响。进一步研究表明，只有 R1 可以在甲醇溶剂中形成有机凝胶，R1 分子间先以尾-尾连接形式形成哑铃型二聚体，再在 C—H···π 作用和 π-π 相互作用的帮助下逐渐形成三维凝胶网络，在形成凝胶过程中杯[4]芳烃上的叔丁基间的疏水作用不可忽视。

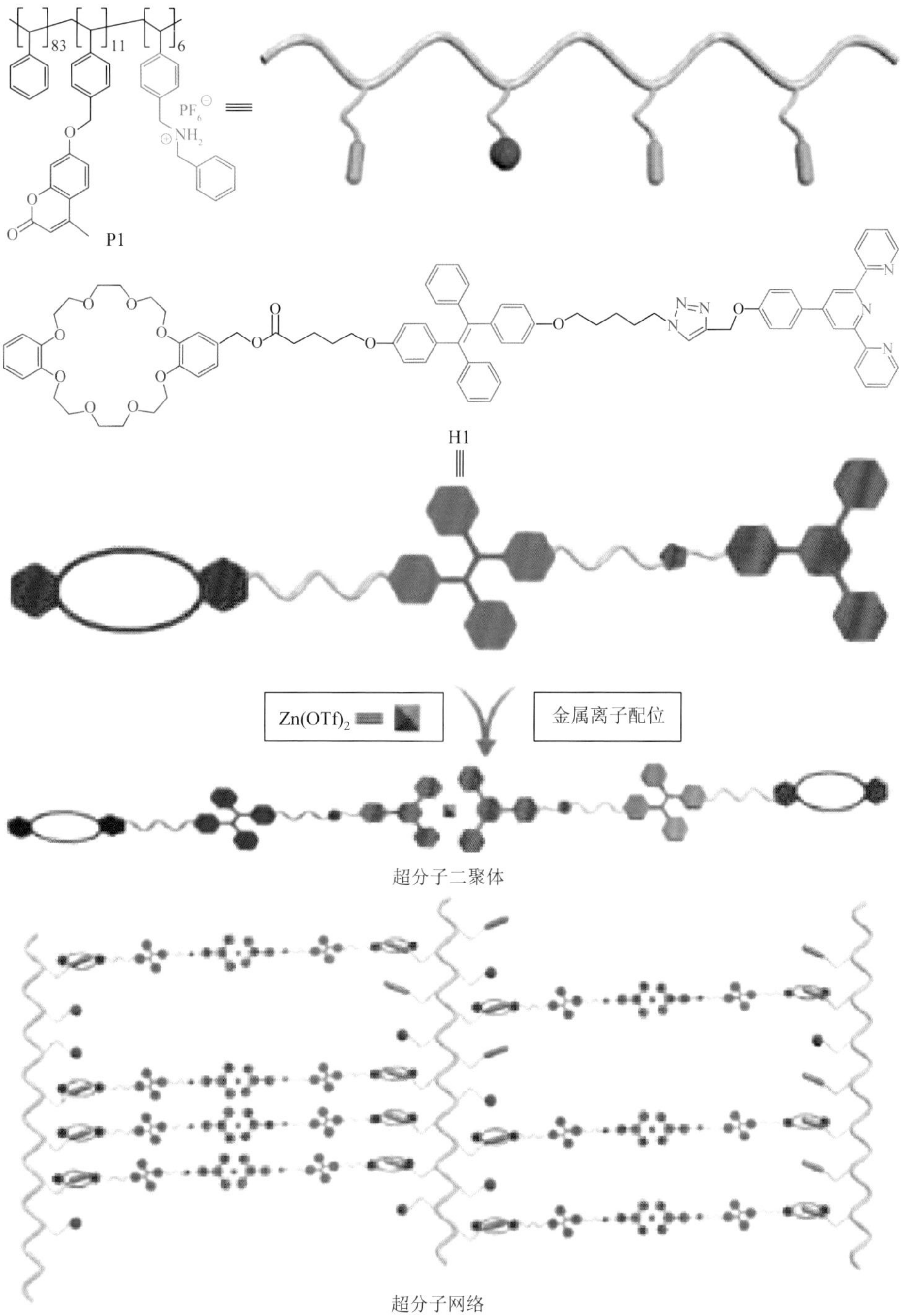

图 4-42 P1 和 H1 在主客作用和配位作用下形成超分子网络的示意图[120]

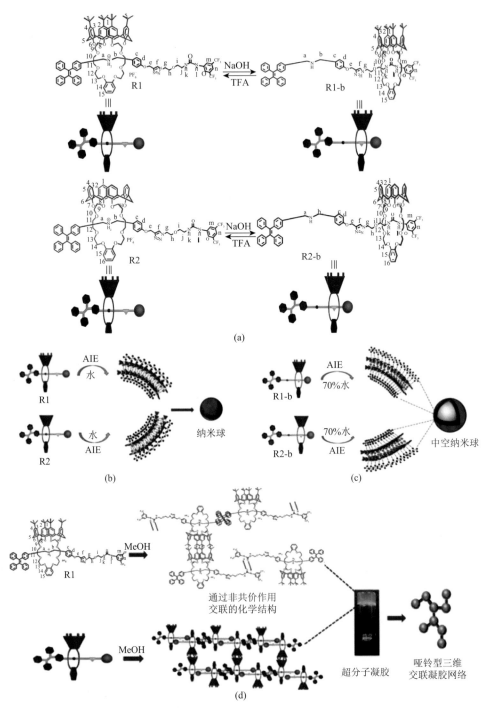

图 4-43 （a）轮烷的结构式和模式图；（b）R1 和 R2 形成实心微米球的示意图；（c）R1-b 和 R2-b 形成空心微米球的示意图；（d）R1 形成凝胶的示意图[122]

刘世勇等[123]选择了另一种冠醚（B15C5）作为主客作用的主体。B15C5 能够与 K+ 以 2∶1 的比例形成类似三明治的结构。将 B15C5 与 TPE 分子结合，在 K+ 的存在下，可以自组装形成二维超分子结构，发出蓝色荧光。

本小节以 DB24C8 类冠醚出发，依次介绍了含有冠醚的简单线型 AIE 超分子结构，同时含有主客作用和配位作用的复杂二维网络结构与凝胶，以及由特殊轮烷结构形成的聚集体，其中二苄基胺是其最主要的客体分子。DB24C8 对三唑、尿素等分子也具有较大的结合常数。冠醚是一类结构非常丰富的大环化合物，然而就目前在 AIE 自组装中的应用来说，使用仍然较少，在今后的分子设计中可以更多考虑冠醚参与的主客作用在自组装中的应用。

4.3.3　杯芳烃及其类似物主客体系的 AIE 超分子

由亚甲基桥连苯酚单元所构成的大环化合物因形似酒杯，被称作杯芳烃。杯芳烃的合成很早就已完成（1942 年，Zinke），属于继冠醚和环糊精之后的第三代主体化合物。杯芳烃的内腔直径大小可调节，相比于其他大环化合物更容易进行化学修饰，特别是对其进行亲水分子的修饰，可以得到多种两亲性的杯芳烃衍生物，在自组装中具有重要的应用[124]。杯芳烃具有疏水的内腔，通常与带正电荷的小分子具有较大的结合常数。

由于未修饰的杯芳烃的溶解度有限，直接用于主客体复合物自组装的实例很少，通常会对杯芳烃进行羧基、磺酸基及烷基链段的修饰，以提高其两亲性。本小节将介绍修饰的杯芳烃在 AIE 自组装中的应用。

丁丹等[125]以羧基改性杯[5]芳烃十五烷基醚（CC5A-12C）作为主体分子，以 D-π-A 型 AIE 分子中的受体吡啶盐为客体分子，借助 4-(十二烷氧基)苯甲酰胺封端的甲氧基聚乙二醇（PEG-12C）共组装得到一系列核-壳结构的荧光组装体（图 4-44）。由于杯芳烃对热弛豫及系间交叉的有效抑制，这些球形组装体具有极高的量子产率，其中 **1** 的量子产率高达 72%，在红色荧光材料中具有明显优势。这类荧光纳米粒子不会产生 ROS 效应，在荧光定位和手术引导中非常安全。

除直接使用单独的杯芳烃参与主客体组装，将杯芳烃较小的一端开口与另一个杯芳烃连接组成双杯芳烃也是主客体组装常用的构建单元，由于可以同时与多个客体分子结合，将更有利于线型或者网状主客体组装超分子的形成。田禾等[126]设计了双磺酸杯[4]芳烃（BSC4）和每个苯环均被吡啶修饰的 TPPE。研究发现 TPPE 能够与 BSC4 以 2∶1 的比例形成超分子网络，其中每一个杯芳烃空腔内结合 4 个带正电荷吡啶分子。该聚集体具有明显的 pH 响应性：在酸性和中性条件下可以发射强烈的黄色荧光，当 pH 升高后吡啶不再发生质子化，与杯芳烃的结合常数下降，TPPE 与 BSC4 分离，在水溶液中疏水的 TPPE 将自发聚集发出绿色荧光，

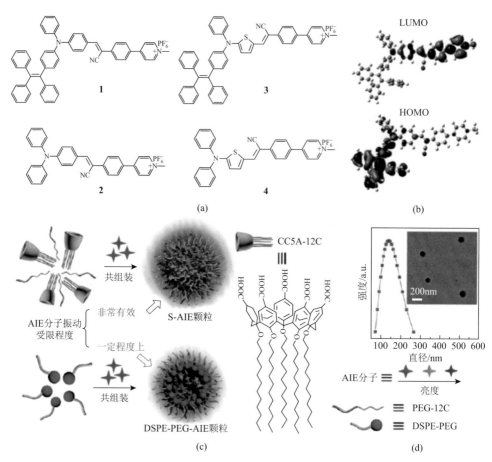

图 4-44 （a）D-π-A 型 AIE 分子的结构式；（b）分子 1 的前线轨道电子分布；（c）、（d）AIE 分子与杯芳烃 CC5A-12C、PEG-12C 共组装示意图及 DLS、TEM 结果[125]

在 THF∶H₂O = 1∶1 的环境下 TPPE 具有较好的溶剂性，以单分子状态分散，荧光完全消失（图 4-45）。

将构成杯芳烃的苯酚换作吡咯形成的大环化合物被称作杯吡咯，同样可以选择性地发生主客作用。杯吡咯类分子的命名者 Sessler 等[127]使用水溶性杯[4]吡咯（WC4P）和带正电荷的吡啶 N-氧化物衍生物修饰的 TPE 成功构建荧光分子自组装结构（图 4-46）。其中杯[4]吡咯可以选择性地与 TPE 带正电荷的末端发生主客作用，以 2∶1 的比例结合得到类似 bola 型两亲分子的复合物。随着 pH 的不同，该复合物可以进一步自组装形成多层囊泡或胶束结构。因 TPE 分子两侧的吡啶 N-氧化物均与杯吡咯结合，限制了苯环的自由转动，组装得到的囊泡表现出强烈的荧光发射。这种组装体可以用于识别、封装和释放非荧光发射的水溶性小分子。

图 4-45 TPPE 与 BSC4 的分子结构式，主客作用及其对 pH 的响应性[126]

黄色荧光
状态A
状态开启

超分子相互作用 +H+

限制分子内振动

+H+ +OH−

在水及水：THF = 1：1环境中

绿色荧光
状态B

聚集

无荧光
状态关闭

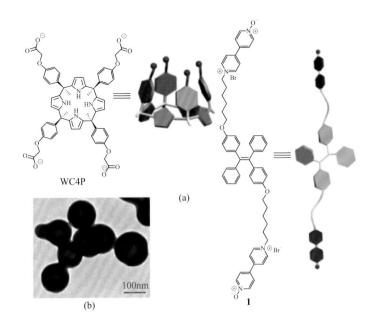

WC4P

(a)

(b)

100nm

1

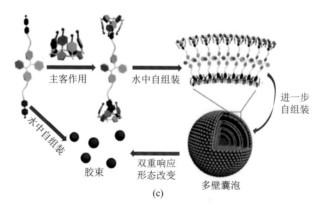

图4-46 （a）WC4P和1的结构；（b）在25℃下WC4P+1聚集体的TEM图像；（c）通过
主客作用得到荧光囊泡的模式图[127]

关于杯芳烃两亲分子的设计和主客作用研究内容非常丰富，研究者尝试了大量具有不同特性的分子作为客体的可能性，然而以AIE分子作为客体的研究相对较少。随着合成技术的提高，涌现出多种如杯吡咯、杯吲哚、杯咔唑等类似杯芳烃的酒杯状结构的大环化合物。利用易于修饰和改性的特点，未来关于杯芳烃及其类似物与AIE分子的主客作用研究依旧非常值得期待。

4.3.4　柱芳烃主客体系的AIE超分子

柱芳烃是一种新型合成的大环化合物，最早由金泽大学的生越友树（Ogoshi）教授于2008年报道[128]。柱芳烃由五个或多个对苯二酚单元在2,5-位通过亚甲基桥连接组成，因形似柱状被称作柱芳烃。柱芳烃具有以下特点：①容易修饰和合成；②呈柱状对称，与杯芳烃相比，具有更高的对称性；③具有更大的刚性，受苯酚单体的影响，柱芳烃具有一个富含π电子的空腔。

受—CH$_2$—键角的控制，柱芳烃以柱[5]芳烃为主，其他的柱芳烃类型如柱[6]芳烃也可以合成，但是产率明显降低，因此目前的研究和应用以柱[5]芳烃为主。本小节将主要介绍柱芳烃最稳定的类型，柱[5]芳烃及其衍生物在AIE自组装中的应用，并对柱[6]芳烃的应用进行简单介绍，其他类型的柱芳烃由于更加少见，在这里不做介绍。这部分工作以吉林大学杨英威和浙江大学黄飞鹤等研究较为深入。

1. 柱[5]芳烃参与AIE自组装

柱芳烃参与AIE自组装的设计思路主要是与AIE分子通过主客作用形成线型或者网状超分子，之后再通过疏水作用、氢键等分子间作用进行自组装，得到形貌规整统一的组装结构。由于空腔大小的限制，柱[5]芳烃通常以1∶1的比例与客体分子复合。为形成主客体超分子，需要将至少两个柱芳烃连接在一起。根据以上分析，常见的分子设计方法有：①将两个或多个柱芳烃通过 AIE 分子进行连接，与含有两个或者多个客体分子发生主客作用；②柱芳烃通过柔性分子链连接，在 AIE 分子上修饰柱芳烃的客体分子；③合成侧链含有柱芳烃或 AIE 基团的高分子。

夏丹玉等[129]将两个柱[5]芳烃通过双水杨醛缩连氮席夫碱结构连接在一起（P5D），作为 A-A 型主体分子，与中性的 B-B 对称的客体分子（图 4-47）发生主客作用，形成线型超分子聚合物，在高浓度下可以发出强烈荧光。加入 Cu^{2+} 后，因其与席夫碱结构发生配位，线型超分子之间相互交联荧光被猝灭。加入能够与 Cu^{2+} 络合的 CN$^-$ 后，荧光强度可以重新恢复。

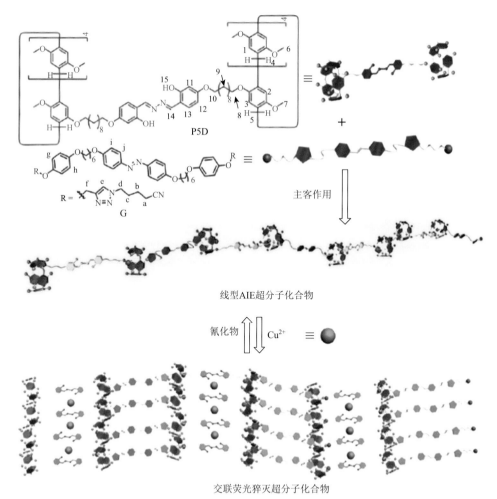

线型AIE超分子化合物

交联荧光猝灭超分子化合物

图 4-47　P5D 与客体分子的结构式，两者发生主客作用形成线型超分子聚合物及其对 Cu^{2+} 和 CN$^-$ 的响应模式图[129]

宁桂玲等[130]和杨英威等[131]分别将 AIE 型分子氰基二苯乙烯和 9, 10-二炔基蒽与两个柱[5]芳烃相连，由于主客作用很强，即使发生光致异构，AIE 性质仍然保持。与以上设计原理相同，杨英威等[132]又将 TPE 分子的四个苯环上均连接柱[5]芳烃，发现核心分子与主客体单元连接的柔性链段的长度对组装体形态有很大的影响。只有足够长的柔性链段才能保证凝胶的形成。更多类似荧光凝胶的分子设计，还可参考杨英威等的另外一篇文章[133]。

柱芳烃对腈具有很高的亲和力，常作为主客作用的竞争客体。王乐勇等[134]将四个柱[5]芳烃连接到 TPE 的四个苯环上，得到 TPEP5（图 4-48）。在氯仿/丙酮混合溶剂中，TPEP5 以单分子存在，没有荧光。当加入客体分子（G1）后，基于柱芳烃和三唑分子的主客体识别作用，TPEP5 自组装形成球形聚集体，并导致荧光发射的"开启"。如果再加入己二腈（G3），因为竞争作用主客体复合物分解，荧光消失。

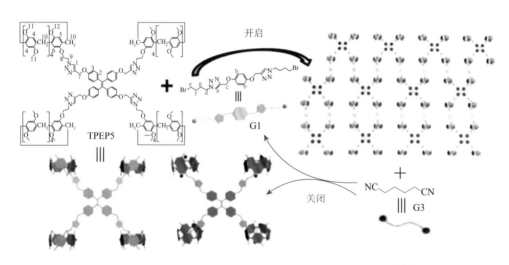

图 4-48　TPEP5 和 G1 的主客体识别复合体组装的示意图[134]

作为分子设计思路的第二种，将 TPE 分子与柱芳烃的客体分子咪唑连接，杨英威等[135]成功设计了一种具有双重刺激响应性的荧光超分子聚合物，其中主体分子柱[5]芳烃之间通过双硒键连接具有氧化还原响应性，在还原条件下超分子结构将被破坏。利用己二腈与柱[5]芳烃更强的结合能力，加入己二腈可以通过竞争作用使主客超分子解体（图 4-49）。

以上方法通常只能得到线型主客超分子，如果将柱芳烃修饰到高分子的侧链上，利用客体末端的 AIE 分子实现高分子链间的交联是形成网络状主客体超分子聚合物的主要方法。杨英威等[136]设计了以柱[5]芳烃为侧链的嵌段高分子

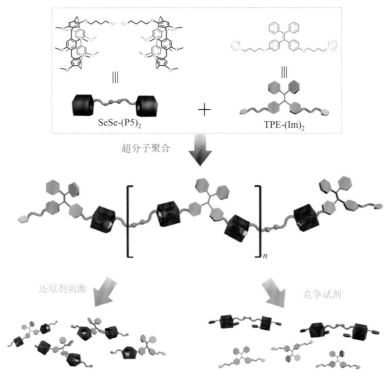

图 4-49　含双硒的柱[5]芳烃和含咪唑 TPE 分子的结构式，荧光超分子聚合物的形成与刺激响应模式图[135]

poly(MMA-*co*-MAAm-*co*-MMAP[5]A)与连接有氰基的 PE 衍生物 TPE-(TA-CN)₄和 TPE-(CN)₄（图 4-50）。由于电荷转移的发生，氰基可以被柱[5]芳烃紧密包结。加入含有氰基的 TPE-(TA-CN)₄或 TPE-(CN)₄可以使线型的嵌段高分子之间发生交联，形成高分子聚合物。借助交联网状结构对 TPE 风扇型分子振动的限制，该主客自组装聚集体可以发出蓝色荧光。通过升高温度或加入竞争性客体分子DSA-(TA-CN)₂可以破坏超分子聚集体，使荧光强度明显减弱。同时加入两种含有不同发光颜色的 AIE 客体分子可以实现荧光颜色的连续调节，该体系有望作为一种高效光捕获系统加以应用。

通过直接将 AIE 分子连接在高分子上，黄飞鹤等[137]构建了一种两亲超分子刷状共聚物 P5-PEG-Biotin-PTPE，可以自组装成超分子纳米粒子（图 4-51）。其中柱[5]芳烃（P5）与 4, 4′-联吡啶衍生物（M）之间的主客体识别主要由电荷转移和疏水作用驱动。该纳米粒子可以将抗癌药物阿霉素（DOX）包裹在核-壳结构中。

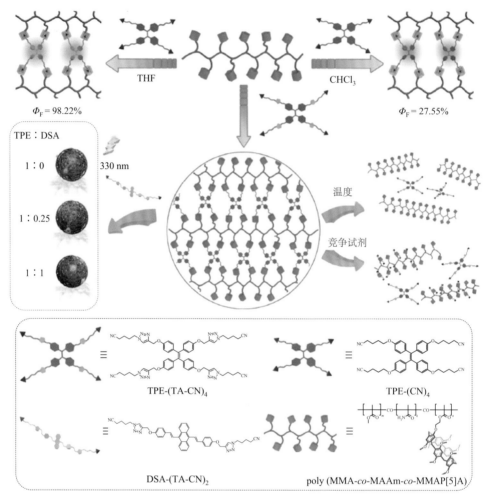

THF

CHCl₃

$\Phi_F = 98.22\%$

$\Phi_F = 27.55\%$

TPE：DSA

1：0

330 nm

1：0.25

1：1

温度

竞争试剂

TPE-(TA-CN)₄

TPE-(CN)₄

DSA-(TA-CN)₂

poly (MMA-*co*-MAAm-*co*-MMAP[5]A)

图 4-50　含有柱芳烃的高分子与修饰有氰基的 **TPE** 分子通过主客作用自组装形成荧光纳米粒子[136]

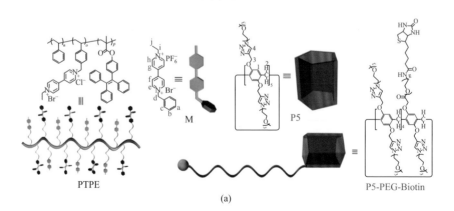

PTPE

M

P5

P5-PEG-Biotin

(a)

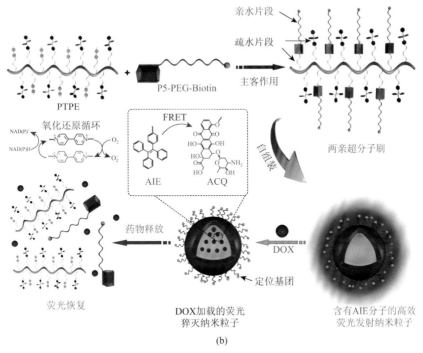

图 4-51　P5-PEG-Biotin-PTPE 超分子纳米粒子形成的示意图[137]

黄飞鹤等[138]对高分子类型的 AIE 自组装进行了新的尝试。他们将柱[5]芳烃和 AIE 分子同时连接在高分子上，其中 TPE 构成了高分子的主链。通过非荧光性的双客体分子进行交联，形成的超分子网络可以对含有硝基的爆炸物进行有效检测。

2. 修饰的柱[5]芳烃参与 AIE 自组装

柱芳烃是一种相对比较容易修饰的大环化合物。无论是阴离子修饰、阳离子修饰、选择性修饰还是全部修饰，相关的报道均比较成熟。使用修饰后的柱芳烃与 AIE 分子共组装也是一种比较常规的方法。

杨英威等[139]设计了含有单亲水基团磺酸基修饰的柱[5]芳烃（MSP5）。该柱芳烃对醇（特别是丁二醇）及乙二胺具有很高的结合常数。如图 4-52 所示，MSP5 与 TPE-(Br)$_4$ 可以通过主客作用结合，在稀溶液中发出强烈荧光。通过加入竞争结合客体分子丁二醇、乙二胺或者加热，可以实现荧光开关调控。

实验中发现如果将单磺酸基取代换做单磷酸（MPP5）、单羧基（MCP5）或双甲氧基取代的柱[5]芳烃（DMP5），与 TPE-(Br)$_4$ 结合后均不能使荧光增强。因此该研究深入探究了使荧光增强的作用力，发现修饰的功能基团的 pK_a 不同将影响其电离程度，进而导致聚集体的亲疏水性不同，这对荧光行为有很大的影响。

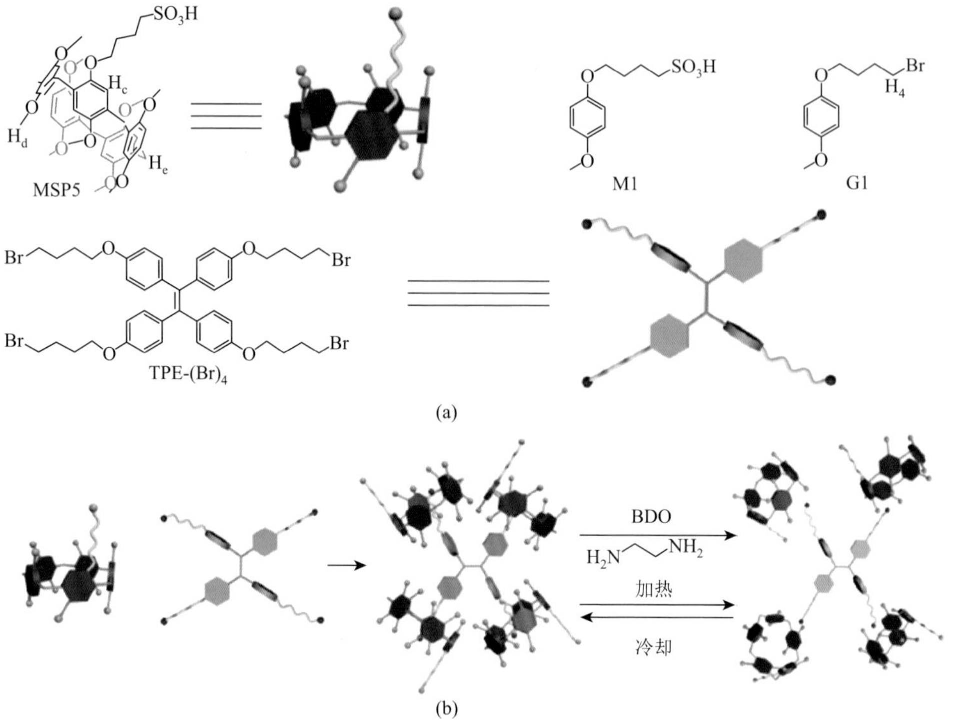

(a)

(b)

图 4-52 （a）含有磺酸基修饰的柱芳烃的结构式及主要客体分子的结构式；（b）主客体复合物的形成与加入竞争试剂后结构破坏的原理

研究发现促进荧光增强的主要作用有三个层次：首先通过主客作用形成准轮烷结构，一定程度限制了 TPE 分子的振动；其次准轮烷上亲水基团磺酸基由于完全电离，水溶性好，降低了超分子在氯仿中的溶解度，导致超分子进一步聚集，对 TPE 基团的振动的限制作用明显增强；最后 MSP5 与 TPE-(Br)$_4$ 形成的组装体将自组装形成纳米粒子，使 TPE 基团的振动受到极大限制。这三种作用力共同导致荧光的显著增强。

喻国灿等[140]设计了由单羧基修饰柱[5]芳烃 H 和 TPE 衍生物 G 构成的荧光纳米粒子（图 4-53），其中 H 与 G 之间借助静电相互作用和疏水相互作用形成主客体结构。该聚集体可以在 365 nm 的紫外灯照射下发出黄色荧光，主要应用于细胞成像。

Yang 等[141]对柱芳烃进行阳离子修饰，含有 TPE 和四级铵盐的柱[5]芳烃（CWP5-TPE）可以和十二烷基苯磺酸钠（SDBS）发生主客作用，该超分子在水中形成荧光纳米粒子（图 4-54）。如果向由 CWP5-TPE 形成的纳米片中加入 SDBS，聚集体形貌也会逐渐转变为球形纳米粒子。

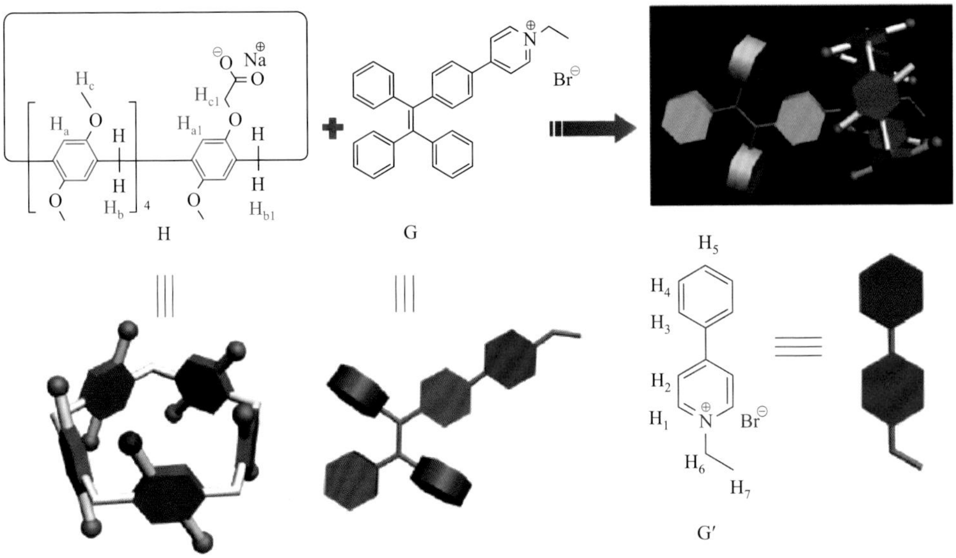

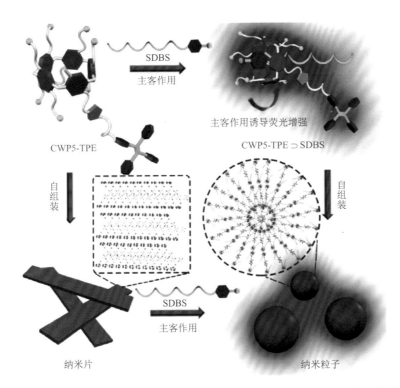

图 4-53   单羧基修饰的柱芳烃与含有客体结合位点的 TPE 分子的结构式与模式图

图 4-54   **CWP5-TPE ⊃ SDBS 自组装结构示意图，SDBS 加入可诱导 CWP5 自组装结构改变和**
荧光增强[141]

以上例子中研究者均采取对柱[5]芳烃的甲氧基选择性修饰的方法。如果将柱[5]芳烃上的甲氧基全部使用羧基等亲水基团进行取代，可以得到在水中溶解性极好的取代柱[5]芳烃。含有四级铵盐的两亲 AIE 分子（**1**）在水溶液中可以自发形成纳米带，如果向其中加入取代柱[5]芳烃 WP5，黄飞鹤等[142]发现纳米带将转变为球形纳米粒子，并发出强烈的近红外荧光。该组装体对 pH 具有响应性，在酸性条件下，**1** 和 WP5 发生质子化，结合常数降低，超分子发生解体（图 4-55）。

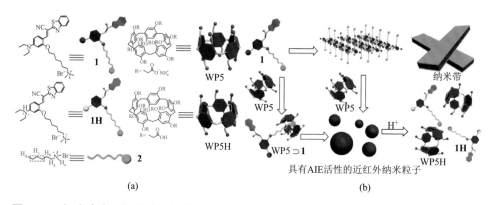

图 4-55　（a）含有四级铵盐的氰基二苯乙烯衍生物及其质子化产物（**1**、**1H**）的结构式，取代柱[5]芳烃及其质子化产物（**WP5**、**WP5H**）；（b）WP5 与 1 主客作用与组装体形貌的改变及对 pH 的响应性[142]

类似的主客体分子还有王乐勇等[143]设计的水溶性 WP5 与 bola 型 AIE 分子 TPEDA 之间的自组装，同时掺杂疏水性染料 ESY 和 NiR 可以实现两步连续能量转移，总能量转移效率可达 58.28%。作为一种光能捕获纳米反应器，在溴苯乙酮脱卤催化中可以实现高达 96% 的收率，如果合理调整染料的比例还可以得到 CIE 坐标(0.33，0.33)的完全白光发射材料。

3. 柱[6]芳烃参与 AIE 自组装

类似于环糊精有 α、β、γ 等不同亚型，柱芳烃也不仅仅只有柱[5]芳烃一种，黄飞鹤等[144]利用六个双羧基取代的重复单元构成的柱[6]芳烃（WP6），与含有四级铵取代的 TPE 形成主客体超分子[图 4-56（a）]。该主客体超分子构成一个更大的两亲分子，使得向含有 TPE 的化合物 1 中加入 WP6 时，聚集体形态由球形转变为轮状[图 4-56（c）～（h）]。该自组装体系的主要驱动力是 WP6 之间的 π-π 堆积作用，以及四级铵和羧基之间的静电作用。由于 WP6 对百草枯的结合能力更强，可以借助该聚集体荧光的猝灭实现对百草枯的检测[图 4-56（b）]。

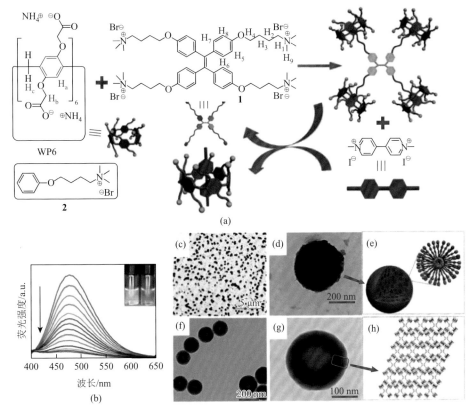

图 4-56 柱[6]芳烃与含有 TPE 基团的分子自组装形成荧光纳米粒子[144]

如果将柱[6]芳烃相对的两个对苯二酚用联苯取代后柱形结构仍能保持，杨英威等[145]合成了新型柱芳烃 BpP6。连接有两个胸腺嘧啶（T）的 BpP6 可以与 TPE 衍生物中的季铵盐发生主客体用，在 Hg^{2+} 的作用下可以自组装形成荧光超分子球形纳米粒子。该纳米粒子可以通过 Na_2S 的加入实现对 Hg^{2+} 的收集和再生。其中，T-Hg^{2+}-T 是形成组装体的主要驱动力。类似对 Hg^{2+} 富集的 AIE 自组装还可参考吴海臣等[146]设计的含有胸腺嘧啶的柱[5]芳烃。

4. 小结

实际上，由于柱芳烃特殊的刚性结构，通过合理的分子设计，柱芳烃自身也可以表现出一定程度的 AIE 特性，通过"on-off"实现对离子的选择性检测[147-149]。本小节详细介绍了多种含有柱[5]芳烃的主客自组装超分子聚合物的设计方案，并对其他类型柱芳烃参与的主客自组装进行了简要介绍。除了对柱芳烃的甲氧基进行修饰以改变其溶解性和对客体分子的选择性，最后一个例子中涉及的对柱芳烃基本构成单元的替换也是一种新的设计思路，这种组合型柱芳烃的相关合成目前已经有较多报道，相信随着合成产率和稳定性的提高，相关的主客体系研究特别是 AIE 分子相关的研究会越来越多。

4.3.5 葫芦脲主客体系的 AIE 超分子

葫芦脲是一种由亚甲基桥连接的甘脲单体得到的水溶性大环化合物，具有极高的化学稳定性。葫芦脲呈桶状，具有疏水内腔和极性羰基基团形成的端口。与前四小节中介绍的主体分子不同，葫芦脲较难进行化学修饰，通常直接用于主客自组装。

根据甘脲缩合数量不同，葫芦脲具有多种亚型，目前以葫芦[5]脲～葫芦[11]脲为主。随着缩合数量增加，葫芦脲的空腔和端口尺寸随之增加，可以包合的客体分子也发生改变。一般，中性或带正电荷的客体分子，如有机染料分子、有机铵正离子等与葫芦脲具有较大的结合常数。其中葫芦[8]脲因空腔较大，通常以 1∶2 比例同时与两个头尾连接的客体分子发生主客作用。这种分子连接方式非常有利于超分子聚合物的形成，在葫芦脲参与自组装中扮演重要角色。

在葫芦脲参与的 AIE 分子自组装中，以葫芦[8]脲为主，葫芦[7]脲的相关研究也逐渐增多，其他类型的葫芦脲在这方面的应用目前仍旧非常有限。本小节将以甘脲的缩合数为分类依据，着重介绍葫芦[8]脲在 AIE 分子自组装中的应用。由于葫芦[7]脲的内腔不足以同时容纳两个客体分子，葫芦[7]脲与 AIE 分子的结合方式与葫芦[8]脲具有较大的差异，作为除葫芦[8]脲外应用最多的亚型，本小节也会专门介绍其参与自组装的分子设计。在本小节最后将会简要介绍其他类型葫芦脲参与的 AIE 自组装。

1. 葫芦[8]脲参与 AIE 分子自组装

葫芦[8]脲空腔中可以以头尾结合的方式同时包合两个客体分子(图 4-57)[150]。在 AIE 分子上连接两个以上客体分子即可得到葫芦[8]脲主客体荧光超分子聚合物。超分子聚合物通常由含有吡啶阳离子，紫精等阳离子 π 体系的 AIE 分子和葫芦[8]脲两组分组成。

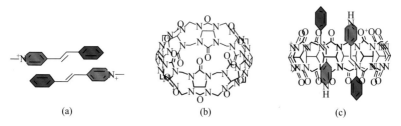

图 4-57　**Brooker's 花青素(BM)**类型客体分子以头尾结合方式在葫芦[8]脲中结合的示意图[150]

以葫芦[8]脲和不同种类AIE分子通过自组装形成超分子聚合物的研究相对较多。总体来讲，根据与 AIE 分子连接的阳离子客体分子数目不同，可以形成不同结构的聚集体（图 4-58）。当 AIE 分子与两个客体分子连接时，主要形成链状聚集体[151,152]；与三个客体分子连接，则能够形成由六边形构成的二维结构[150]；更多与四个客体分子连接的 AIE 分子，通常形成四边形为基本结构的二维网络结构，可以进一步自组装形成球形、立方体或等聚集体结构[153-156]，或凝胶等宏观聚集体材料[157]。

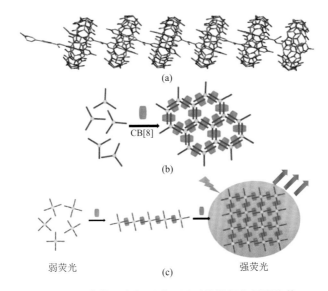

(a)

CB[8]

(b)

弱荧光　　　　　　　　(c)　　　　　　　　强荧光

图 4-58　葫芦脲参与形成不同形状的超分子聚集体

（a）线型[151]；（b）六边形构成的二维网络[150]；（c）四边形构成的二维网络[153]

以下将对每一种组装体结构的分子设计进行举例说明。

刘育等[152]以蒽为核心的 ENDT 与葫芦[8]脲通过主客作用形成线型超分子聚合物，形成的纳米棒状结构具有 655 nm 接近近红外的荧光发射。如果与十二烷基修饰的磺基杯[4]芳烃（SC4AD）进一步自组装，可以得到球形纳米粒子，荧光发射强度进一步增强（图 4-59）。这种使用两种主体分子多级自组装是构建荧光聚集体的一个新思路，多步限制分子振动可以得到量子产率更高的聚集体。

曹利平等[154]通过在 TPE 分子与羧甲基吡啶鎓之间插入乙烯基团调节分子柔性，实现了对主客体超分子组装体结构的控制。羧甲基吡啶鎓与 TPE 分子直接相连，由于分子具有很大的刚性，形成的平面型二维超分子网络能够进一步堆积，形成方块状聚集体。当插入乙烯后，分子柔性增加，形成的二维网络发生弯曲，自组装成球形纳米粒子（图 4-60）。通过乙烯基的加入实现了聚集体形貌的可控

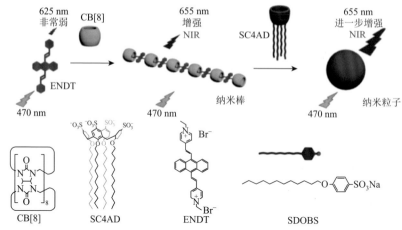

图 4-59　多级自组装近红外发光球形纳米粒子的模式图[152]

性而对荧光没有影响。如果将分子 **2** 中的羧甲基吡啶鎓换成 *N*-甲基吡啶，Zhao 等[153]进一步研究发现，该分子只能与葫芦[8]脲自组装形成规则的方形结构。

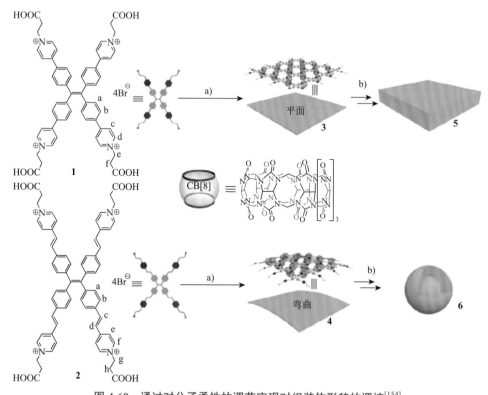

图 4-60　通过对分子柔性的调节实现对组装体形貌的调控[154]

分子 **2** 由于具有乙烯基，更好的柔性更有利于弯曲表面的球形聚集体的形成以上二维网络结构均通过层层堆积的方式形成三维聚集体。如果直接利用具有立体结构的分子与葫芦[8]脲自组装，则可以对三维结构进行更有效的控制。曹利平等[158]利用 5 种羧甲基吡啶鎓修饰荧光分子，随后与葫芦[8]脲发生主客作用。通过调节主客体比例形成颜色可控的三维有机框架结构。荧光颜色在大范围内可调，可以覆盖 64% 的 RGB 色度谱面积。特别是其中四面体结构的分子 **5** 为直接形成三维组装体提供了可能。

除直接由葫芦脲和含有客体取代的 AIE 分子形成的主客体结构，Liu 等[159]设计了更为复杂的自组装体系：将葫芦[8]脲（CB[8]）与含有紫精 DMV^{2+} 和 TPE 基团的化合物 **1** 及含有偶氮苯基团的化合物 **2** 共同构成 1:1:1 三元主客体识别体系。如图 4-61 所示，一个 CB[8]可以同时结合一个 DMV^{2+} 和一个反式偶氮苯，这样具有多个结合位点的化合物 **1** 和 **2** 与 CB[8]可以形成网状结构。借助 SEM 观察可以看到长达 1.6 μm 的纤维。同时由于网状超分子结构对 TPE 分子振动的限制，可以观察到聚集体发出明亮的蓝绿色荧光。在紫外光照射下，反式偶氮苯会发生异构化，逐渐变为顺式，与 CB[8]的结合常数降低，网络结构被破坏，超分子聚合物消失，微米纤维转变为球形结构。

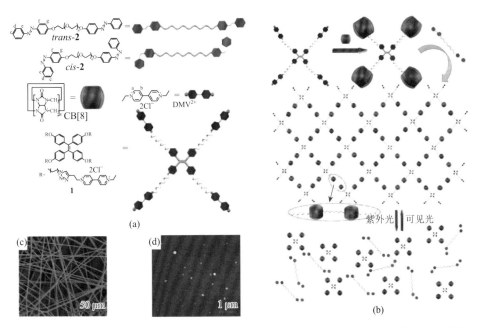

图 4-61　（a）葫芦脲与含有紫精的取代 TPE 分子结构式；（b）通过葫芦脲与紫精的主客作用形成网状结构；（c）网状结构的 TME 结果；（d）紫外光照射下网状结构被破坏后的结果[159]

2. 葫芦[7]脲参与 AIE 分子自组装

由于空腔大小的限制，葫芦[7]脲通常与有机铵阳离子形成 1∶1 复合物。Park 等[59]通过比较氯化 *N*-甲基吡啶修饰的氰基二苯乙烯（Py$^+$-CN-MBE）与葫芦[7]脲和葫芦[8]脲自组装结构，发现 Py$^+$-CN-MBE 与葫芦[7]脲形成 1∶2 型复合物，使末端封端不利于超分子自组装的发生。因此，葫芦[7]脲在形成超分子聚合物时，其他分子间作用力如氢键、π-π 相互作用、静电作用同样必不可少。例如，李晋平等[160]利用四级铵修饰的 TPE（TATPE）之间的 π-π 相互作用和葫芦脲的亚甲基与 TATPE 中的苯酚之间的 C—H⋯π 作用促进 TATPE 与葫芦[7]脲形成的主客体复合物进一步自组装，形成球形纳米粒子。如果加入竞争客体分子金刚烷胺盐酸盐可以使组装体迅速解体，荧光消失。

类似地，利用葫芦[7]脲、单四级铵 TPE 衍生物（MQATPE）和多金属氧酸盐（Na$_9$[EuW$_{10}$O$_{36}$]·32H$_2$O，Eu-POM），刘育等[161]合成了二维单层框架结构（图 4-62）。其中主客作用、静电作用和 π-π 相互作用共同促进了组装结构的形成。在这里葫芦[7]脲除作为主体分子使用，其刚性结构保证了六方形周期结构的形成，同时抑制层间堆积的发生。通过调节 MQTPE 和 Eu-POM 的比例可以实现白光发射。利用单层膜较大的比表面积，可以用作酶活性的抑制剂，调节胰凝乳蛋白酶的活性。

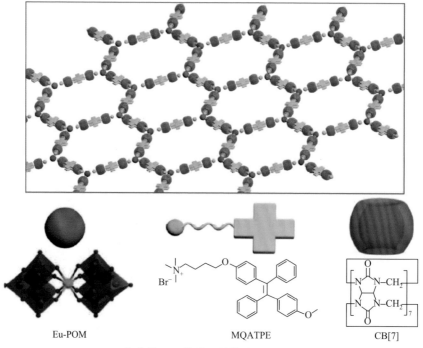

Eu-POM   MQATPE   CB[7]

图 4-62　Eu-POM、MQATPE 和葫芦[7]脲的分子结构式，以及单层二维框架结构的模式图[161]

含有葫芦脲的有机/无机超分子聚合物也是形成荧光印记水凝胶的重要组成成分。邢鹏遥等[162]利用氰基二苯乙烯共轭阳离子表面活性剂（CS^TEA）与葫芦[7]脲和皂石三种成分共同形成了荧光水凝胶，在紫外光照条件下荧光迅速消失，热处理后可以再次恢复，满足可擦除和重复书写的要求。值得注意的是，CS^TEA 自身可以自组装形成不发光的囊泡，只有在葫芦[7]脲和皂石共同限制作用下才能体现 AIE 特性。

3. 其他类型葫芦脲参与 AIE 分子自组装

除客体分子与葫芦脲的疏水内腔相互作用，王巧纯等[163]利用 TPE 铵基阳离子衍生物（**1**）与赤道面上修饰环戊烷的葫芦[5]脲（CyP$_5$TD[5]）羰基端口发生相互作用，自组装形成方形纳米粒子（图 4-63）。其中 **1** 与 CyP$_5$TD[5] 以 1：2 比例结合形成超分子网络。

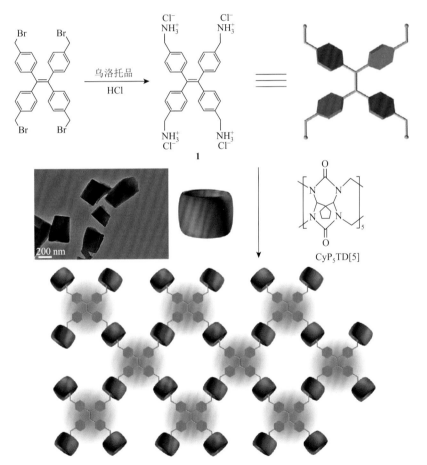

图 4-63 TPE 阳离子和环戊烷修饰葫芦[5]脲的分子结构式，主客体超分子网络模式图和组装体 **TEM 图**[163]

甘脲缩合数很大的葫芦脲可以表现出类似冠醚的行为，与链型分子形成轮烷结构。曹利平等[164]利用葫芦[10]脲与哑铃型双 TPE 分子 **1** 共同形成了轮烷 CB[10]·**1**。葫芦[10]脲的端口羧基与吡啶 N 正离子之间的离子-偶极作用限制了 TPE 分子的振动，CB[10]·**1** 可以在 DMSO 和氯仿溶液中自组装形成具有强烈荧光的盘状聚集体。这种以大环葫芦脲作为荧光轮烷的环结构的设计比较少见。

4. 小结

不同于其他主体分子，葫芦脲无须进行修饰通常直接用于主客自组装中。葫芦脲极佳的水溶性和对紫精、吡啶阳离子等具有极强的选择性和高的结合常数，使得葫芦脲相关的主客体研究非常引人注目。然而葫芦脲更加昂贵的价格也在一定程度上限制了其应用，特别是需要大量生产的领域。当前仍主要集中于葫芦[8]脲相关的 AIE 自组装设计。未来其他缩合数目的葫芦脲也可以进行更多的考虑，特别是如葫芦[6]脲相关的研究仍亟待开发。

参 考 文 献

[1] Kang Y, Tang X, Cai Z, et al. Supra-amphiphiles for functional assemblies. Advanced Functional Materials, 2016, 26: 8920-8931.

[2] Kang Y, Liu K, Zhang X. Supra-amphiphiles: a new bridge between colloidal science and supramolecular chemistry. Langmuir: the ACS Journal of Surfaces and Colloids, 2014, 30: 5989-6001.

[3] Wang C, Wang Z, Zhang X. Amphiphilic building blocks for self-assembly: from amphiphiles to supra-amphiphiles. Accounts of Chemical Research, 2012, 45: 608-618.

[4] Xu X, Deng G, Sun Z, et al. A biomimetic aggregation-induced emission photosensitizer with antigen-presenting and hitchhiking function for lipid droplet targeted photodynamic immunotherapy. Adranced Materials, 2021, 33 (33): 2102322.

[5] Faul C F J, Antonietti M. Ionic self-assembly: facile synthesis of supramolecular materials. Advanced Materials, 2003, 15: 673-683.

[6] Jing H, Lu L, Feng Y, et al. Synthesis, aggregation-induced emission, and liquid crystalline structure of tetraphenylethylene-surfactant complex via ionic self-assembly. The Journal of Physical Chemistry C, 2016, 120: 27577-27586.

[7] Faul C F. Ionic self-assembly for functional hierarchical nanostructured materials. Accounts of Chemical Research, 2014, 47: 3428-3438.

[8] Feng A, Jiang F, Huang G, et al. Synthesis of the cationic fluorescent probes for the detection of anionic surfactants by electrostatic self-assembly. Spectrochimica Acta, Part A: Molecular and Biomolecular Spectroscopy, 2020, 224: 117446.

[9] Li J, Shi K, Drechsler M, et al. A supramolecular fluorescent vesicle based on a coordinating aggregation induced emission amphiphile: insight into the role of electrical charge in cancer cell division. Chemical Communications, 2016, 52: 12466-12469.

[10] Li J, Liu K, Chen H, et al. Functional built-in template directed siliceous fluorescent supramolecular vesicles as

diagnostics. ACS Applied Materials & Interfaces，2017，9：21706-21714.

[11] Li J，Liu K，Han Y，et al. Fabrication of propeller-shaped supra-amphiphile for construction of enzyme-responsive fluorescent vesicles. ACS Applied Materials & Interfaces，2016，8：27987-27995.

[12] Knelles J，Beardsworth S，Bader K，et al. Self-assembly and fluorescence of tetracationic liquid crystalline tetraphenylethene. Chemphyschem：A European Journal of Chemical Physics and Physical Chemistry，2019，20：2210-2216.

[13] Zhao D，Fan F，Cheng J，et al. Light-emitting liquid crystal displays based on an aggregation-induced emission luminogen. Advanced Optical Materials，2015，3：199-202.

[14] Yuan W Z，Yu Z Q，Lu P，et al. High efficiency luminescent liquid crystal：aggregation-induced emission strategy and biaxially oriented mesomorphic structure. Journal of Materials Chemistry，2012，22：3323.

[15] Yuan W Z，Yu Z Q，Tang Y，et al. High solid-state efficiency fluorescent main chain liquid crystalline polytriazoles with aggregation-induced emission characteristics. Macromolecules，2011，44：9618-9628.

[16] Yoon S J，Kim J H，Kim K S，et al. Mesomorphic organization and thermochromic luminescence of dicyanodistyrylbenzene-based phasmidic molecular disks：uniaxially aligned hexagonal columnar liquid crystals at room temperature with enhanced fluorescence emission and semiconductivity. Advanced Functional Materials，2012，22：61-69.

[17] Ren Y，Kan W H，Henderson M A，et al. External-stimuli responsive photophysics and liquid crystal properties of self-assembled "phosphole-lipids". Journal of the American Chemical Society，2011，133：17014-17026.

[18] Lu H，Qiu L，Zhang G，et al. Electrically switchable photoluminescence of fluorescent-molecule-dispersed liquid crystals prepared via photoisomerization-induced phase separation. Journal of Materials Chemistry C，2014，2：1386.

[19] Ye Q，Zhu D，Xu L，et al. The fabrication of helical fibers with circularly polarized luminescence via ionic linkage of binaphthol and tetraphenylethylene derivatives. Journal of Materials Chemistry C，2016，4：1497-1503.

[20] Park J W，Nagano S，Yoon S J，et al. High contrast fluorescence patterning in cyanostilbene-based crystalline thin films：crystallization-induced mass flow via a photo-triggered phase transition. Advanced Materials，2014，26：1354-1359.

[21] Yu D，Zhang Q，Wu C，et al. Highly fluorescent aggregates modulated by surfactant structure and concentration. The Journal of Physical Chemistry B，2010，114：8934-8940.

[22] Yu D，Deng M，He C，et al. Fluorescent nanofibrils constructed by self-assembly of a peptide amphiphile with an anionic dye. Soft Matter，2011，7：10773.

[23] Deng S L，Huang P C，Lin L Y，et al. Complex from ionic β-cyclodextrin polyrotaxane and sodium tetraphenylthiophenesulfonate：restricted molecular rotation and aggregation-enhanced emission. RSC Advances，2015，5：19512-19519.

[24] Wang H，Ye X，Zhou J. Self-assembly fluorescent cationic cellulose nanocomplex via electrostatic interaction for the detection of Fe^{3+} ions. Nanomaterials，2019，9：279.

[25] Khandare D G，Joshi H，Banerjee M，et al. Fluorescence turn-on chemosensor for the detection of dissolved CO_2 based on ion-induced aggregation of tetraphenylethylene derivative. Analytical Chemistry，2015，87：10871-10877.

[26] Wang H，Ji X，Li Y，et al. An ATP/ATPase responsive supramolecular fluorescent hydrogel constructed via electrostatic interactions between poly(sodium p-styrenesulfonate)and a tetraphenylethene derivative. Journal of Materials Chemistry B，2018，6：2728-2733.

[27] Kang Q, Xiao Y, Hu W, et al. Smartly designed AIE triazoliums as unique targeting fluorescence tags for sulfonic biomacromolecule recognition via 'electrostatic locking'. Journal of Materials Chemistry C, 2018, 6: 12529-12536.

[28] Kim Y, Liu X, Li H, et al. Fluorescence turn-on synthetic lipid rafts on supramolecular sheets and hierarchical concanavalin a assembly. Chemistry: An Asian Journal, 2019, 14: 952-957.

[29] Wu Z, Huang J, Yan Y. Electrostatic polyion micelles with fluorescence and MRI dual functions. Langmuir: the ACS Journal of Surfaces and Colloids, 2015, 31: 7926-7933.

[30] Xu L, Jiang L, Drechsler M, et al. Self-assembly of ultralong polyion nanoladders facilitated by ionic recognition and molecular stiffness. Journal of the American Chemical Society, 2014, 136: 1942-1947.

[31] Zhou Q Y, Fan C, Li C, et al. AIE-based universal super-resolution imaging for inorganic and organic nanostructures. Materials Horizons, 2018, 5: 474-479.

[32] Rabah J, Escola A, Jeannin O, et al. Luminescent organogels formed by ionic self-assembly of AIE-active phospholes. ChemPlusChem, 2019, 85: 79-83.

[33] Yang J, Yan Y, Hui Y, et al. White emission thin films based on rationally designed supramolecular coordination polymers. Journal of Materials Chemistry C, 2017, 5: 5083-5089.

[34] Xie M, Che Y, Liu K, et al. Caking-inspired cold sintering of plastic supramolecular films as multifunctional platforms. Advanced Functional Materials, 2018, 28: 1803370.

[35] Chien R H, Lai C T, Hong J L. Complexation of tetraphenylthiophene-derived ammonium chloride to poly(sodium vinylsulfonate)polyelectrolytes: aggregation-induced emission enhancement and long-range interaction. Macromolecular Chemistry and Physics, 2012, 213: 666-677.

[36] Wang C, Guo Y, Wang Z, et al. Superamphiphiles based on charge transfer complex: controllable hierarchical self-assembly of nanoribbons. Langmuir: the ACS Journal of Surfaces and Colloids, 2010, 26: 14509-14511.

[37] Yu G, Tang G, Huang F. Supramolecular enhancement of aggregation-induced emission and its application in cancer cell imaging. Journal of Materials Chemistry C, 2014, 2: 6609-6617.

[38] Yu W H, Chen C, Hu P, et al. Tetraphenylethene-triphenylene oligomers with an aggregation-induced emission effect and discotic columnar mesophase. RSC Advances, 2013, 3: 14099.

[39] Chen J Y, Kadam G, Gupta A, et al. A biomimetic supramolecular approach for charge transfer between donor and acceptor chromophores with aggregation-induced emission. Chemistry: A European Journal, 2018, 24: 14668-14678.

[40] Kumar G, Gupta R. Molecularly designed architectures: the metalloligand way. Chemical Society Reviews, 2013, 42: 9403-9453.

[41] Zhang M, Saha M L, Wang M, et al. Multicomponent platinum(II)cages with tunable emission and amino acid sensing. Journal of the American Chemical Society, 2017, 139: 5067-5074.

[42] Gao X, Wang Y, Wang X, et al. Concentration-tailored self-assembly composition and function of the coordinating self-assembly of perylenetetracarboxylate. Journal of Materials Chemistry C, 2017, 5: 8936-8943.

[43] Wang Y, Gao X, Xiao Y, et al. Temperature dependent coordinating self-assembly. Soft Matter, 2015, 11: 2806-2811.

[44] Yan Y, Huang J. Hierarchical assemblies of coordination supramolecules. Coordination Chemistry Reviews, 2010, 254: 1072-1080.

[45] Chen L J, Yang H B. Construction of stimuli-responsive functional materials via hierarchical self-assembly involving coordination interactions. Accounts of Chemical Research, 2018, 51: 2699-2710.

[46] Hu Y X, Zhang X, Xu L, et al. Coordination-driven self-assembly of functionalized supramolecular metallacycles: highlighted research during, 2010—2018. Israel Journal of Chemistry, 2018, 59: 184-196.

[47] Wei Y, Wang L, Huang J, et al. Multifunctional metallo-organic vesicles displaying aggregation-induced emission: two-photon cell-imaging, drug delivery, and specific detection of zinc ion. ACS Applied Nano Materials, 2018, 1: 1819-1827.

[48] Xu P, Bao Z, Yu C, et al. A water-soluble molecular probe with aggregation-induced emission for discriminative detection of Al^{3+} and Pb^{2+} and imaging in seedling root of Arabidopsis. Spectrochimica Acta, Part A: Molecular and Biomolecular Spectroscopy, 2019, 223: 117335.

[49] Li H, Zhu Y, Zhang J, et al. Luminescent metal-organic gels with tetraphenylethylene moieties: porosity and aggregation-induced emission. RSC Advances, 2013, 3: 16340.

[50] Wang N, Zhang J, Xu X D, et al. Turn-on fluorescence in a pyridine-decorated tetraphenylethylene: the cooperative effect of coordination-driven rigidification and silver ion induced aggregation. Dalton Transactions, 2020, 49: 1883-1890.

[51] Suresh V M, De A, Maji T K. High aspect ratio, processable coordination polymer gel nanotubes based on an AIE-active LMWG with tunable emission. Chemical Communications, 2015, 51: 14678-14681.

[52] Jung S H, Kwon K Y, Jung J H. A turn-on fluorogenic Zn(II) chemoprobe based on a terpyridine derivative with aggregation-induced emission（AIE）effects through nanofiber aggregation into spherical aggregates. Chemical Communications, 2015, 51: 952-955.

[53] Xue R, Han Y, Xiao Y, et al. Lithium ion nanocarriers self-assembled from amphiphiles with aggregation-induced emission activity. ACS Applied Nano Materials, 2017, 1: 122-131.

[54] Jin H, Li H, Zhu Z, et al. Hydration-facilitated fine-tuning of the AIE amphiphile color and application as erasable materials with hot/cold dual writing modes. Angewandte Chemie International Edition, 2020, 59: 10081-10086.

[55] Kennedy A D W, de Haas N, Iranmanesh H, et al. Diastereoselective control of tetraphenylethene reactivity by metal template self-assembly. Chemistry, 2019, 25: 5708-5718.

[56] Feng H T, Song S, Chen Y C, et al. Self-assembled tetraphenylethylene macrocycle nanofibrous materials for the visual detection of copper(II) in water. Journal of Materials Chemistry C, 2014, 2: 2353-2359.

[57] Liu B, Zhou H, Yang B, et al. Aggregation-induced emission activity and further Cu^{2+}-induced self-assembly process of two Schiff compounds. Sensors and Actuators B: Chemical, 2017, 246: 554-562.

[58] Zhang L, Hu W, Yu L, et al. Click synthesis of a novel triazole bridged AIE active cyclodextrin probe for specific detection of Cd^{2+}. Chemical Communications, 2015, 51: 4298-4301.

[59] Tian D, Li F, Zhu Z, et al. An AIE-based metallo-supramolecular assembly enabling an indicator displacement assay inside living cells. Chemical Communications, 2018, 54: 8921-8924.

[60] Wang J H, Xiong J B, Zhang X, et al. Tetraphenylethylene imidazolium macrocycle: synthesis and selective fluorescence turn-on sensing of pyrophosphate anions. RSC Advances, 2015, 5: 60096-60100.

[61] Wang X Q, Wang W, Li W J, et al. Rotaxane-branched dendrimers with aggregation-induced emission behavior. Organic Chemistry Frontiers, 2019, 6: 1686-1691.

[62] Li C, Xu L, Li J, et al. Light-up, colorimetricanion semsing and fingerprint visualization using the salicylaldehyde-based aggregation-induced emission-active phosphorescent Pt(II) complexes formed by restricting the molecular configuration transformations. Dyes and Pigment, 2023, 209: 110912.

[63] Yin G Q, Wang H, Wang X Q, et al. Self-assembly of emissive supramolecular rosettes with increasing complexity

using multitopic terpyridine ligands. Nature Communications，2018，9：567.

[64] Zheng W，Yang G，Jiang S T，et al. A tetraphenylethylene（TPE）-based supra-amphiphilic organoplatinum(II) metallacycle and its self-assembly behaviour. Materials Chemistry Frontiers，2017，1：1823-1828.

[65] Yan Y，Yin G Q，Khalife S，et al. Self-assembly of emissive metallocycles with tetraphenylethylene，BODIPY and terpyridine in one system. Supramolecular Chemistry，2019，31：597-605.

[66] Zhou Z，Yan X，Saha M L，et al. Immobilizing tetraphenylethylene into fused metallacycles：shape effects on fluorescence emission. Journal of the American Chemical Society，2016，138：13131-13134.

[67] Bhattacharyya S，Chowdhury A，Saha R，et al. Multifunctional self-assembled macrocycles with enhanced emission and reversible photochromic behavior. Inorganic Chemistry，2019，58：3968-3981.

[68] Yan X，Wang H，Hauke C E，et al. A suite of tetraphenylethylene-based discrete organoplatinum(II) metallacycles: controllable structure and stoichiometry, aggregation-induced emission, and nitroaromatics sensing. Journal of the American Chemical Society，2015，137：15276-15286.

[69] Yan Q Q，Hu S J，Zhang G L，et al. Coordination-enhanced luminescence on tetra-phenylethylene-based supramolecular assemblies. Molecules，2018，23：363.

[70] Lu C，Zhang M，Tang D，et al. Fluorescent metallacage-core supramolecular polymer gel formed by orthogonal metal coordination and host-guest interactions. Journal of the American Chemical Society，2018，140：7674-7680.

[71] Yan X，Cook T R，Wang P，et al. Highly emissive platinum(II) metallacages. Nature Chemistry，2015，7：342-348.

[72] Li H，Xie T Z，Liang Z，et al. Adjusting emission wavelength by tuning the intermolecular distance in charge-regulated supramolecular assemblies. The Journal of Physical Chemistry C，2019，123：23280-23286.

[73] Yu G，Cook T R，Li Y，et al. Tetraphenylethene-based highly emissive metallacage as a component of theranostic supramolecular nanoparticles. Proceedings of the National Academy of Sciences of the United States of America，2016，113：13720-13725.

[74] Yan X，Wang M，Cook T R，et al. Light-emitting superstructures with anion effect：coordination-driven self-assembly of pure tetraphenylethylene metallacycles and metallacages. Journal of the American Chemical Society，2016，138：4580-4588.

[75] Dong J，Pan Y，Wang H，et al. Self-assembly of highly stable zirconium(IV) coordination cages with aggregation induced emission molecular rotors for live-cell imaging. Angewandte Chemie International Edition，2020，59：10151-10159.

[76] Li G，Zhou Z，Yuan C，et al. Trackable supramolecular fusion：cage to cage transformation of tetraphenylethylene-based metalloassemblies. Angewandte Chemie International Edition，2020，59：10013-10017.

[77] Yan X，Wei P，Liu Y，et al. Endo-and exo-functionalized tetraphenylethylene M12L24 nanospheres：fluorescence emission inside a confined space. Journal of the American Chemical Society，2019，141：9673-9679.

[78] Dalapati S，Gu C，Jiang D. Luminescent porous polymers based on aggregation-induced mechanism：design，synthesis and functions. Small，2016，12：6513-6527.

[79] Shustova N B，McCarthy B D，Dinca M. Turn-on fluorescence in tetraphenylethylene-based metal-organic frameworks：an alternative to aggregation-induced emission. Journal of the American Chemical Society，2011，133：20126-20129.

[80] Shustova N B，Ong T C，Cozzolino A F，et al. Phenyl ring dynamics in a tetraphenylethylene-bridged metal-organic framework：implications for the mechanism of aggregation-induced emission. Journal of the American Chemical Society，2012，134：15061-15070.

[81] Hu Z, Huang G, Lustig W P, et al. Achieving exceptionally high luminescence quantum efficiency by immobilizing an AIE molecular chromophore into a metal-organic framework. Chemical Communications, 2015, 51: 3045-3048.

[82] Guo Y, Feng X, Han T, et al. Tuning the luminescence of metal-organic frameworks for detection of energetic heterocyclic compounds. Journal of the American Chemical Society, 2014, 136: 15485-15488.

[83] Shustova N B, Cozzolino A F, Dinca M. Conformational locking by design: relating strain energy with luminescence and stability in rigid metal-organic frameworks. Journal of the American Chemical Society, 2012, 134: 19596-19599.

[84] Shustova N B, Cozzolino A F, Reineke S, et al. Selective turn-on ammonia sensing enabled by high-temperature fluorescence in metal-organic frameworks with open metal sites. Journal of the American Chemical Society, 2013, 135: 13326-13329.

[85] Zhang M, Feng G, Song Z, et al. Two-dimensional metal-organic framework with wide channels and responsive turn-on fluorescence for the chemical sensing of volatile organic compounds. Journal of the American Chemical Society, 2014, 136: 7241-7244.

[86] Li Q Y, Ma Z, Zhang W Q, et al. AIE-active tetraphenylethene functionalized metal-organic framework for selective detection of nitroaromatic explosives and organic photocatalysis. Chemical Communications, 2016, 52: 11284-11287.

[87] Wei Z, Gu Z Y, Arvapally R K, et al. Rigidifying fluorescent linkers by metal-organic framework formation for fluorescence blue shift and quantum yield enhancement. Journal of the American Chemical Society, 2014, 136: 8269-8276.

[88] Chen L J, Ren Y Y, Wu N W, et al. Hierarchical self-assembly of discrete organoplatinum(II)metallacycles with polysaccharide via electrostatic interactions and their application for heparin detection. Journal of the American Chemical Society, 2015, 137: 11725-11735.

[89] Tian Y, Yan X, Saha M L, et al. Hierarchical self-assembly of responsive organoplatinum(II)metallacycle-TMV complexes with turn-on fluorescence. Journal of the American Chemical Society, 2016, 138: 12033-12036.

[90] Zhang C W, Jiang S T, Yin G Q, et al. Dual stimuli-responsive cross-linked AIE supramolecular polymer constructed through hierarchical self-assembly. Israel Journal of Chemistry, 2018, 58: 1265-1272.

[91] Zhang C W, Ou B, Jiang S T, et al. Cross-linked AIE supramolecular polymer gels with multiple stimuli-responsive behaviours constructed by hierarchical self-assembly. Polymer Chemistry, 2018, 9: 2021-2030.

[92] Yu G, Zhang M, Saha M L, et al. Antitumor activity of a unique polymer that incorporates a fluorescent self-assembled metallacycle. Journal of the American Chemical Society, 2017, 139: 15940-15949.

[93] Li B, He T, Shen X, et al. Fluorescent supramolecular polymers with aggregation induced emission properties. Polymer Chemistry, 2019, 10: 796-818.

[94] Messner M, Kurkov S V, Jansook P, et al. Self-assembled cyclodextrin aggregates and nanoparticles. International Journal of Pharmaceutics, 2010, 387: 199-208.

[95] Yan Y, Jiang L, Huang J. Unveil the potential function of CD in surfactant systems. Physical Chemistry Chemical Physics, 2011, 13: 9074.

[96] Hui X, Xu D, Wang K, et al. Supermolecular self assembly of AIE-active nanoprobes: fabrication and bioimaging applications. RSC Advances, 2015, 5: 107355-107359.

[97] Du Z, Ke K, Chang X, et al. Controlled self-assembly of multiple-responsive superamphiphilc polymers based on

host-guest inclusions of a modified PEG with β-cyclodextrin. Langmuir: the ACS Journal of Surfaces and Colloids, 2018, 34: 5606-5614.

[98] Chen J, Luo S, Xu D, et al. Fabrication of AIE-active amphiphilic fluorescent polymeric nanoparticles through host-guest interaction. RSC Advances, 2016, 6: 54812-54819.

[99] Xu D, Liu M, Zou H, et al. Fabrication of AIE-active fluorescent organic nanoparticles through one-pot supramolecular polymerization and their biological imaging. Journal of the Taiwan Institute of Chemical Engineers, 2017, 78: 455-461.

[100] Guo L, Xu D, Huang L, et al. Facile construction of luminescent supramolecular assemblies with aggregation-induced emission feature through supramolecular polymerization and their biological imaging. Materials Science and Engineering C: Materials for Biological Applications, 2018, 85: 233-238.

[101] Huang H, Xu D, Liu M, et al. Direct encapsulation of AIE-active dye with β cyclodextrin terminated polymers: self-assembly and biological imaging. Materials Science and Engineering C: Materials for Biological Applications, 2017, 78: 862-867.

[102] Yang Y, Jin Y J, Jia X, et al. Supramolecular hyaluronic assembly with aggregation-induced emission mediated in two stages for targeting cell imaging. ACS Medicinal Chemistry Letters, 2020, 11: 451-456.

[103] Zhao Q, Chen Y, Sun M, et al. Construction and drug delivery of a fluorescent TPE-bridged cyclodextrin/hyaluronic acid supramolecular assembly. RSC Advances, 2016, 6: 50673-50679.

[104] Zhou C, Huang J, Yan Y. Chain length dependent alkane/β-cyclodextrin nonamphiphilic supramolecular building blocks. Soft Matter, 2016, 12: 1579-1585.

[105] Zhou C, Cheng X, Zhao Q, et al. Self-assembly of channel type β-CD dimers induced by dodecane. Scientific Reports, 2014, 4: 7533.

[106] Zhou C, Cheng X, Yan Y, et al. Reversible transition between SDS@2β-CD microtubes and vesicles triggered by temperature. Langmuir: the ACS Journal of Surfaces & Colloids, 2014, 30: 3381-3386.

[107] Zhou C, Cheng X, Zhao Q, et al. Self-assembly of nonionic surfactant Tween 20@2β-CD inclusion complexes in dilute solution. Langmuir: the ACS Journal of Surfaces & Colloids, 2013, 29: 13175-13182.

[108] Liang G, Ren F, Gao H, et al. Bioinspired fluorescent nanosheets for rapid and sensitive detection of organic pollutants in water. ACS Sensors, 2016, 1: 1272-1278.

[109] Wu Y, Chen Q, Li Q, et al. Daylight-stimulated antibacterial activity for sustainable bacterial detection and inhibition. Journal of Materials Chemistry B, 2016, 4: 6350-6357.

[110] Liu Y, Qin A, Chen X, et al. Specific recognition of β-cyclodextrin by a tetraphenylethene luminogen through a cooperative boronic acid/diol interaction. Chemistry, 2011, 17: 14736-14740.

[111] Huang H, Liu M, Chen J, et al. Fabrication of β-cyclodextrin containing AIE-active polymeric composites through formation of dynamic phenylboronic borate and their theranostic applications. Cellulose, 2019, 26: 8829-8841.

[112] Li J J, Chen Y, Yu J, et al. A supramolecular artificial light-harvesting system with an ultrahigh antenna effect. Advanced Materials, 2017, 29: 1701905.

[113] Liow S S, Zhou H, Sugiarto S, et al. Highly efficient supramolecular aggregation-induced emission-active pseudorotaxane luminogen for functional bioimaging. Biomacromolecules, 2017, 18: 886-897.

[114] Yao H, Wang J, Fan Y Q, et al. Supramolecular hydrogel-based AIEgen: construction and dual-channel recognition of negative charged dyes. Dyes and Pigments, 2019, 167: 16-21.

[115] Song S, Zheng H F, Li D M, et al. Monomer emission and aggregate emission of TPE derivatives in the presence

of γ-cyclodextrin. Organic Letters，2014，16：2170-2173.

[116] Chen K F，Liu S，Gao M，et al. AIE-active and thermoresponsive alternating polyurethanes of bile acid and PEG for cell imaging. ACS Applied Polymer Materials，2019，1：2973-2980.

[117] Chen D，Zhan J，Zhang M，et al. A fluorescent supramolecular polymer with aggregation induced emission（AIE）properties formed by crown ether-based host-guest interactions. Polymer Chemistry，2015，6：25-29.

[118] Bai W，Wang Z，Tong J，et al. A self-assembly induced emission system constructed by the host-guest interaction of AIE-active building blocks. Chemical Communications，2015，51：1089-1091.

[119] Wang S，Ye J H，Han Z，et al. Highly efficient FRET from aggregation-induced emission to BODIPY emission based on host-guest interaction for mimicking the light-harvesting system. RSC Advances，2017，7：36021-36025.

[120] Xu L，Chen D，Zhang Q，et al. A fluorescent cross-linked supramolecular network formed by orthogonal metal-coordination and host-guest interactions for multiple ratiometric sensing. Polymer Chemistry，2018，9：399-403.

[121] Zhang J，Zhu J，Lu C，et al. A hyperbranched fluorescent supramolecular polymer with aggregation induced emission（AIE）properties. Polymer Chemistry，2016，7：4317-4321.

[122] Arumugaperumal R，Raghunath P，Lin M C，et al. Distinct nanostructures and organogel driven by reversible molecular switching of a tetraphenylethene-involved calix[4]arene-based amphiphilic [2]rotaxane. Chemistry of Materials，2018，30：7221-7233.

[123] Wang X，Hu J，Liu T，et al. Highly sensitive and selective fluorometric off-on K$^+$ probe constructed via host-guest molecular recognition and aggregation-induced emission. Journal of Materials Chemistry，2012，22：8622.

[124] Tian H W，Liu Y C，Guo D S. Assembling features of calixarene-based amphiphiles and supra-amphiphiles. Materials Chemistry Frontiers，2020，4：46-98.

[125] Chen C，Ni X，Tian H W，et al. Calixarene-based supramolecular AIE dots with highly inhibited nonradiative decay and intersystem crossing for ultrasensitive fluorescence image-guided cancer surgery. Angewandte Chemie International Edition，2020，59：10008-10012.

[126] Yao X，Ma X，Tian H. Aggregation-induced emission encoding supramolecular polymers based on controllable sulfonatocalixarene recognition in aqueous solution. Journal of Materials Chemistry C，2014，2：5155.

[127] Chi X，Zhang H，Vargas-Zuniga G I，et al. A dual-responsive bola-type supra-amphiphile constructed from a water-soluble calix[4]pyrrole and a tetraphenylethene-containing pyridine bis-N-oxide. Journal of the American Chemical Society，2016，138：5829-5832.

[128] Ogoshi T，Kanai S，Fujinami S，et al. para-Bridged symmetrical pillar[5]arenes：their Lewis acid catalyzed synthesis and host-guest property. Journal of the American Chemical Society，2008，130：5022-5023.

[129] Wang P，Liang B，Xia D A. Linear AIE supramolecular polymer based on a salicylaldehyde azine-containing pillararene and its reversible cross-linking by Cu(Ⅱ)and cyanide. Inorganic Chemistry，2019，58：2252-2256.

[130] Dhinakaran M K，Gong W，Yin Y，et al. Configuration-independent AIE-active supramolecular polymers of cyanostilbene through the photo-stable host-guest interaction of pillar[5]arene. Polymer Chemistry，2017，8：5295-5302.

[131] Song N，Chen D X，Xia M C，et al. Supramolecular assembly-induced yellow emission of 9，10-distyrylanthracene bridged bis(pillar[5]arene)s. Chemical Communications，2015，51：5526-5529.

[132] Song N，Lou X Y，Hou W，et al. Pillarene-based fluorescent supramolecular systems：the key role of chain length in gelation. Macromolecular Rapid Communications，2018，39：1800593.

[133] Song N，Chen D X，Qiu Y C，et al. Stimuli-responsive blue fluorescent supramolecular polymers based on a pillar[5]arene tetramer. Chemical Communications，2014，50：8231-8234.

[134] Wu J，Sun S，Feng X，et al. Controllable aggregation-induced emission based on a tetraphenylethylene-functionalized pillar[5]arene via host-guest recognition. Chemical Communications，2014，50：9122-9125.

[135] Wang Y，Lv M Z，Song N，et al. Dual-stimuli-responsive fluorescent supramolecular polymer based on a diselenium-bridged pillar[5]arene dimer and an AIE-active tetraphenylethylene guest. Macromolecules，2017，50：5759-5766.

[136] Wang X H，Song N，Hou W，et al. Efficient aggregation-induced emission manipulated by polymer host materials. Advanced Materials，2019，31：e1903962.

[137] Yu G，Zhao R，Wu D，et al. Pillar[5]arene-based amphiphilic supramolecular brush copolymer：fabrication，controllable self-assembly and application in self-imaging targeted drug delivery. Polymer Chemistry，2016，7：6178-6188.

[138] Shao L，Sun J，Hua B，et al. An AIEE fluorescent supramolecular cross-linked polymer network based on pillar[5]arene host-guest recognition：construction and application in explosive detection. Chemical Communications，2018，54：4866-4869.

[139] Jin X Y，Song N，Wang X，et al. Monosulfonicpillar[5]arene：synthesis，characterization，and complexation with tetraphenylethene for aggregation-induced emission. Scientific Reports，2018，8：4035.

[140] Zhou J，Hua B，Shao L，et al. Host-guest interaction enhanced aggregation-induced emission and its application in cell imaging. Chemical Communications，2016，52：5749-5752.

[141] Sun J，Shao L，Zhou J，et al. Efficient enhancement of fluorescence emission via TPE functionalized cationic pillar[5]arene-based host-guest recognition-mediated supramolecular self-assembly. Tetrahedron Letters，2018，59：147-150.

[142] Shi B，Jie K，Zhou Y，et al. Nanoparticles with near-infrared emission enhanced by pillararene-based molecular recognition in water. Journal of the American Chemical Society，2016，138：80-83.

[143] Hao M，Sun G，Zuo M，et al. A Supramolecular artificial light-harvesting system with two-step sequential energy transfer for photochemical catalysis. Angewandte Chemie International Edition，2020，59：10095-10100.

[144] Wang P，Yan X，Huang F. Host-guest complexation induced emission：a pillar[6]arene-based complex with intense fluorescence in dilute solution. Chemical Communications，2014，50：5017-5019.

[145] Dai D，Li Z，Yang J，et al. Supramolecular assembly-induced emission enhancement for efficient mercury(Ⅱ) detection and removal. Journal of the American Chemical Society，2019，141：4756-4763.

[146] Cheng H B，Li Z，Huang Y D，et al. Pillararene-based aggregation-induced-emission-active supramolecular system for simultaneous detection and removal of mercury(Ⅱ)in water. ACS Applied Materials & Interfaces，2017，9：11889-11894.

[147] Ma X Q，Wang Y，Wei T B，et al. A novel AIE chemosensor based on quinoline functionalized pillar[5]arene for highly selective and sensitive sequential detection of toxic $Hg^{2+}$and CN^-. Dyes and Pigments，2019，164：279-286.

[148] Yao H，Zhou Q，Wang J，et al. Highly selective Fe^{3+} and $F^-/H_2PO_4^-$ sensor based on a water-soluble cationic pillar[5]arene with aggregation-induced emission characteristic. Spectrochimica Acta Part A：Molecular and Biomolecular Spectroscopy，2019，221：117215.

[149] Lin Q，Jiang X M，Ma X Q，et al. Novel bispillar[5]arene-based AIEgen and its' application in mercury（Ⅱ）detection. Sensors and Actuators B：Chemical，2018，272：139-145.

[150] Liu H，Zhang Z，Zhao Y，et al. A water-soluble two-dimensional supramolecular organic framework with aggregation-induced emission for DNA affinity and live-cell imaging. Journal of Materials Chemistry B，2019，7：1435-1441.

[151] Kim H J，Whang D R，Gierschner J，et al. Highly enhanced fluorescence of supramolecular polymers based on a cyanostilbene derivative and cucurbit[8]uril in aqueous solution. Angewandte Chemie International Edition，2016，55：15915-15919.

[152] Chen X M，Chen Y，Yu Q，et al. Supramolecular assemblies with near-infrared emission mediated in two stages by cucurbituril and amphiphilic calixarene for lysosome-targeted cell imaging. Angewandte Chemie International Edition，2018，57：12519-12523.

[153] Liu H，Pan Q，Wu C，et al. Construction of two-dimensional supramolecular nanostructure with aggregation-induced emission effect via host-guest interactions. Materials Chemistry Frontiers，2019，3：1532-1537.

[154] Li Y，Dong Y，Miao X，et al. Shape-controllable and fluorescent supramolecular organic frameworks through aqueous host-guest complexation. Angewandte Chemie International Edition，2018，57：729-733.

[155] Qiao F，Yuan Z，Lian Z，et al. Supramolecular hyperbranched polymers with aggregation-induced emission based on host-enhanced π-π interaction for use as aqueous light-harvesting systems. Dyes and Pigments，2017，146：392-397.

[156] Xing L B，Wang X J，Zhang J L，et al. Tetraphenylethene-containing supramolecular hyperbranched polymers：aggregation-induced emission by supramolecular polymerization in aqueous solution. Polymer Chemistry，2016，7：515-518.

[157] Chen X M，Zhang Y M，Liu Y. Adsorption of anionic dyes from water by thermostable supramolecular hydrogel. Supramolecular Chemistry，2016，28：817-824.

[158] Li Y，Qin C，Li Q，et al. Supramolecular organic frameworks with controllable shape and aggregation-induced emission for tunable luminescent materials through aqueous host-guest complexation. Advanced Optical Materials，2020，8：1902154.

[159] Wang L，Sun Z，Ye M，et al. Fabrication of a cross-linked supramolecular polymer on the basis of cucurbit[8]uril-based host-guest recognition with tunable AIE behaviors. Polymer Chemistry，2016，7：3669-3673.

[160] Jiang R，Wang S，Li J. Cucurbit[7]uril-tetraphenylethene host-guest system induced emission activity. RSC Advances，2016，6：4478-4482.

[161] Cheng N，Chen Y，Zhang Y，et al. Cucurbit[7]uril-mediated 2D single-layer hybrid frameworks assembled by tetraphenylethene and polyoxometalate toward modulation of the α-chymotrypsin activity. ACS Applied Materials & Interfaces，2020，12：15615-15621.

[162] Cheng Q，Cao Z，Hao A，et al. Fluorescent imprintable hydrogels via organic/inorganic supramolecular coassembly. ACS Applied Materials & Interfaces，2020，12：15491-15499.

[163] Wu Y，Hua H，Wang Q A. CB[5] analogue based supramolecular polymer with AIE behaviors. New Journal of Chemistry，2018，42：8320-8324.

[164] Yu Y，Li Y，Wang X，et al. Cucurbit[10]uril-based [2]rotaxane：preparation and supramolecular assembly-induced fluorescence enhancement. The Journal of Organic Chemistry，2017，82：5590-5596.

第5章

>>

AIE 自组装结构在生物医学中的应用

21 世纪是属于生命科学的世纪，将材料应用于生物医学领域是越来越多研究者首先考虑的应用方向。简单来讲，生物医学是综合医学、生命科学等多学科理论和方法而发展起来的前沿交叉学科，其基本任务是运用生物学及工程技术手段研究和解决生命科学，特别是医学中的有关问题。作为当前应用研究的最大热点，本章将详细分析 AIE 分子自组装在生物医学中的应用。

细菌、真菌和病毒是威胁人类健康的重要病原体，对这些病原体的检测非常重要，所以本章第一节将首先介绍 AIE 自组装在病原体特别是细菌检测方面的应用。

细胞和体液中分子离子的含量与生理状况是否正常直接相关，严重的离子失衡将导致电解质紊乱，甚至造成对生命的威胁。利用 AIE 分子自组装实现对生命体中分子离子及蛋白质和酶的检测是 5.2 节的主要内容。

作为一种荧光分子，荧光成像是最为直接的应用，因此 5.3 节将介绍 AIE 自组装对于细胞成像的作用。

对生命医学的研究终极目的在于治疗和预防疾病，因此药物运输至关重要。本章第四节将系统介绍 AIE 自组装如何作为药物运输载体，将药物的可控释放与荧光成像定位功能结合在一起。

除化学药物治疗外，基因治疗已然成为目前最新的治疗方案，这使得很多以前看来无药可医的绝症的康复成为可能，本章第五节将涉及 AIE 自组装与 DNA 和基因运输的关系。

由于抗生素的不合理使用，耐药性和耐药菌的出现为治疗和康复蒙上了一层阴霾，此外癌细胞对治疗药物的泵出也是化疗不能有效发挥作用的主要原因。在本章的最后一节，将详细介绍 AIE 自组装在光动力治疗这种新型治疗方案中的实际应用。

5.1 ▶ AIE 自组装在细菌检测与清除中的应用

在当前医疗卫生条件下，致病性细菌、真菌和病毒仍是对人类健康造成严重威胁的重要来源。培养/菌落计数和聚合酶链式反应是病原体检测和计数的经典方法，但是它们的操作既费时又费力，很容易造成错诊、漏诊，相对较长的检测时间也使疾病早期诊断和干预变得困难。另外，由于抗生素和抗病毒制剂的大量使用，耐药性病原体的出现和迅速传播是另一个严重威胁。由于更新一代药物的研发和应用速度远远落后于耐药性产生的速度，越来越多的患者将面临无药可用的局面。因此，急切需要新的不产生耐药性的治疗药物或策略。具有聚集诱导荧光发射能力的 AIE 分子因其高灵敏度和特异性在病原体检测中具有较好的效果。此外，光控杀菌能力开启的特征也可以有效减缓耐药性的产生[1]。

　　一般，细菌可以通过革兰氏染色进行区分，依据细菌细胞壁组成不同，可将细菌分成革兰氏阳性菌与革兰氏阴性菌两大类。常见的革兰氏阳性菌包括金黄色葡萄球菌、肺炎链球菌等，这类细菌对青霉素、头孢菌素、万古霉素、克林霉素等高度敏感，也是超强耐药菌的主要类型。埃希氏菌属、枸橼酸菌属、沙门氏菌等则属于革兰氏阴性菌。在实验研究中，常以表皮葡萄球菌（*S.epidermidis*）作为革兰氏阳性菌的模式代表，而大肠杆菌（*E.coli*）是最常用的革兰氏阴性菌。根据能够抵抗细菌种类的多寡，抗生素被分成广谱型和窄谱型两大类，类似的 AIE 型杀菌剂也可以分为对革兰氏阳性和阴性均具有杀菌能力的广谱型与仅对阳性或阴性有效果的窄谱型。

　　在进行细菌检测时，为避免溶液背景的影响，通常需要进行染色后洗脱处理，这往往会出现染色强度降低或细菌被洗脱的问题，造成检出限偏高和漏检。AIE 分子由于具有在分散稀释状态下不发射荧光的特点，不会形成干扰背景，这为免洗脱荧光染色细菌计数提供了可能，是 AIE 型细菌检测的独特优势。

　　根据以上分析，本小节将以对细菌检测范围宽窄为分类依据介绍 AIE 分子自组装在细菌检测和清除中的应用。

5.1.1　窄谱型细菌检测

　　仅能够特异性检测革兰氏阳性或阴性细菌的 AIE 型检测剂被称为窄谱型检测剂。通常细菌检测和清除同时完成。咪唑基团具有良好的抗微生物作用，四级铵也具有很好的抑制细菌生长能力，这两种基团常与 AIE 分子连接形成检测和杀菌双功能荧光探针。

　　如图 5-1 所示，曾文彬等[2]设计了以四苯基咪唑为 AIE 中心通过疏水烷基链与四级铵盐连接的 bola 型阳离子细菌探针 TPIP。该小分子可以在水溶液中自组装形成长方形纳米粒子，对革兰氏阳性菌具有很好的检测和清除效果。

　　类似的研究还可以参考徐立群等将抗微生物多肽与 TPE 连接（TPE-AMP）[3]，以及 Chatterjee 等设计的磺酸修饰 TPE[4]，通过静电作用与细菌细胞膜表面带正电荷的脂磷壁酸（LTA）结合，同样可以实现对革兰氏阳性菌的检测。

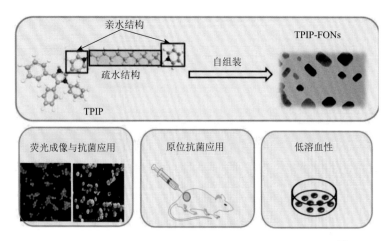

图 5-1　TPIP 自组装结果及其在细菌检测和抗菌上的应用[2]

5.1.2　广谱型细菌检测

实际上，AIE 自组装细菌检测更多以广谱型为主。这些探针通常具有很低的细胞毒性，不会引起溶血等严重不良反应的发生，在血液和组织细菌检测中具有很重要的应用。对细菌的检出限常以每毫升培养液中菌落形成数（CFU/mL）表示，对细菌的清除能力通常用最小抑菌浓度（MIC）说明。本小节将详细介绍 AIE 分子自组装在广谱型细菌检测中的应用。根据细菌存在时荧光增强还是猝灭，可以分成荧光点亮型和荧光猝灭型两种设计方案。在本小节最后还会介绍检测与其他功能联合的分子设计。

1. 荧光点亮方式细菌检测

以荧光是否存在和多少来判断细菌的数量是检测细菌比较直观的方法。图 5-2 总结了常用的分子设计思路[5]。无论是革兰氏阳性菌还是阴性菌表面通常都带有负电荷和大量疏水性物质，因此带有正电荷的 AIE 分子与其具有很高的亲和性[图 5-2（a）]，疏水性 AIE 分子也可以直接与其有效结合实现自组装和发光[图 5-2（d）]。此外，将 AIE 分子与细菌特异性酶的底物或生物标志物连接，也是促进 AIE 分子自组装，实现荧光点亮的方法[图 5-2（b）和（c）]。

Yan 等发现含有 AIE 基团的咪唑类型离子液体在细菌检测中具有很好的效果。研究者通过阴离子交换方法将阳离子咪唑高分子中的 Br⁻部分用含有磺酸基的 TPE 取代，可以实现对细菌的检测（图 5-3）。控制阴离子取代比例可以决定荧光强度和杀菌能力的强弱。TPESO$_3^-$浓度越高，荧光强度越强，杀菌能力则越弱。该离子液体还可以实现对细菌保护夹膜生长的抑制，保持其对抗菌剂的敏感

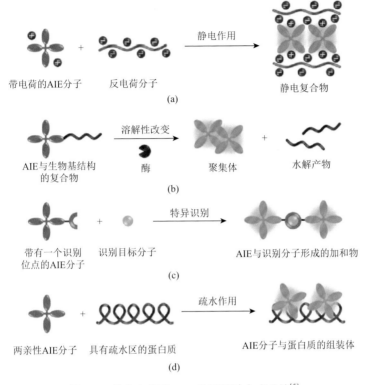

图 5-2　荧光点亮型 AIE 分子设计方式总结[5]

性，降低杀菌剂的用量[6]。该研究者还同时合成了以 TPE 为荧光基团，四臂连接咪唑阳离子的一系列小分子离子液体用于检测和抑菌，具有很好的光稳定性，无须特别的黑暗保护[7]。

　　对病原体的快速识别和高通量抗菌剂筛选是减轻病原体对人类危害最有效的方式之一。唐本忠等以 TPE 为分子核心，连接不同疏水链段结构（TPE-AR）模拟不同病原体表面疏水性的差异。利用这些小分子组合依靠荧光强度变化的不同，可以同时实现多种病原体的区分，以及正常和耐药菌之间的区分[8]。在临界聚集浓度（CAC）以上，TPE-AR 自身可以自组装形成具有荧光的球形纳米粒子。当细菌存在时，由于 TPE-AR 与细菌的结合能力更强，组装体发生解体。革兰氏阳性菌的细胞壁比较疏松多孔，对 TPE 分子振动的抑制能力较弱，导致荧光强度减弱。拥有脂质和交联肽聚糖外膜的革兰氏阴性菌可以通过疏水作用有效限制 TPE 分子的振动，使荧光显著增强。同时利用三种 TPE-AR 分子并结合线性判别分析（LDA）即可实现在 30 min 内接近 100%准确的细菌检测。研究者又设计了图 5-4 所示的两亲性细菌探针，在抗菌剂高通量筛选中具有优秀的表现[9]。

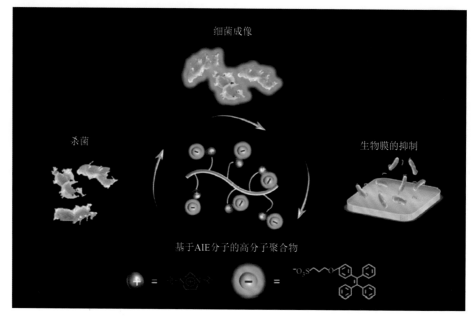

图 5-3　咪唑型聚离子液体对细菌的检测，杀菌和荚膜生长抑制的模式图[6]

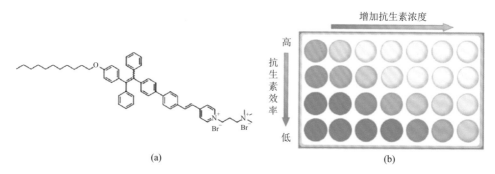

(a)　　　　　　　　　　　　　　　　　(b)

图 5-4　（a）两亲性细菌探针分子结构式；（b）依据荧光强度判断抗菌剂效果的示意图[9]

2. 荧光猝灭方式细菌检测

含有 AIE 分子的自组装结构通常在接触细菌后会发生解体，导致对非辐射跃迁限制能力下降，荧光强度减弱，这是荧光猝灭型细菌检测的主要原理。基于此原理，刘世勇等[10]利用聚阳离子嵌段高分子 PEO-*b*-PQDMA 与磺酸基取代的 TPE 分子通过静电自组装形成 PIC 胶束，实现水源性致病菌的灵敏检测。带正电荷的 PQDMA 与带负电荷的细菌结合能力强于 TPE 分子，竞争导致胶束解体是检测的主要原理。在这里 PQDMA 中的四级铵盐同时具有杀菌能力，检出限低至 5.5×10^{-4} CFU/mL，最低抑制浓度仅为 19.7 μg/mL。

　　与之类似，高辉等[11]也提出了非常巧妙的设计。他们以多孔纳米硅粒子（MSN）为基本骨架，向其中加入抗菌剂阿莫西林（羟氨苄青霉素，AMO）、1, 2-乙二胺改性的聚甲基丙烯酸甘油酯（PEGDA）和葫芦[7]脲（CB[7]）。PEGDA 和 CB[7]通过离子-偶极作用与多孔硅结合，最后带有负电荷的 TPE-(COOH)$_4$ 通过静电作用包围在硅纳米粒子表面发出强烈荧光（图 5-5）。按照此种方法，可以层层自组装形成直径为(125±10) nm 的球形纳米粒子。当环境中存在细菌时，细菌与 PEGDA 的结合能力强于 TPE-(COOH)$_4$，TPE-(COOH)$_4$ 脱离聚集体，荧光强度显著降低。该体系还可以通过加入 CB[7]的竞争剂金刚烷胺促进药物 AMO 的释放，实现响应性杀菌。

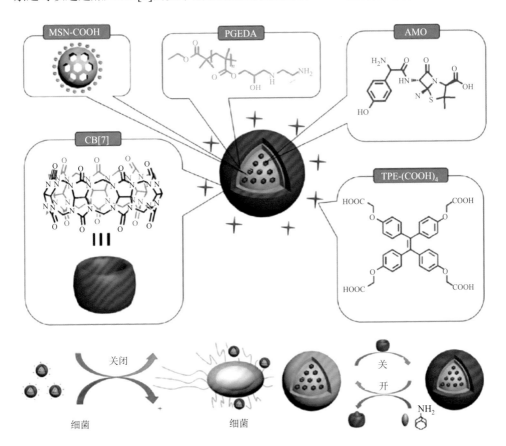

图 5-5　纳米组装体的组成、细菌检测和可控药物释放的原理图[11]

　　该研究者在解决耐药性问题上也有重要的贡献[12]。阳离子聚合物 Q-PEGDA-OP 与 TPE-(COOH)$_4$ 通过静电自组装形成荧光胶束，利用 Q-PEGDA-OP 与细菌结合能力更强的特点，实现胶束解体和荧光猝灭型检测（图 5-6）。Q-PEGDA-OP 与细菌结合的同时可以导致细胞膜解体，起到杀菌的作用。同时由于 Q-PEGDA-OP

上存在酯键，可以被脂肪酶切断，转变为负电荷高分子而失去与细菌的亲和能力，杀菌作用消失。不同于降解较慢的抗菌剂分子，这种暂时性抗菌剂不会导致菌落定向进化，在防止耐药性产生方面具有很好的效果。

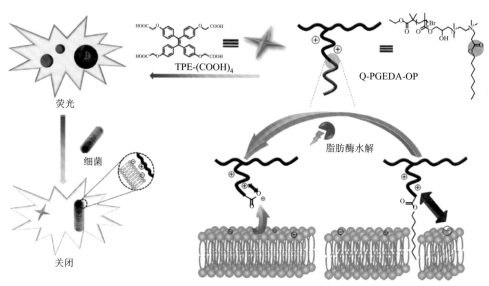

图 5-6　AIE 自组装抗菌剂的作用与失活，以及细菌检测原理示意图[12]

3. 含有附加功能的检测剂

　　AIE 自组装细菌探针除最基本的检测外，还可以与其他功能相互复合。在 TPE 分子的四臂上连接 Gd(III) 的配合物，刘世勇等[13]实现了荧光/磁共振双重探针。这种两亲星形共聚物可以自组装形成 PIC 胶束，磁共振效果赋予其极佳的空间分辨率和穿透深度，非常适合组织内部细菌的检测。

　　AIE 分子不仅可以直接用于细菌的荧光检测，还可以作为光敏剂，实现光动力杀菌。在非光照条件下杀菌能力受到抑制，这种可控杀菌策略在防止耐药性产生中扮演重要角色。例如，刘斌等[14]设计了包含 capase-1 识别位点的 PyTPE-CRP。在吞噬细胞中，PyTPE-CRP 被 capase-1 切割并自组装形成球形纳米粒子，发出荧光的同时通过静电作用与吞噬细胞内的细菌结合（图 5-7）。在这里 TPE 分子同时作为光敏剂，产生活性氧辅助细菌灭活。由于活性氧的产生必须有光照的存在，通过光照开关可以控制杀菌能力的有无，有效避免了持续杀菌导致的耐药性。

　　唐本忠等[15]发现具有两亲性的 TPE-Bac 可以插入细菌细胞膜中，在黑暗条件下增加膜的通透性，导致细菌裂解死亡。在光照下，TPE 分子作为光敏剂，产生的活性氧可以进一步增强杀菌能力。在 1 h 自然光照射下，99%的细菌可以被有效灭活。TPE-Bac 具有良好的光稳定性，循环使用 5 次仍能保持几乎不变的杀菌能力。

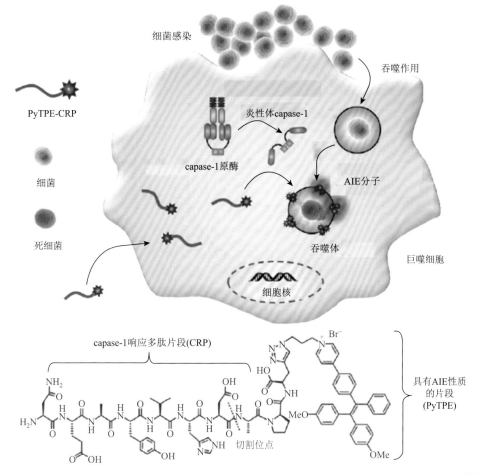

图 5-7　巨噬细胞介导的细胞内细菌感染的诊断和消除,以及 **PyTPE-CRP** 的分子结构示意图[14]

需要注意的是,光动力杀菌仅仅是光动力治疗的一小部分内容,更多 AIE 自组装参与的光动力治疗特别是癌症相关治疗及其分子设计原理可以参考 5.5 节中相关内容。

5.1.3　小结

本小节介绍了 AIE 自组装在细菌检测和清除中的应用。实际上,阳离子或两亲 AIE 分子由于与细菌细胞膜良好的亲和性,常直接应用于细菌荧光检测,自组装是一种相对不常见的策略。目前细菌的荧光检测仍以紫外光为主要的激发光源,组织穿透能力较弱,限制了其实际应用。未来更长的激发波长特别是上转换荧光材料在细菌检测中的应用将会是一个研究的重点。总体来讲,AIE 自组装因更低的细胞毒性，以及额外的光动力杀菌能力，使其在细菌检测中能够占据一定地位，但目前仍不是此方向的主流。

5.2 AIE 自组装在生物分子检测中的应用

通常，生物分子可以分成六大类：糖类、脂质、蛋白质、水、无机盐和维生素。在生命活动过程中，每一类生物分子都必不可少，其在体内存在与否及含量是否异常通常是疾病的灵敏靶标，而荧光探针则是进行检测的最常用方法。将 AIE 分子应用于生物分子的检测具有以下优点：①拓宽了荧光传感器的检测机理，如聚集点亮荧光和分解猝灭荧光机理等；②有利于点亮荧光和荧光颜色改变检测方式的构建；③促进水溶液中分析物的灵敏检测[16]。相比于直接将 AIE 分子应用于生物分子检测，AIE 分子自组装通常具有更好的溶解度和分散能力，分子更不容易泄漏，对细胞毒性更低，非常适合细胞内原位分子检测和实时监控。

根据分子设计，可以分为大分子的自组装和完全由小分子通过分子间作用形成组装体两种方法。在对生物分子进行检测时，静电作用、氢键、疏水作用和配位作用是最常利用的分子间作用。此外，酶切割、氧化还原等原因导致的分子溶解度改变，光诱导电子转移和环化反应也是促进 AIE 分子自组装或解体实现检测的有效方法[17]。

本小节将以生物分子的种类作为分类依据，依次介绍 AIE 分子自组装在糖类、蛋白质、酶、核酸及其他小分子、离子检测中的应用。

5.2.1 对葡萄糖的检测

葡萄糖是活细胞的能量来源和新陈代谢中间产物，即生物的主要供能物质。人体血液或尿液中葡萄糖水平异常是生理学功能非正常状态的灵敏标志，常提示胰岛分泌功能异常，肾脏过滤重吸收功能异常及癌症发生的可能。因此，选择性检测葡萄糖在生物医学中具有非常重要的意义。

D-葡萄糖氧化酶（GOx）可以在有氧条件下专一性地催化葡萄糖生成葡萄糖酸和过氧化氢，商业上常用此原理实现电化学选择性检测葡萄糖。荧光检测因其更好的灵敏度和更快的检测速度，也是检测葡萄糖的可能方法。张德清等[18]利用 AIE 高分子胶束荧光猝灭的方法实现了对葡萄糖的检测，检出限低至 2.29×10^{-6} mol/L。具体的方法是，向含有葡萄糖的荧光胶束中加入 GOx 和 I$^-$，葡萄糖在 GOx 的作用下生成 H_2O_2 可以将 I$^-$氧化为 I_2，生成的 I_2 对 TPE 分子的荧光具有猝灭作用，通过荧光猝灭程度即可以判断葡萄糖的含量。

实际上 H_2O_2 是一种比较常见的活性氧物种，通常可以指示细胞内氧化压力的大小。由于葡萄糖与 H_2O_2 转化之间的关系，这两种分子常同时进行检测。李峰等[19]

通过如下方法实现了葡萄糖和 H_2O_2 的双重检测。马来酰亚胺修饰的 TPE 分子（TPE-M）由于激子猝灭效应，几乎不能发出荧光。在半胱氨酸的存在下，TPE-M 可以与之反应形成 TPE-M-L，在自组装后发出强烈荧光。由于 H_2O_2 可以氧化半胱氨酸形成二聚体胱氨酸，使其失去与 TPE-M 反应的能力，导致荧光猝灭，因此可以作为 H_2O_2 荧光猝灭型检测剂（图 5-8）。如果同时加入葡萄糖和 GOx 也可以借助反应生成的 H_2O_2 发生类似的反应，实现葡萄糖的检测。

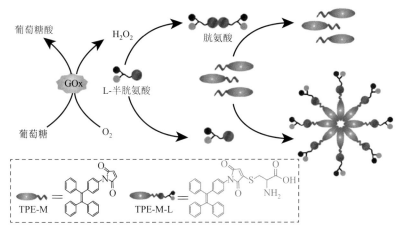

图 5-8　TPE-M 对 H_2O_2 和葡萄糖检测的原理图[19]

5.2.2　对蛋白质的检测

蛋白质是细胞和组织的重要组成成分，生物体一切结构和功能的实现都离不开蛋白质的参与。蛋白质的分子质量分布非常宽，根据组成的氨基酸数量不同，从仅由 20 个氨基酸折叠形成三维结构的 TRp-cage，到分子质量近 3000 kDa（1 Da = 1 u = 1.66054×10^{-27} kg）的肌动蛋白 titin 都可以通称作蛋白质。翻译后修饰在蛋白质的识别和功能执行中扮演重要角色，从甲基修饰到磷酸化修饰，再到泛素化修饰，以及连接寡糖链的糖蛋白都是生命体中功能的重要承担者。本小节内容将涉及 AIE 分子自组装在分子质量较低的蛋白质与高分子质量的蛋白质及糖蛋白的识别与检测中的应用，对上述类型均会举例介绍。

鱼精蛋白是一种分子质量相对较低的碱性蛋白质，在生理条件下带正电荷。鱼精蛋白可以作为一种天然防腐剂，在临床医学上也有重要的作用，是体外循环心脏手术中唯一对抗肝素的药物。对于鱼精蛋白的检测，荧光探针是最常用的方法。唐本忠等[20]以磷酸根封端、含有寡聚乙二醇的 TPE（TPE-TEG-PA）分子为探针，与带正电荷的鱼精蛋白静电自组装形成胶束，点亮荧光实现对其检测。同时，利用碱性磷酸酶能够切断 TPE-TEG-PA 分子中磷酸根的能力，可以显著改变 AIE 分子的溶解度，形成 TPE 分子位于内核的纳米粒子，同样能够点亮荧光。

血清白蛋白是脊椎动物血浆中含量最丰富的蛋白质，分子质量一般在 67 kDa 左右，成熟的人血清白蛋白（HSA）是由 3 个结构相似的 α 螺旋结构域组成的类似心形分子。血清白蛋白能够维持正常血液渗透压，在体液中输运脂肪酸、氨基酸、类固醇激素、金属离子和许多治疗作用的分子，在治疗休克与烧伤中极其重要，也能有效为大出血患者进行血浆增容。Cheng 等[21]利用 bola 型 AIE 分子实现了对 HSA 的共价结合识别检测。通过合成一系列具有不同柔性链长的 bola 型小分子，发现 6 个碳原子作为柔性链（**7**）时选择性最强。主要的检测原理是，分子 **7** 单独存在时，可以自组装形成无荧光的胶束，当向其中加入 HSA 后，组装体解体，HSA 对 **7** 振动的限制作用更强，荧光被点亮。更多关于 AIE 分子在 HSA 检测中的应用，还可以参考 Bhattacharya 等[22]的咔唑基两亲化合物，通过暗-亮-暗的荧光变化，可以实现对 HSA 和胰蛋白酶的连续检测。

同属于血清白蛋白家族，朱为宏等[23]实现了对牛血清白蛋白（BSA）的荧光检测。研究发现，在喹啉丙二腈类 AIE 分子中，阴离子磺酸根的取代位置对分子的亲水性、发光颜色和 AIE 性质具有很大的影响（图 5-9）。当取代基位于喹啉的 N 原子上（EDS）时，分子具有良好的水溶性和长波长荧光发射能力。在水溶液中，EDS 能够自组装形成疏松的组装体[直径(200±50) nm]。由于对分子振动的抑制能力不足，不能够发出荧光。当加入 BSA 后，可以形成直径仅(15±5) nm 的组装体，成功点亮荧光。该体系还可以进一步用于荧光猝灭途径的胰蛋白酶检测。

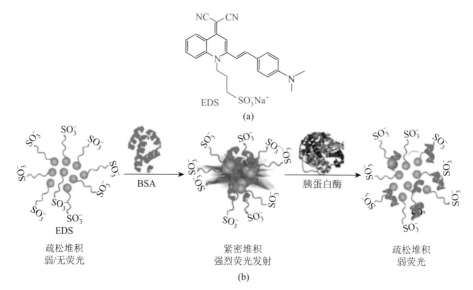

图 5-9 （a）EDS 的分子结构式；（b）EDS 用于 BSA 和胰蛋白酶检测的原理[23]

凝集素是一种从各种植物、无脊椎动物和高等动物中提纯的糖蛋白，因其能凝集红细胞而得名。半乳糖凝集素（galectin）是凝集素超级家族中的一个，对 β-半乳糖苷有特殊的亲和力，在细胞黏附、细胞凋亡、炎症反应、肿瘤转移等许多生理和病理过程中发挥重要的作用，其中 galectin-3 常用作癌症进展的生物探针。对于这类分子的检测主要依靠糖-蛋白质间的相互作用；氢键、范德瓦耳斯力及疏水作用共同保证这种特殊的识别能力的产生。Ng 等[24]以 *N*-乙酰乳糖胺作为 galectin-3 识别位点，将其与 TPE 分子连接在一起，得到 TPE-(LN)$_2$，该分子可以自组装形成直径 250 nm 左右的球形纳米粒子。平时以单分子形式存在的 galectin-3 在遇到半乳糖苷后可以形成五聚体，通过特异的糖-蛋白质作用与纳米粒子交联，能够使荧光强度迅速发生变化，实现检测（图 5-10）。

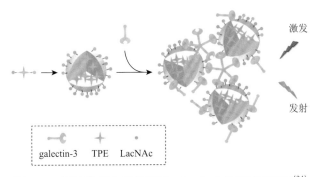

激发

发射

galectin-3　　TPE　　LacNAc

图 5-10　通过糖-蛋白质作用对 galectin-3 检测的原理图[24]

类似地，刘斌等[25]将不同数量的半乳糖苷与二酮吡咯并吡咯（DPP）连接，依次形成 DPPG、DPPF-G 和 DPPS-G。通过糖-蛋白质作用实现对凝集素灵敏的检测，其中随着 DPP 上连接的半乳糖苷数量增加，探针分子的水溶性和识别能力均显著提高。该小分子探针可以用于凝集素过量表达的 HepG2 细胞的染色鉴定。

5.2.3　对酶的检测

酶是一类极为重要的生物催化剂，酶的缺乏或异常通常会导致严重的先天性疾病或遗传病。同时，酶的异常活跃或过量表达往往与炎症反应和癌症密切相关，因此对酶的含量进行检测非常重要。利用 AIE 分子自组装实现酶含量的检测通常涉及两种方式，即静电自组装及酶促进化学反应诱导自组装。本小节将对这两大类检测方法分别进行介绍。

1. 静电自组装在酶检测中的应用

静电自组装在酶的检测中主要有两种策略，一种是酶的底物与 AIE 分子形成具有荧光的静电组装体，在酶的作用下组装体解体，荧光猝灭；另一种是酶反应的产物带有和 AIE 分子相反的电荷，可以通过静电自组装点亮荧光。这两种方式在接下来的说明中均会被详细介绍。

首先是底物直接能够与 AIE 分子静电组装的情况。田文晶等[26]设计了含有四级铵盐阳离子的 AIE 分子 BTAESA，该分子可以与单链 DNA（ssDNA）通过静电自组装形成能够发射荧光的组装体。当存在核酸酶时，DNA 被分解，组装体消失，荧光也随之消失（图 5-11）。除用于核酸酶的检测外，该方法也可以拓展应用于高通量筛选酶的抑制剂。于聪等则利用 DNA 诱导带正电荷的四苯基乙烯衍生物发出强烈荧光，通过在 DNA 上标记猝灭基团，该荧光消失。据此，他们发展了一种选择性 DNA 甲基转移酶试剂。而当该带正电荷的 AIE 探针与双链 DNA 作用时，在 DNA 甲基转移酶和核酸内切酶共同作用下，猝灭基团被释放出来，双链 DNA 变成单链片段，荧光恢复。这种方法为逐级、准确检测 DNA 甲基转移酶和核酸内切酶提供了一个优秀的范例[27]。

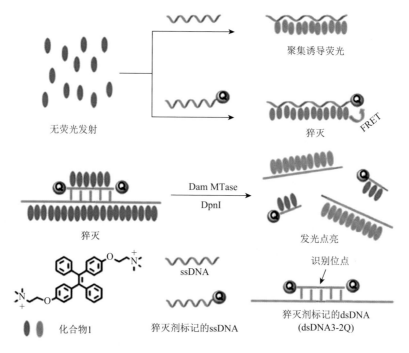

图 5-11 静电作用下的荧光点亮型酶检测原理图[26]

类似地，蒋世春等[28]利用带正电荷的 TPE-2[+]与肝素形成具有强烈荧光的组装体，当加入组蛋白后，由于组蛋白和肝素的静电作用更强，作为竞争剂，TPE-2[+]

与肝素的组装体解体，荧光消失，当再次加入蛋白酶时，组蛋白被水解，荧光重新恢复。该方法可以用于组蛋白和对应蛋白酶的连续检测。

作为另一种方法，酶反应产物与 AIE 分子静电自组装相关的研究也比较多。杨翠红等[29]以含有 AIE 分子的 TPEPy-pY 作为荧光探针，在碱性磷酸酯酶（ALP）的作用下，TPEPy-pY 上的磷酸根被水解，分子的溶解度发生改变，自组装形成纤维状聚集体，发出强烈荧光（图 5-12）。需要注意的是，具有多种疾病指向作用的 ALP 是一种外分泌酶，常见的小分子探针因为极易流失和扩散，对 ALP 的检测效果通常不好。在该研究中，酶水解后的结构对细菌表面具有更高的亲和性，形成的纤维聚集体可以附着在细菌表面。由于 AIE 分子单分子状态无荧光发射，该探针对 ALP 的检测无须额外的洗脱步骤，能有效降低洗涤带来的损失。探针中使用的氨基酸均为非生物来源的 D 型氨基酸，可以有效降低水解速度，保证较长时间维持荧光高强度。TPE 分子除作为荧光发射中心，还可以作为光敏剂，为光动力杀菌提供了可能。Yoon 等[30]同样以亲水性的磷酸根作为识别位点，以喹啉丙二腈型 AIE 分子为报告基团，在识别亚微米级肿瘤发展中具有重大进展。

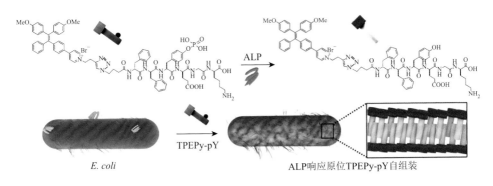

E. coli　　　　TPEPy-pY　　　　ALP响应原位TPEPy-pY自组装

图 5-12　TPEPy-pY 用于 ALP 检测的原理图[29]

朱为宏等[31]利用相同的原理实现了对 β-半乳糖苷酶的检测。在酶的作用下，QM-βgal 上的糖取代基被切除，分子的疏水性增加，聚集导致荧光发射。该纳米聚合物能够长期保持稳定，有利于长效荧光追踪，对卵巢癌的早期检测非常重要。

羧酸酯酶在有机磷化合物的解毒中具有不可替代的作用，同时也是肝脏肿瘤的血清标志物，目前对于血清中磷酸酯酶的检测仍存在一定的困难。磷酸酯酶的底物种类很多，如荧光素分子就可以在其作用下开环形成阴离子。吴水珠等[32]将荧光素、羧酸酯酶加入 TPE-N$^+$ 形成的纳米粒子中，在酶解的作用下，荧光素分子与 TPE-N$^+$ 发生静电自组装，利用 TPE 分子与荧光素分子之间的 FRET 效应，可以实现对羧酸酯酶活性的可视化检测。

利用酶解反应与 AIE 分子发生静电自组装的研究还有，Kikuchi 等[33]在组蛋白脱乙酰酶（HDAC）的作用下，K(Ac)PS-TPE 发生脱乙酰化，形成两性 AIE 分子，能够彼此静电吸引，发生自组装，点亮荧光。这种方式可以用于在基因表达和沉默具有重要操控能力的 Sirt1 表达、分布情况的研究。

2. 酶促进化学反应在酶检测中的应用

酶的作用不仅可以水解特定的化学键，在新的化学键的形成中同样扮演了无可替代的作用。利用酶参与的分子交联，也可以作为其活性荧光检测的一种方式。夏帆等[34]发现在 H_2O_2 和髓体过氧化物酶（MPO）的共同存在下，酪氨酸修饰的 TPE 分子（TT）可以发生交联，进而形成纳米聚合物（图 5-13）。聚合物的形成有效限制了分子的振动，使荧光明显增强。同时聚合物在线粒体中的堆积会使线粒体不能发挥正常功能，引导细胞凋亡的发生。

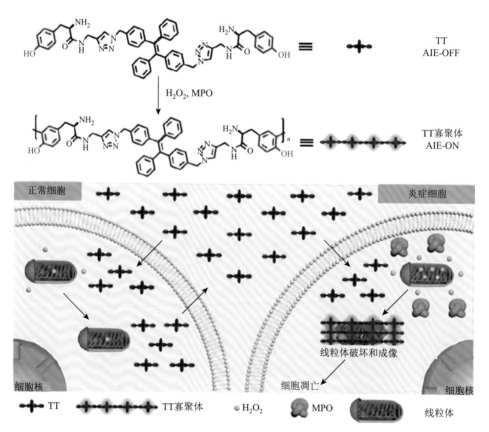

图 5-13　AIE 分子 TT 在 H_2O_2 和 MPO 的作用下交联和荧光检测的原理图[34]

5.2.4　对 DNA 的检测

四联体是一种由富含鸟嘌呤的核酸序列所构成的四股形态，在特定离子强度和 pH 条件下，通过单链之间或单链内对应的 G 残基之间形成 Hoogsteen 碱基配对，可以使 4 条或 4 段富含鸟嘌呤(G)的 DNA 单链旋聚成一段平行右旋的四联体-DNA。G-四联体原本是解析 DNA 双螺旋结构时连带提出的另一种特殊的 DNA 结构模式。然而最新研究表明，具有特定靶向作用的 G-四联体具有良好的抗癌作用，例如，Blasubramanian 等[35]发现基因启动子中 G-四联体作为靶向药物的可能性，并尝试将其应用于抗肿瘤药物治疗，这使得 G-四联体的设计和检测逐渐受到越来越多的重视。

利用 5.1.1 节中提及的 TPE-AMP，李峰等[36]实现了对 G-四联体的巧妙检测。结合 DNA 扩增技术，还可以对 miRNA 进行灵敏检测。其原理是在 K^+ 和血红素与 G-四联体的共同作用下，半胱氨酸被氧化为二聚胱氨酸，失去与 TPE-AMP 反应的能力，导致荧光猝灭（图 5-14）。这种方法对 G-四联体的检出限可以降至 33 pmol/L。

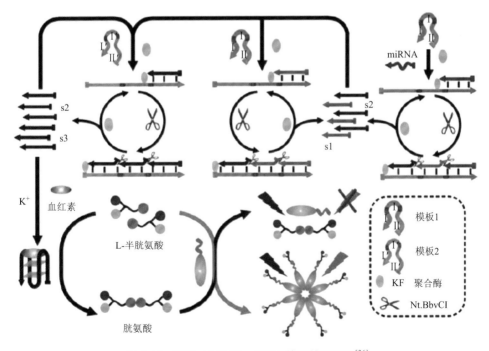

图 5-14　TPE-AMP 对 miRNA 检测的原理图[36]

研究者又以待检测的 miRNA 作为复制模板，设计了两个内部包含核酸内切酶识别位点的 DNA 模板序列，经过两级扩增得到富含 G 的 DNA 片段，在血红素和 K$^+$的作用下形成 G-四联体，进而导致荧光的猝灭。这种 miRNA 的检测具有很高的准确度（97%～105.1%），非常适合用于人类血清样品中的检测。

5.2.5 对离子和其他小分子的检测

AIE 分子自组装还可以用于无机盐，如金属离子和阴离子的检测，这对于细胞内有害金属离子的发现和清除、生命活动必需离子含量的测定非常重要。同时离子也是细胞和机体状态是否正常的指示剂，在疾病的早期诊断和治疗中也具有非常重要的作用。除无机离子外，AIE 自组装同样可以用于对一些参与生命活动的有机小分子的检测。本小节将举例介绍 AIE 自组装在阴离子、阳离子和有机小分子检测中的应用。

次氯酸根（ClO$^-$）是一种活性氧物种，其氧化能力足以使噻吩发生开环反应。刘正春等[37]将 TPE1 与 NDPP 分子共组装形成具有 FRET 性质的球形纳米粒子。在 ClO$^-$存在下，NDPP 被氧化，FRET 途径被破坏，纳米粒子的荧光转变为 TPE 分子的特征荧光。利用这种荧光改变的特性，可以实现对活细胞内 ClO$^-$的灵敏检测。

Zn^{2+}是一种容易被忽视的微量元素，Zn^{2+}代谢紊乱与许多疾病有关，如生长发育迟缓、免疫功能下降、布鲁特综合征及阿尔茨海默病等。相比于血清中的 Zn^{2+}，对细胞内的 Zn^{2+}的检测相对比较困难。王硕等[38]利用探针 TPE-GG-LHLHLRL 实现了细胞内 Zn^{2+}的特异性检测。在此探针中 TPE 基元作为荧光基团，GG 作为柔性连接基团，LHLHLRL 中组氨酸的咪唑侧链作为 Zn^{2+}的配位中心。

需要注意的是，在本小节中仅对细胞内离子检测进行简单举例，更多对其他环境中不同离子的检测，请参考第 6 章相关小节的内容。

除离子外，生物小分子也可以参与 AIE 分子的自组装，在实现这些小分子荧光检测的同时，得到丰富的组装结构。例如，Bhalla 等[39]利用含有醛基的双三联苯与 18-冠-6 构成小分子探针 **3** 用于亚精胺的检测。如图 5-15 所示，加入亚精胺后不仅可以带来荧光强度和颜色的改变，组装体结构也会发生显著的变化。在水∶乙醇 ＝ 8∶2 的条件下，**3** 可以自组装形成球形纳米聚集体并发出荧光。当加入亚精胺后，亚精胺与 **3** 发生反应，改变分子的亲水能力，组装体解体荧光逐渐消失。在水∶乙醇 ＝ 4∶6 的条件下，**3** 以单分子形式存在，当加入亚精胺后，反应后的分子可以自组装形成纳米棒并点亮荧光（图 5-15）。

这种在不同比例混合溶剂中分别形成不同形貌的组装结构，通过荧光猝灭和荧

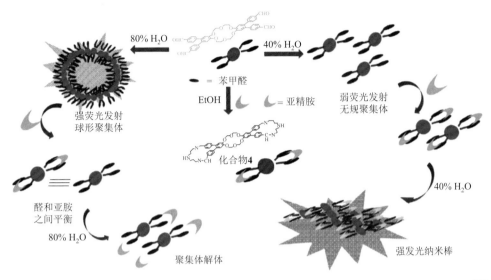

图 5-15　分子 3 的结构式（绿色）及其在不同比例混合溶剂中组装体结构随亚精胺加入的变化[39]

光点亮模式对目标分子进行检测的荧光探针，比单一检测模式的探针具有更高的准确度，因为双重模式的验证可以有效避免其他小分子的干扰。利用水杨酸吖嗪类 AIE 分子自组装还可以对 H_2S 实现灵敏检测，相关内容可以参考黄世文等[40]的研究。

生物硫醇如谷胱甘肽、半胱氨酸等在调节体内氧化还原平衡、解毒、基因表达与沉默中具有重要作用；同时生物硫醇也可作为生物酶和辅酶使用。王勇等[41]以带有 TPE 修饰基团的超支化聚氨基酸为探针，实现了对生物硫醇的灵敏检测。该探针以点亮模式进行检测。由于超支化聚氨基酸相对疏松的结构，TPE 在其中可以自由的转动和振动，不能发射荧光；当生物硫醇存在时，高分子中的二硫键被切断，树枝状结构解体，形成含有 TPE 的两亲小分子，可以自组装形成球形纳米粒子，实现荧光点亮。

除检测生物合成的小分子外，AIE 自组装还能对具有治疗作用的小分子进行检测。李峰等[42]发现阳离子 AIE 分子 QAU-1 可以自组装形成带正电荷的球形纳米粒子（图 5-16）。进一步与带有猝灭剂的 DNA 发生静电自组装，QAU-1 与猝灭剂之间发生 FRET，导致荧光猝灭。博来霉素（bleomycin，BLM）与 Fe(II)的复合物能够嵌入 DNA，引起 DNA 单链和双链断裂，含有猝灭剂的 DNA 片段被切除，荧光重新被点亮。

5.2.6　小结

本节内容主要涉及 AIE 自组装对细胞主要成分及相关小分子和离子的检测。在这里 AIE 分子以小分子自组装为主，直接利用含有 AIE 基团的高分子和聚合物

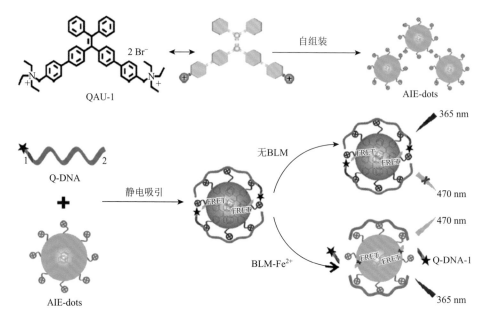

图 5-16 QAU-1 分子结构式及其自组装和对博来霉素的检测[42]

的案例相对较少。对目标化合物的检测，可以分为荧光猝灭型和点亮型两大类，每一类的研究均比较深入。在能够检测的生物分子类别中，以生命体功能的主要执行者蛋白质和酶的研究最多。对糖类和核酸的检测也有所涉及。在能量储存单元脂质的检测方面，相关的研究相对较少。在未来的研究中，相信 AIE 分子独特的聚集诱导荧光特点在生物体系分子离子检测中会有越来越多的应用。

5.3 AIE 自组装在细胞荧光成像中的应用

AIE 分子一般通过静电作用吸附在细菌表面或插入细胞膜，实现对细菌的荧光成像和杀菌作用。如果可以被细胞吞噬，还可以用于细胞成像，这也是荧光分子最基本的应用领域，目前已有多篇综述对分子设计思路和荧光颜色调节等进行了详细的介绍[43, 44]。根据 AIE 分子对细胞的选择性，可以分为没有特异选择性的普适细胞荧光成像，对癌细胞具有更高亲和性的定位细胞成像及对特定细胞器具有靶向作用的荧光成像。本小节将以荧光分子的定位为分类依据，依次介绍 AIE 分子自组装在无特异定位荧光成像、具有特异细胞或细胞器定位能力及与其他成像模式相协同的双模式细胞成像中的应用。

5.3.1　无特异选择性的普适细胞荧光成像

当 AIE 分子自组装形成球形纳米粒子后，极易被细胞以胞吞的方式吞噬进入细胞，这是实现细胞荧光成像的最基本原理。通常以含有 AIE 基团的两亲高分子作为分子设计的最常用方式，细胞的胞吞作用是荧光成像能否实现的关键。黄玉刚等[45]研究发现并非所有 AIE 两亲高分子均可以用于细胞荧光成像。他们发现通过聚合后修饰引入 TPE 基团的两亲高分子 mPEG-PPLG-g-TPE 虽然可以在水溶液中自组装形成球形胶束，但是由于胶束直径过大（253 nm），被细胞胞吞的比例很低，无法用于细胞有效荧光成像。

赵祖金等[46]通过对 AIE 共轭聚电解质的合理设计，改变与 TPE 分子参与共轭芳香基团种类，得到了发光颜色从青色到红色的宽颜色分布范围的聚合物 P1$^+$～P3$^+$。研究发现，这类分子对于黏度具有灵敏的响应性，可以用于细胞内不同区域黏度分布的可视化检测（图 5-17）。特别是通过时间分辨荧光成像显微镜（FLIM）分析可以发现，P3$^+$分子在黏度更高的细胞质中停留的时间远长于在黏度较低的细胞膜中。

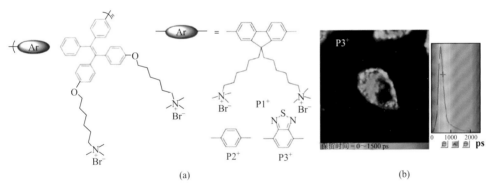

图 5-17　（a）P1$^+$～P3$^+$的分子结构式；（b）通过 FLIM 分析判断 P3$^+$在细胞中的定位和
保留时间[46]

危岩等对这类非特异性细胞荧光成像做了很多深入的研究。利用不同的 AIE 基团和亲水高分子，借助不同的高分子合成策略，可以得到一系列两亲 AIE 分子。例如，利用 AIE 分子 PhE 与甲基丙烯酸缩水甘油酯和聚乙烯亚胺可以形成交联的荧光聚合物纳米粒子（PhE-GM-PEI），在紫外灯照射下发出强烈的橙色荧光。纳米粒子表面暴露的氨基和羟基为进一步修饰和功能化提供了可能[47]。

类似地，人们利用 TPE 分子与聚乙烯亚胺通过迈克尔加成反应合成两亲高分子 PEI-TPE-O-E[48]，以及通过微波辅助 Kabachnik-Fields 反应合成 mPEG-CHO-Phe-NH$_2$-DEP 用于细胞荧光成像[49]。如果在高分子合成过程中引入席夫碱官能团，所得到的荧光纳米粒子同时具有 pH 响应能力，并可以随着 pH 变化实现可控药物释放。这为药物运输和监控提供了可能[50]。更多关于 AIE 分子自组装在药物运输和疾病治疗中的作用，请参考 5.4 节中的内容。

除以聚乙二醇和聚乙烯亚胺作为高分子链段外，含有糖基修饰的 AIE 高分子在细胞成像中的应用同样引人注目。再次以 PhE 为 AIE 基团，将氨基葡萄糖修饰在 PhE 和甲基丙烯酸缩水甘油酯通过自由基聚合形成的高分子侧链上，可以进一步提高 AIE 高分子的亲水性和生物相容能力[51]。类似的分子设计还可以参考文献[52]中的相关内容。

需要注意的是，这里着重分析 AIE 两亲高分子在细胞成像中的应用，更多关于这类分子的设计和合成思路请参考 3.1 节中的相关内容。其他类型的分子设计，如主客自组装、静电作用和配位作用等在细胞成像中也具有良好的表现，相关的实例在第 3 章和第 4 章中已经分别提及，这里不重复说明。

以上细胞的荧光成像策略由于不能对细胞种类进行区分，在癌细胞与正常组织之间边界的区分等医学应用中受到很大的限制。然而，唐本忠等[53]发现，这类分子可以用于功能正常的细胞与死细胞、处于凋亡进程的细胞及细菌等病原体之间的区分。如图 5-18 所示，将以 TPE 和苯环共轭形成的主链高分子的侧链修饰寡聚乙二醇的 P(TPE-2OEG)后，与各种不同状态的细胞和细菌共同培养，仅功能正常的细胞可以胞吞荧光纳米粒子，从而体现为荧光被点亮。

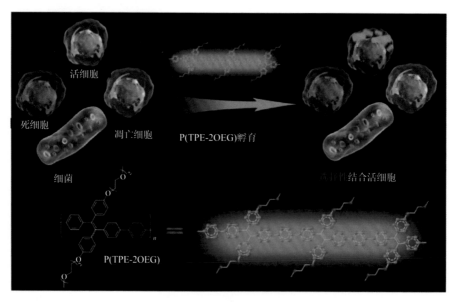

图 5-18　P(TPE-2OEG)分子结构式及其通过点亮荧光的方式对正常细胞进行区分的模式图[53]

5.3.2　对特定细胞或细胞器定位的荧光成像

相比于无选择性的活细胞成像，具有特异选择性荧光成像在生物医学中具有更多的应用，在癌细胞与正常组织界限的划分、癌症的早期检测，以及恶性肿瘤转移相关研究中均具有重要的价值。对于特定细胞器的定位可以有效提高靶向效率，降低药物副作用，在精准药物治疗中扮演重要角色。本小节将分为两部分介绍，首先是 AIE 自组装参与的具有癌细胞定位能力的荧光成像，接下来将介绍更为精确的细胞器水平定位，以线粒体定位为主要关注重点。

1. 对癌细胞定位的荧光成像

癌细胞由于代谢水平异常活跃，正常的物质循环通常不能满足其要求，往往具有与正常细胞不同的内部环境，这是癌细胞特异性定位的最常用方法。

癌细胞通常具有更低的 pH。利用此特点，刘斌等[54]设计了生理条件（pH = 7.4）下带负电荷的荧光探针 Net-TPS-PEI-DMA，当遇到 pH 更低的癌细胞后，探针分子中的羧基和氨基可以被质子化，所带电荷转变为正电荷，荧光被迅速点亮（图 5-19）。该探针可以用于癌细胞定位，研究同时发现，带正电荷的纳米粒子具有对癌细胞重要的 Akt 通路有效的抑制作用，引发癌细胞凋亡。

同样是利用癌细胞更低的 pH，吴德成等[55]合成了含有席夫碱响应基团的两亲高分子 PEG_{750}-POSS-$(TPE)_7$，这种蝌蚪型两亲高分子在生理条件下可以自组装形成荧光囊泡。当 pH 降低后，席夫碱发生水解，囊泡解体，荧光迅速猝灭。水解得到的 TPE-CHO 可以在胞吞作用下进入癌细胞中，并逐渐聚集形成球形纳米粒子，重新点亮荧光。这种亮-暗-亮的检测模式及长时间荧光稳定性（72 h），在癌细胞成像中具有重要应用。

张仕勇等[56]设计的荧光颜色可调囊泡也具有对低 pH 响应的性质。被两个丙烯酸酯修饰的含 TPE 基团的阳离子表面活性剂 1 可以自组装形成囊泡（图 5-20）。当罗丹明 B（RhB）参与共组装时，可以有效产生 FRET 效应。随着罗丹明 B 的加入，荧光颜色可以连续调节。该囊泡在加热、稀释、滴加有机溶剂及含有血清的环境中均能够稳定存在。进一步加入二硫苏糖醇（DTT）可以与 1 的烯基发生交联，能够调节囊泡的稳定性，同时得到酸响应位点。在 pH 较低的癌细胞中，囊泡发生解体，罗丹明 B 被释放，荧光颜色发生改变，可以实现对癌细胞的灵敏检测。

恶性肿瘤由于生长过快，超过血管生成和氧气运输的最大极限，通常处于缺氧状态，特别是实体瘤内部。和亚宁等[57]利用在缺氧条件下，偶氮苯的氮氮双键能够被切断的特点，设计了同时含有偶氮苯和 TPE 基团的两亲高分子 PEG-Azo-TPE。在正常条件下，由于 FRET 的发生，荧光被完全猝灭。当自组装形成的纳米粒子

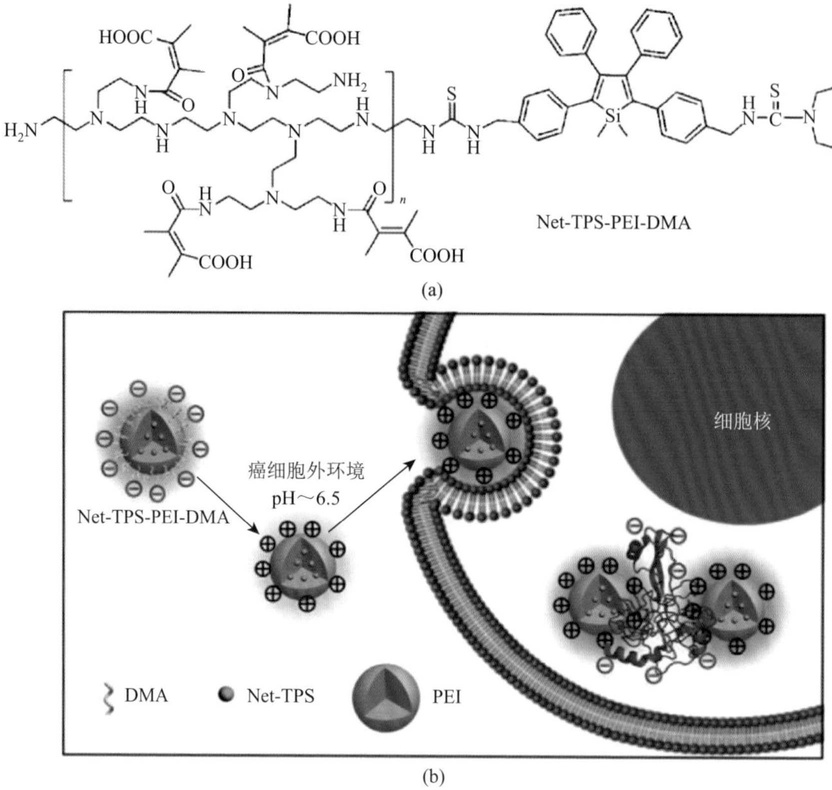

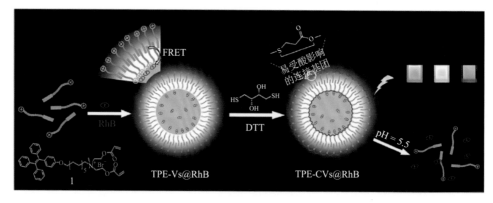

(a)

(b)

图 5-19 （a）Net-TPS-PEI-DMA 的分子结构式；（b）Net-TPS-PEI-DMA 形成的球形纳米粒子电荷转变及其对癌细胞的定位成像[54]

图 5-20 含有 TPE 的阳离子表面活性剂 1 的分子结构式及其自组装和对低 pH 的响应[56]

进入缺氧的实体瘤内部后，氮氮双键被切断，偶氮苯结构被破坏，荧光被点亮，实现检测。

　　除了对原位癌细胞的荧光成像，恶性肿瘤转移情况的检测，对于判断患者癌症分期、评估治疗效果及预估有效生存时间具有重要作用，也是研究恶性肿瘤进展的重要工具。在此方面，吴水珠等[58]设计了具有 NIR-Ⅰ/Ⅱ区域发光波长的 D-π-A 型 AIE 分子 Q-NO$_2$。在该分子中，喹啉作为电子受体，4-苯氧基-1-硝基苯是硝基还原酶的识别位点，还原后可作为电子供体。由于硝基还原酶在乳腺癌细胞中大量分布和红外光极佳的穿透能力，可以用于乳腺癌细胞转移情况研究。实验发现，在原位乳腺癌到淋巴结进而到肺的逐步转移过程监控中具有很好的追踪效果，非常有望在多光谱光声层析成像（MSOT）中得以应用。

　　与依靠癌细胞特殊生理环境的响应性实现选择性检测不同，朱为宏等[59]发现聚集体形貌对于细胞成像同样具有选择性。研究中固定喹啉丙二腈作为电子供体，通过改变电子受体和噻吩 π 共轭连接桥，得到了一系列 D-A 型 AIE 分子 QM-1~QM-6。其中，QM-1~QM-3 可以自组装形成棒状结构，而 QM-4~QM-6 则形成球形纳米结构。与癌细胞共同培养发现，只有当组装体为球形结构时可以进入细胞内实现成像，特别是自组装结构最为均匀且半径最小的 QM-5 可以稳定地保留在活细胞的细胞质中。

　　王忠良等[60]尝试了另一种不同的方式对癌细胞进行选择性检测。如图 5-21 所示，以羧基为末端的 AIE 分子 TPE-BICOOH 可以溶解在脂质体的双层膜结构中。由于此时 TPE-BICOOH 以分散状态存在，不能发出荧光。当以静脉注射方式给药进入具有乳腺癌的 4T1 小鼠中时，脂质体在癌细胞附近富集，被包吞并解体。此时具有两亲性的 TPE-BICOOH 可以自组装形成球形纳米粒子并发出荧光，实现癌细胞的靶向检测。

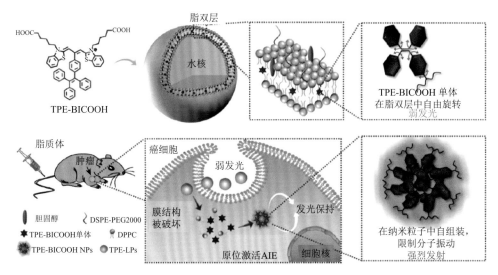

图 5-21　TPE-BICOOH 的分子结构式及其在脂质体和癌细胞中的存在形式和荧光成像原理示意图[60]

2. 对线粒体定位的荧光成像

如果在 AIE 分子上修饰细胞器的定位基团，可以实现更为精准的细胞器水平荧光成像。这为药物靶向治疗提供了保障，降低了药物脱靶对正常细胞损伤的可能性。线粒体作为细胞的动力车间，其功能是否正常将直接决定细胞是否可以维持生理活性，因此线粒体是癌症治疗最常用的靶向细胞器。TPP 和阳离子吡啶是最常用的线粒体定位基团。

黄飞鹤等[61]将线粒体定位与柱[5]芳烃的主客作用结合在一起（图 5-22）。TPE 分子通过长的烷烃链与 TPP 结合作为客体分子。在柱[5]芳烃上修饰药物分子 DOX 后，当发生主客作用时，TPE 与 DOX 距离足够接近发生 FRET 导致荧光猝灭。当该主客体结构被内吞后，在溶酶体较低的 pH 条件下，柱[5]芳烃上的亚胺键被水解，药物 DOX 释放，同时借助 TPP 的定位作用，剩余的主客体复合物将定位于线粒体中，发出强烈的荧光。如果在柱[5]芳烃上修饰其他类型的药物，可以达到不同的治疗效果。这种荧光成像与治疗双重功能材料是目前研究的重点。

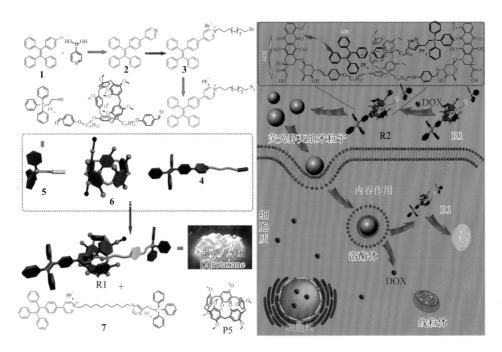

图 5-22　含有 TPE 和 TPP 的客体分子与 DOX 修饰的柱[5]芳烃的分子结构式及其自组装、pH 响应与线粒体定位荧光成像的应用[61]

需要指出的是，线粒体定位常与药物靶向释放（5.4 节）及光动力治疗（5.6 节）密切联系，更多相关的内容请参考对应章节，其中 5.6 节中对线粒体的功能和特性有更详细的介绍。单纯仅对线粒体定位成像的相关研究工作相对较少，以下进行简单介绍。

这类分子通常以亲水或两亲高分子为设计起点，例如，钱海等[62]设计了具有线粒体定位的 pH 响应胶束 PEG-AIE-TPP。这种能够发出绿色荧光的胶束，在生理 pH 条件下非常稳定，对于微酸性条件有灵敏的响应性，因此在癌细胞中具有很好的定位能力和较长的保持时间。同样，Jana 等[63]在壳聚糖分子上同时修饰亲脂阳离子 TPP 和 AIE 基团 TPE，该高分子可以自组装形成直径 50～200 nm 的球形纳米粒子，在脂筏辅助下实现细胞内吞和荧光的点亮。

5.3.3　AIE 自组装参与双模式细胞成像

除以上单纯的荧光成像外，荧光与磁共振双模式成像可以优势互补、相互辅助提高组织穿透能力和分辨率，为疾病的更早期诊断与定性提供支持。在磁共振方面，由于 Gd(Ⅲ)具有 7 个未成对电子，是最常用的造影离子，通常以 Gd-DTPA 形式存在。

唐本忠等[64]将两个 Gd-DTPA 与 TPE 通过柔性分子链连接，得到具有两亲性的 TPE-2Gd，能够自组装形成球形胶束。研究中发现分子中的 Gd(Ⅲ)具有与商用造影剂接近的纵向弛豫时间。纳米胶束结构可以有效延长 TPE-2Gd 在血液中的循环时间，同时提高荧光成像对比度和 MRI 的分辨率。相比于商业造影剂 60 min 后即降低到基线水平的缺点，该造影剂在注射后 150 min 仍能保持很强的信号，体现出长效定位研究的巨大优势。随着血液循环的进行，胶束逐渐解体成小分子，并通过肾脏的滤过作用得以清除，不会在体内长期残留，保证了造影剂的安全性。

类似地，Meade 等[65]在荧光/磁共振双模式成像中也具有非常精巧的设计。研究者将 Gd-DTPA 和 caspase-3/7 识别多肽 KDVED 同时与 TPE 分子连接，得到探针 CP1。由于具有较好的溶解性，CP1 以单分子形式存在具有很弱的荧光和 MRI 信号，当遇到 caspase-3/7 时，多肽链被切断，仅剩下一个赖氨酸与 TPE 连接。由于分子的亲疏水性发生巨大变化，可以聚集形成纳米粒子，有效增强 TPE 分子的荧光和 MRI 的定位能力（图 5-23）。因为 caspase-3/7 与细胞凋亡的启动直接关联，这种方法可以用于评估癌症治疗效果及筛选新的抗癌药物。

AIE 分子自组装参与的双模式成像是一个新的研究领域,相关研究结果目前并不多。除与磁共振形成协同作用外，荧光成像还有望与光热治疗、光声成像（PAI）等多种功能实现耦合，未来相关的研究结果非常值得关注。

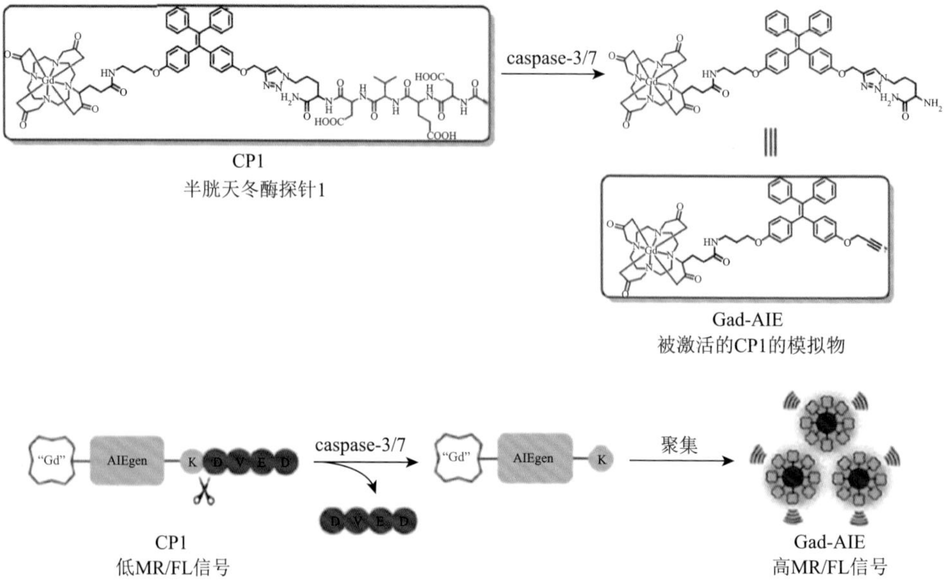

图 5-23 荧光/磁共振双模式探针的分子结构式，对 **caspase-3/7** 的响应及其成像模式图[65]

5.3.4 小结

本节以第 3 章和第 4 章没有涉及的文献为例，着重介绍了 AIE 分子自组装在荧光成像中的应用。在单纯以成像为目的的研究中，多使用含有 AIE 基团的高分子。其他分子设计思路，如静电作用、氢键、主客作用等，在荧光成像中也有重要的应用，但由于常同时涉及药物运输或作为 DNA 的载体，在本节中较少提及。客观来讲，纯粹的荧光成像因其功能过于单一，已不是目前的研究主流，但是荧光与其他成像功能相互协同的双模式及多模式成像系统仍具有很大的发展空间。

5.4 AIE 自组装在药物运输中的应用

对细胞特别是非正常细胞的检测的终极目的是治疗和清除，药物治疗是最常用的手段。本节将主要介绍 AIE 自组装在药物运输和定位中的应用。在具体介绍之前，将会对以下一些概念进行简单说明。

由于肝脏的解毒作用和肾脏的滤过作用，药物如果不能被细胞识别并吸收，最终将会被代谢并清出体外。通常药物的水溶性较差，需要进行包裹辅助运输。血液中的蛋白质对这些小的聚集体具有吸附和沉淀能力，同时有可能带来异常的血液凝集危险，因此血液内安全稳定循环时间是衡量药物作用效果的重要标准，常以药物作用半衰期形式体现。

　　药物通常需要被细胞识别和吞噬后才能发挥作用，因此特定细胞及细胞器定位非常重要。为防止药物在循环过程中泄漏，这些组装体通常被赋予环境响应性。pH 响应、H_2O_2 响应、氧化还原响应及酶响应是最经常使用的模式。药物通常以前体药物（prodrug）的形式注射或者口服而引入体内，本节将详细介绍上述响应型药物释放分子的设计。

　　化疗药物对于癌症的治疗功能通常依赖于癌细胞特殊的 EPR 效应。EPR 效应即实体瘤的高通透性和滞留效应，具体来讲相对于正常组织，药物组装体更趋向于聚集在肿瘤组织中。在检验组装体定位和功能时，经常会使用一些模式药物。例如，平面型的阿霉素（DOX）对多种恶性肿瘤均具有较好的治疗效果。该药物能够发出荧光，但其荧光具有 ACQ 特性。因其激发波长与 TPE 分子的发射波长重叠，常根据二者之间 FRET 的有无，判断药物是否发生释放。对宫颈癌、卵巢癌和肺癌等具有治疗效果的"明星"分子紫杉醇（PTX）也是常用的模式药物。起解热镇痛作用的布洛芬（IBU）则是一种结构更简单分子量更小的模式药物。姜黄素（Cur）是姜黄中提取的一种植物多酚，也是姜黄发挥药理作用最重要的活性成分，在抗癌抗炎症中发挥重要的作用。需要注意的是，以上模式药物通常具有疏水性，在水溶液中溶解性不佳，通常加溶于组装体的疏水内核中。它们的具体分子式如图 5-24 所示。

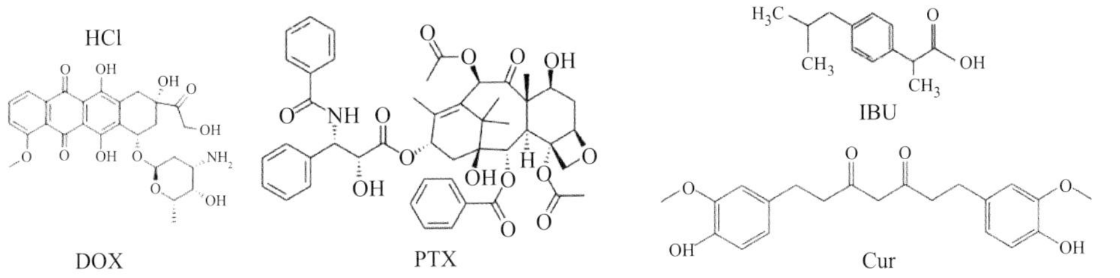

图 5-24　模式药物的分子结构式

　　这些含有药物的组装体通常以球形胶束和囊泡为主，其中囊泡因具有更大的空腔，在大量载药中具有更大的优势。衡量载体的一个标准便是药物载入率。

　　因为 AIE 分子聚集诱导荧光特点，在运输药物的同时可以实现运输途径的监控、药物释放情况的检测，具有独特的时空分辨率。为得到更深的组织穿透能力，人们往往需要赋予药物载体红光发射及近红外荧光发射能力，或者采用双光子上转换激发。

　　实际上，在药物载体的设计中，思路不仅局限于水溶液中的有机小分子或高分子自组装形成的胶束或囊泡，无机材料也可以参与药物组装体的构建。此外，生物相容性极佳的凝胶也同样值得考虑。

　　本节将从一些有望应用于药物运输的巧妙分子设计出发，以 AIE 组装体在药物运输中的可能性为开端，依次介绍分子设计策略、药物定位的实现及药物运输的响应性。

5.4.1　AIE 自组装在药物运输中应用的可能性

含有 AIE 基团修饰两亲高分子通常可以在水溶液中自组装形成胶束或囊泡，由于极高的稳定性和较大的疏水药物加载能力为药物运输提供了可能。例如，唐本忠等[66]设计的 PEG-*b*-P(TPE-TMC)，可以两两配对自组装形成双分子层囊泡（图 5-25）。特别是合成高分子中使用的三亚甲基碳酸酯（TMC），其具有非酶条件下不发生水解，水解产物不具有酸性且以表面逐渐腐蚀的方式实现酶解的特点，可以有效降低血液输送过程中药物泄漏的可能性。类似的分子设计还有许家瑞等[67]合成的两亲高分子 PTPEE-*b*-PNIPAM，在水溶液中能够形成均匀稳定的囊泡，在药物运输中具有潜在应用。

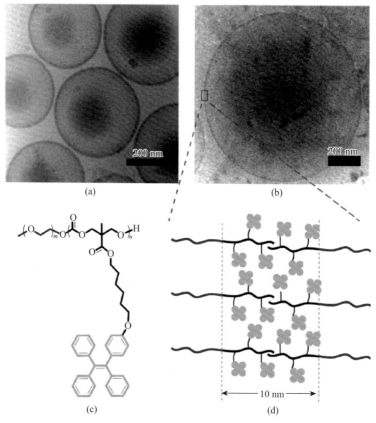

图 5-25　冷冻电镜下观察到的囊泡[（a）、（b）]及囊泡中分子的排列方式（d）；
（c）PEG-*b*-P(TPE-TMC)的分子结构式[66]

周智华等[68]在 TPE 上修饰长烷基链和羧基得到 TPE-STE，可以与具有两亲性的磷脂分子 DPPC 和 DSPE-PEG$_{2000}$ 共组装形成具有热响应的脂质体。它在50℃以下具有灵敏的响应能力，同样可以用作药物运输的载体，同时实现对运载环境温度的监控。

根据以上分析，AIE 分子用于药物运输的基本条件应包括如下几个方面：①具有两亲性，能够自组装形成稳定的组装体；②组装体可以包裹大量的药物，在运输过程中不容易解体，分解时不产生对正常细胞有损伤的产物。不同于在以上研究中药物运输仅停留在可能性分析层面，在接下来的各小节中将详细介绍如何把药物运输与 AIE 自组装的结合变成现实。

5.4.2　AIE 自组装在药物运输中的设计策略

在药物运输中，以共价修饰为最直接也是最常见的方式。运载的药物可以直接通过共价键连接，更多的是通过疏水相互作用实现包裹，本小节将举例介绍最经典的 AIE 自组装药物运输方式。对于药物释放与否的检测，可以通过荧光强度的改变、猝灭或点亮，以及 FRET 的消失、荧光颜色的改变多种途径实现，其中前几种方式是响应型 AIE 自组装药物载体的最常用检测模式，将在 5.4.4 节中详细介绍，本小节将涉及 FRET 策略在 AIE 药物运输中的使用。除常见的有机高分子聚合物外，无机化合物分子参与的自组装在药物运输中的应用同样具有一定优势，这是本小节接下来将涉及的内容。将生物相容性凝胶与药物运输相结合，可以突破生物凝胶仅能作为伤口敷料应用的局限，相关实例本小节也会有所涉及。最后将提及其他分子间作用在 AIE 自组装药物运输中的应用。

1. 经典 AIE 自组装药物运载与释放

经典的药物运输策略主要是药物分子与两亲高分子自组装，以及利用能够自组装的 AIE 分子直接作为治疗药物，以下将分别进行介绍。

将 TPE 分子连接在两亲高分子上与具有疏水性的药物共组装形成胶束，是最直接的思路。由于无须对药物进行修饰，可以对药物加载种类进行灵活的调整，同时保证药物分子的结构完整性不被破坏，进入细胞后能够正常发挥功能。王云兵等[69]以 TPE-PLys-*b*-PMPC 作为高分子胶束的主要结构单元，DOX 为模式药物，通过自组装形成核-壳结构的胶束（图 5-26），在 HeLa 细胞和 4T1 细胞生长抑制中具有良好的表现。

除额外负载药物提供治疗作用外，AIE 分子本身也可以起到治疗作用。例如，唐本忠等[70]设计的含有 TPE 的高分子，由 TPE-VBC、苯乙烯（St）和马来酸酐（MAH）在 AIBN 引发剂的作用下共聚得到。这种高分子的荧光强度随着链的增

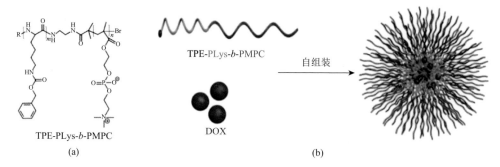

图 5-26 （a）TPE-PLys-*b*-PMPC 的分子结构式；（b）TPE-PLys-*b*-PMPC 与 DOX 共组装形成胶束的示意图[69]

长逐渐增强，为聚合反应的可视化研究提供了可能。同时形成的荧光纳米粒子能够通过马来酸酐与自然杀伤细胞（NK 细胞）表面的氨基发生反应而结合，进而调节其活性，在光控癌症免疫疗法中占据一席之地。这种治疗方法与光动力治疗非常接近，相关内容请参考 5.6 节中的内容。

2. FRET 在药物运输中的作用

荧光共振能量转移（FRET）是当一个荧光分子（供体）的荧光发射光谱与另一个荧光分子（受体）的激发光谱相重叠时，供体荧光分子的激发能诱发受体分子发出荧光，而供体分子自身的荧光强度衰减。FRET 的发生与供体、受体分子间的空间距离紧密相关，一般相距 1～10 nm 时可以发生 FRET；随着距离增加，FRET 的效率显著减弱。

很多药物均具有大的平面共轭结构和特征的 ACQ 效应。但它们的激发波长与 AIE 分子的发射波长非常接近，FRET 现象的有无非常适合作为药物释放的判断依据。在这类研究中 DOX 是常用的模式药物。如图 5-27 所示，何斌等[71]以具有 AIE 效应的两亲高分子自组装形成球形胶束，DOX 溶解在疏水内核中，由于 FRET 效应的存在，胶束的荧光被完全猝灭。当进入细胞中后，DOX 被释放，荧光重新恢复。这种分子设计最大的优势在于具有高达 86%的包裹效率和 10.4%的药物加载量，为快速抑制癌细胞生长提供了可能。

FRET 也可以用于调节 AIE 分子的颜色。Cheng 等[72]通过分子设计引入不同数量的荧光受体，得到了绿色发光的高分子 P1 及红色荧光的高分子 P2（图 5-28）。两者均可以作为 PTX 药物的载体，在药物作用位点的研究中具有较大的作用。由于两种高分子之间不会相互干扰，这为多种药物相互作用研究提供了可能。进一步研究发现，P1 和 P2 形成的高分子可以缓慢移动至细胞核内，这为细胞核定位的药物及基因治疗提供了机会。

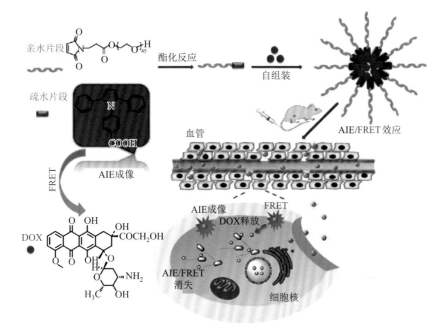

图 5-27　FRET 在判断药物是否释放中的应用[71]

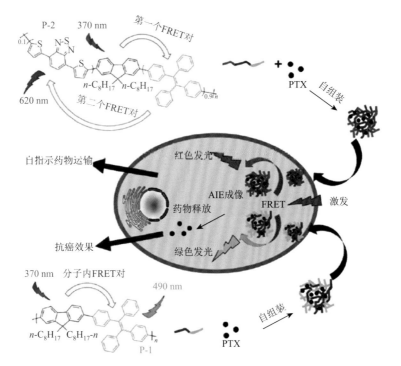

图 5-28　P1 和 P2 的分子结构式及其在药物运输与定位中的作用[72]

3. 无机材料参与 AIE 自组装药物运输

无机材料具有合成简单、价格低廉、结构刚性强且稳定的特征，这非常有利于药物成本的下降和药物在运输途中稳定性的提高。在药物运输中，尺寸分布均匀的中空介孔硅纳米球已经具有比较成熟的应用。此外，羟基磷灰石的应用也受到了一定程度的关注。这两种无机材料与 AIE 自组装药物运输的结合是本部分的关注重点。

于吉红等[73]通过表面活性剂诱导碱性刻蚀的方法得到了规则的中空介孔硅纳米球。通过后修饰将 TPE 基团连接在硅纳米球表面活性位点上，可以同时实现 DOX 的加载。该药物运输系统由于具有很大的空腔，能够负载大量的药物。在 pH 降低至 5.0 后，DOX 可以立即释放。接着研究者又进行了更为复杂的设计。如图 5-29 所示[74]，首先在苯并咪唑支化的介孔硅纳米粒子表面化学修饰 TPE 基团，并包裹 DOX；CuS 修饰的 β-CD 因能与苯并咪唑发生主客作用而作为门控分子，阻止运输过程中药物的泄漏。在酸性条件下，苯并咪唑被质子化，主客体结构解体，DOX 释放。CuS 同时也是光热作用中心，在近红外光的照射下可以进行靶向光热治疗，二者可以协同抑制癌细胞的生长。

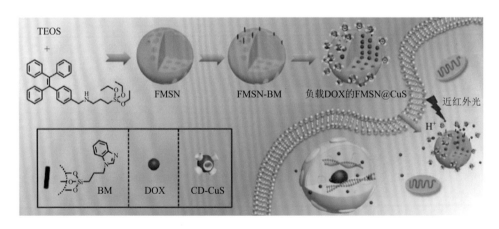

图 5-29　荧光/药物/光热治疗三重功能介孔硅纳米材料的结构和作用原理[74]

徐如人等[75]利用另一种无机材料，即羟基磷灰石形成的纳米胶囊，也实现了可控药物释放。被含有磷酸根的 TPE 修饰的羟基磷灰石在 TEM 下呈现椭球形，具有较大的中空内腔。以解热镇痛药 IBU 作为模式药物，在药物运载和释放过程的追踪研究中有很好的效果。在此研究中，由于 TPE 分子的激发波长在紫外光区，较浅的组织穿透性是限制其应用的主要问题。

4. 凝胶材料在 AIE 自组装药物运输中的应用

生物相容性凝胶通常在伤口辅料、人工关节软骨和响应性电子皮肤中具有广泛的应用，相关的研究一直属于热门领域。实际上凝胶也可以作为药物释放的监控材料。例如，秦江雷等[76]设计的最低临界共熔温度（LCST）与体温接近的 AIE 型自愈合水凝胶 TPE-[P(DMA-stat-DAA)₂]，由于二酰肼参与高分子的交联赋予了凝胶 pH 响应能力。除显而易见的荧光强度与温度变化关系外，该自愈合凝胶在药物运输中也具有很大价值，以 DOX 作为模式药物，在含有 DOX 的凝胶上培养细胞，可以观察到对细胞生长的明显抑制作用。

此外，Loh 等[77]设计了 AIE 型热致凝胶高分子 EPT。在较低的室温环境中，EPT 以溶液形式存在，与 DOX 混合后通过注射直接加入肿瘤所在区域，在体温条件下，EPT 可以逐渐转变为凝胶。这种溶胶-凝胶转变模式可以用于药物浓度的实时监控。

5. 其他类型 AIE 自组装与药物运输的结合

除两亲高分子类型的分子设计，其他类型的分子间作用和分子设计思路在药物运输中也具有同等重要的地位。由于部分实例在第 3 章和第 4 章中已经详细说明，本部分仅举一些没有提到的例子简要介绍。

华道本等[78]将 D-A 型分子设计应用于药物运输中。通过改变电子受体的类型（吩噻嗪、咔唑和对苯二酚），实现分子荧光发射波长的大范围调节，并实现从 ACQ 分子向 AIE 分子的转变。其中具有 AIE 作用的 P1 和 P2 能够与 PTX 共组装，实现荧光成像和药物治疗双重功能，特别是 P2 在载药和药物运输中具有与商用药物载体相比拟的效果（图 5-30）。

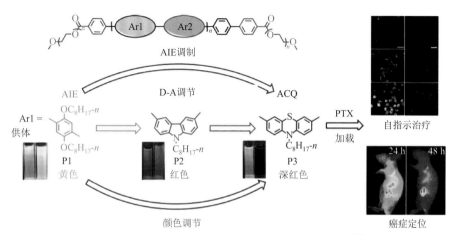

图 5-30　D-A 型 AIE 药物载体的分子设计及其应用[78]

　　谢志刚等[79]则实现了金属离子配位 AIE 自组装材料在药物运输中的应用。羧基取代的 TPE 分子 H4TCPE 可以与 Zr(Ⅱ)以 1∶2 的比例配位形成配位聚合物并与模式药物姜黄素（Cur）自组装，顺利实现在细胞中的定位和药物释放。

5.4.3　药物运输的特殊定位能力

　　药物可以直接释放于细胞质中，改变或破坏细胞质中的生命活动达到治疗的目的。然而有的药物的作用位点在细胞器中，如果在细胞质中释放药物，会造成大量药物脱靶，需要更多的药物才能达到治疗效果。随着服用药物剂量的增加，相关的副作用也迅速增多，为此在药物载体上修饰定位基团非常重要。通常，线粒体是最常选择的细胞器。利用其表面带负电荷的特点，在药物载体上修饰亲脂阳离子 TPP 和阳离子吡啶盐即可完成准确定位。

　　张德清等[80]以阳离子吡啶盐作为线粒体的定位基团，通过改变反离子的种类得到了四种 AIE 分子 TPES1～TPES4。研究发现，反离子的选择对荧光发射波长、聚集体尺寸和表面电荷大小均具有显著的影响。其中 TPES2 和 TPES3 可以定位于癌细胞线粒体，降低线粒体外膜的绝对电势，抑制 ATP 的合成，细胞因供能不足自动进入凋亡进程（图 5-31）。

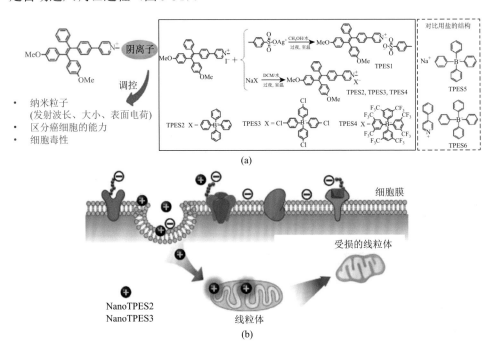

图 5-31　（a）TPES1～TPES4 的分子结构式；（b）对离子 TPES2 和 TPES3 在癌症治疗中的原理图[80]

　　此外，张德清等又以吡啶修饰的 TPE 作为线粒体自噬作用的调节剂，通过对癌细胞自噬通路的调整进行治疗。具体来讲，以阳离子吡啶作为线粒体定位基团的 PTPE1～PTPE3 能够与白蛋白结合，开启细胞自噬过程，同时对自噬通路中必备的自噬体与溶酶体融合过程进行阻断，进而导致细胞凋亡。在这里延长 TPE 上的烷基链长度可以提高 PTPE 与线粒体的结合常数及自噬活性[81]。

　　杜宗良等[82]选择使用 TPP 作为线粒体定位基团，得到含有两性离子的聚合物药物前体 TPE-CB-CA-TPP PUs（图 5-32）。该聚合物可以自组装形成球形胶束，其中两性离子位于亲水外壳表面，能够有效提高药物组装体在血液中的循环时间和在癌细胞附近的富集。组装体灵敏的 pH 响应性为可控药物释放提供了可能。以能够增强 ROS 效应的肉桂醛（CA）作为模式药物，在 pH 更低的癌细胞中，药物迅速释放，癌细胞的增殖受到明显抑制。

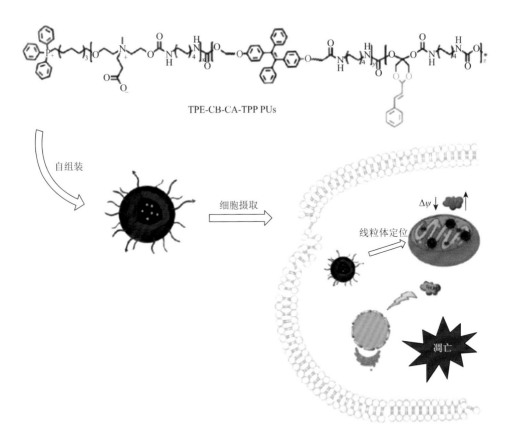

图 5-32　TPE-CB-CA-TPP PUs 的分子结构式及其诱导 ROS 癌细胞凋亡的模式图[82]

类似的研究还有 Kim 等[83]设计的线粒体定位基团 TPP 和取代醌修饰的 TPE 分子。在醌氧化还原酶 NQO1 和 NADH 的作用下，取代醌被切除，TPE 分子发生聚集，点亮荧光的同时破坏线粒体正常功能，代谢通路被阻断，细胞选择性凋亡。

5.4.4　响应性药物治疗与低药物副作用

为降低药物在运输过程中意外泄漏，组装体必须具有足够的稳定性和在特定条件下发生响应性药物释放的能力。通过对比癌细胞和正常细胞之间的差异，更低的 pH、更强还原环境及酶的异常活性是癌细胞最为显著的特征。因此，pH 响应、H_2O_2 响应、氧化还原响应及酶响应是实现药物可控释放的常用待选方式。本小节将分别介绍各种响应性在药物释放中的应用。

1. pH 响应可控药物释放

在药物可控释放中，pH 响应性是首选方式。席夫碱和腙键是最常用的 pH 响应位点，当 pH 降低后，这些功能基团发生水解断裂，导致组装体解体，药物也随之释放。本部分将系统介绍不同类型的 pH 响应型 AIE 分子的设计思路。

席夫碱是一种对环境 pH 非常敏感的基团，通常由氨基和活性羰基反应得到。吴德成等[84]将 TPE 通过席夫碱与聚倍半硅氧烷（POSS）连接，得到 pH 响应型蝌蚪状聚合物 PEG-POSS-(TPE)$_7$。通过调节 PEG 聚合度，当聚合度较低时可以形成空心的囊泡结构，当聚合度增加后逐渐转变为实心胶束。在形成组装体过程中可以同时包裹模式药物 DOX 分子（图 5-33）。当载药囊泡进入癌细胞后，席夫碱被切断，DOX 迅速释放，FRET 效应消失，荧光重新点亮。这种分子设计在药物可控释放和定位分析上扮演重要角色。

羰基和肼缩合得到的腙键也具有 pH 响应性，这也是 pH 响应药物释放分子设计中最常用的一种策略。例如，梁兴杰等[85]直接将 TPE 分子与药物 DOX 通过酰腙键连接在一起，得到的小分子化合物能够自组装形成球形纳米粒子。由于 TPE 与 DOX 之间的 FRET 作用，荧光完全猝灭。当药物被胞吞进入细胞后，在溶酶体中腙键被水解，药物释放，发挥疗效同时荧光恢复。

更为常见的设计策略是，将 AIE 分子与两亲高分子通过酰腙键结合，药物则通过疏水作用直接包裹在胶束内核中。金桥等[86]将含有两亲性磷酸胆碱的高分子与 TPE 通过酰腙键结合，得到 PMPC-*hyd*-TPE，与 DOX 共组装形成球形胶束。当 pH 降低至 5.0 左右后，酰腙键水解，胶束解体，DOX 对肿瘤细胞的化学药物疗效开始发挥（图 5-34）。

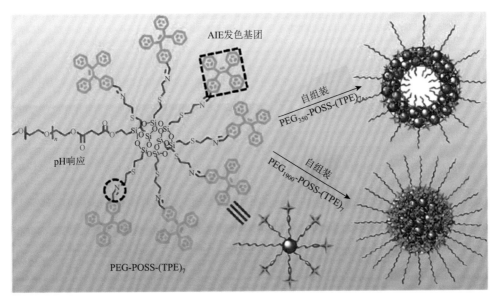

图 5-33　含有席夫碱的 AIE 高分子的自组装及其用于药物可控运输的示意图[84]

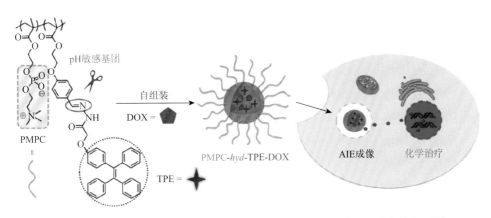

图 5-34　**PMPC-*hyd*-TPE** 分子结构式及其自组装和可控药物释放中的应用[86]

　　类似的分子设计还有王云兵等[87]将 TPE 分子与葡聚糖通过酰腙键连接，这种方式加载的药物能有效减少血液循环中泄漏情况，降低副作用。成煦等[88]设计了含有酰腙键的两亲高分子 MPEG-*hyd*-TPE，同样具有较长的血液循环时间和药物作用效果。

　　将药物分子与 AIE 基团同时连接在高分子骨架上不失为一种行之有效的方法。如图 5-35 所示，计剑等[89]以透明质酸为基本骨架，依次在其骨架上化学修饰磷酸胆碱、DOX 和 TPE 分子[HA-graft-(MPC-*co*-Mal-DOX)-AIE]。其中，DOX 通过酰腙键与透明质酸连接，具有 pH 响应性。磷酸胆碱可以增强细胞膜表面 CD44 受体辅助的内吞，在溶酶体中酰腙键被水解，药物有效释放。

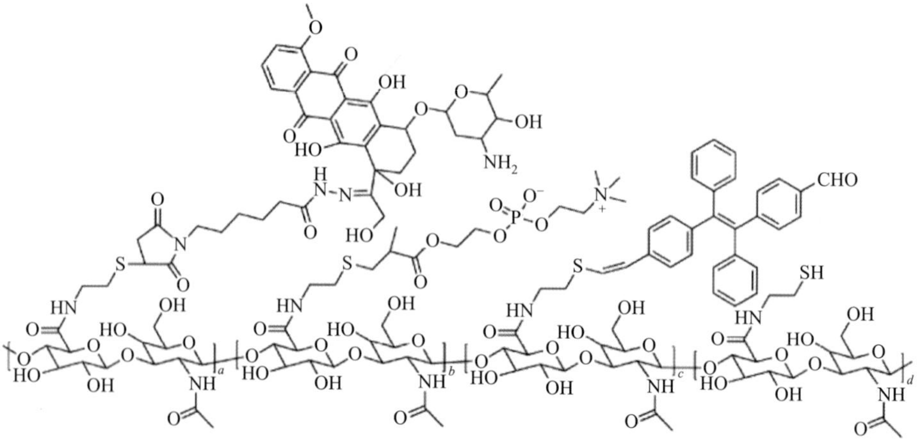

图 5-35   HA-graft-(MPC-*co*-Mal-DOX)-AIE 分子结构式[89]

除 DOX 外，危岩等[90]利用含有动态酰腙键的两亲高分子也实现了对顺铂药物的包裹和可控释放。

pH 响应不仅仅局限于动态共价键的水解，pH 变化导致组装体所带电荷的改变足以破坏其稳定性，在可控药物释放中也具有大量的应用。华杰等[91]将 TPE 和 PEG 分别修饰在微生物来源的聚 ε-赖氨酸上，得到 mPEG-*g*-Plys。这种核-壳型胶束具有很好的生物相容性，能有效包裹 DOX，并在癌细胞中大量富集。当 pH 降低时，赖氨酸被质子化，胶束因为所带电荷迅速增加而解体，DOX 随即释放。

王云兵等[92]设计的 mPEATss 也具有类似的功能。值得注意的是，这种高分子同时具有双光子成像的能力，可以有效避免生物组织自发荧光，在深度组织成像中具有较好的应用。梁兴杰等[93]也发现，含有羧基取代的 TPE 可以与 DOX 在生理条件下自组装形成球形纳米粒子，当 pH 降低后羧酸的电离受到抑制，组装体稳定性降低，DOX 释放。

2. H₂O₂ 响应可控药物释放

H_2O_2 也是一种非常常见的活性氧物种，在发生癌变的细胞中 H_2O_2 的含量显著提高，因此对 H_2O_2 的响应也可用于药物的可控释放。

王云兵等[94]设计了一种具有双光子荧光特性的两亲高分子 mPEG-*b*-PLG(Se)-TP，可以包裹 Cur 形成稳定的核-壳结构胶束。该聚集体对氧化环境非常敏感，0.1% 的 H_2O_2 即可造成胶束结构完全破坏和药物的释放（图 5-36）。结合组织深度成像能力，非常适合癌细胞的精确定位与治疗。

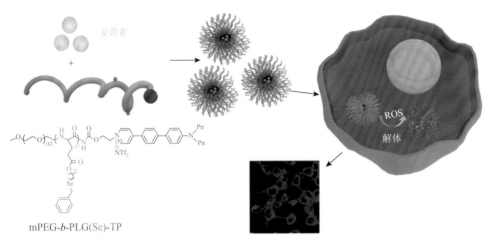

mPEG-*b*-PLG(Se)-TP

图 5-36　mPEG-*b*-PLG(Se)-TP 的分子结构式及 ROS 诱导药物可控释放的原理[94]

借助相同的设计理念，唐本忠等[95]发现将 TPE 分子与 DOX 通过苯硼烷连接在一起的药物前体在癌细胞中可以分解为羧基取代的 TPE 和 DOX 两部分，DOX 用于药物治疗的同时，TPE 分子聚集发出荧光。何兰等[96]设计的两亲聚合物 TPG1 同样具有 H_2O_2 响应性。TPG1 可以自组装形成球形胶束，并具有 59% 的 DOX 加载率。在 Baeyer-Villiger 反应下，胶束发生解体，DOX 释放。

3. 氧化还原响应可控药物释放

细胞中的氧化还原酶也可以与药物载体发生反应，形成新的化学键或切断原有的键及改变氧化价态，这些反应均会对组装体的稳定性产生影响，是实现可控药物释放的另一种重要方法。本部分将侧重介绍谷胱甘肽（GSH）和 NADH 在可控药物释放中的应用。

GSH 是一种细胞中常见的抗氧化剂，广泛存在于动物、植物、微生物细胞内，可参与机体多种重要的生化反应，保护体内重要酶蛋白中的巯基不被氧化而失活，是维持细胞正常能量代谢和功能的重要成分。在癌细胞中，不仅具有很高的 ROS，GSH 的水平也显著提高，因此设计含有二硫键的分子即可实现 GSH 响应下的可控药物释放。

Zhao 等[97]通过二硫键将 Cur 共价连接到含有 TPE 基团的高分子中，通过自组装形成胶束。由于 TPE 与 Cur 之间的 FRET 作用，胶束不能发出荧光。在细胞内 GSH 的存在下，二硫键被还原，药物释放，同时高分子的亲疏水性发生改变，胶束直径逐渐变大并伴随荧光强度增强（图 5-37）。

类似的研究结果还可以参考王云兵等设计的 TPE-SS-PLAsp-*b*-PMPC[98]，以及 P(TPF-*co*-lbup)-PAEMA-PPEG@FA[99]。其中 P(TPF-*co*-lbup)-PAEMA-PPEG@FA 对

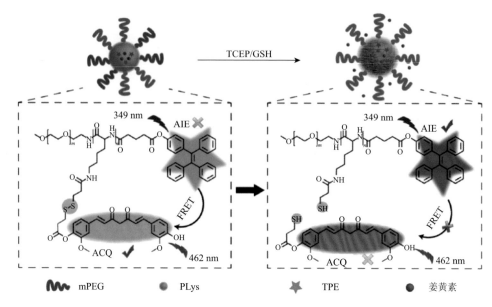

图 5-37　GSH 响应可控药物释放和荧光增强的示意图[97]

卵巢癌具有很好的靶向作用，随着 GSH 将二硫键切断，可以同时释放 IBU 和 Cur
两种药物，这在抑制炎症细胞向癌变方向转变中具有重要作用。此外，pH 降低诱
导聚合物所带电荷改变和胶束的重新形成，对癌细胞的精确定位意义重大。

　　烟酰胺腺嘌呤二核苷酸的还原态即 NADH，又可称作还原型辅酶Ⅰ，在细胞
内物质和能量代谢中发挥重要功能，是一种细胞内非常常见的还原性物质。以此
作为还原剂，Chen 等[100]设计了一个精巧的药物运输系统。如图 5-38 所示，4, 4′-
联吡啶阳离子和萘同时作为葫芦[8]脲的客体分子，通过主客作用，PTPE、PEG-Np
与葫芦[8]脲形成两亲刷状聚合物，并与 DOX 进一步共组装形成超分子纳米粒
子。DOX 和 TPE 之间的 FRET 作用导致荧光猝灭的发生。当进入癌细胞后，较
低的 pH 及 NADH 的存在导致聚合物解体，DOX 释放的同时荧光分子发生聚集
并产生荧光。显著的 EPR 效应保证了该聚合物对癌细胞的高效定位能力及更长
的血液循环时间，在抑制癌细胞生长中具有很好的效果。

4. 酶响应可控药物释放

　　酶作为生命体功能的重要执行者，其含量及活性的异常通常与疾病直接相
关，也是疾病确诊的重要证据。在分子中引入癌细胞中水平或活跃度异常的酶的
底物，其识别和反应性也是可控药物释放的一种可能方式。本部分将以组织蛋白
酶、偶氮苯还原酶和透明质酸酶为例，介绍酶响应可控自组装实现的途径。

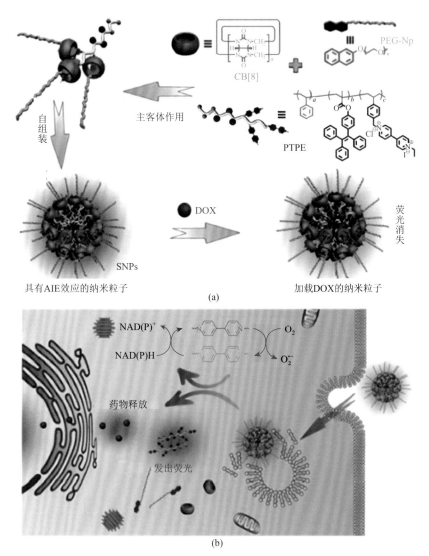

图 5-38　（a）PTPE、PEG-Np 和葫芦[8]脲通过主客作用自组装的模式图；（b）NADH 参与药物可控释放的原理图[100]

组织蛋白酶 B（CB）是溶酶体内半胱氨酸蛋白水解酶。近年来发现 CB 与肿瘤的浸润转移密切相关。在癌细胞转移过程中，CB 能直接溶解或间接激活能够溶解细胞外基质的酶，如胶原蛋白、层粘连蛋白、基底膜等，来促进癌细胞向深部组织浸润，进而为癌细胞的转移提供可能。计剑等[101]利用含有 CB 作用位点的吉西他滨（GEM）药物前体作为凋亡探针实现了对胰腺癌的监控和治疗。药物前体中 RGD 是整合素识别蛋白用于癌细胞的精确定位，在癌细胞过量表达的 CB 的作用下，多肽片段 GFLG 被切断，药物 GEM 释放，发挥治疗作用。当细胞进入凋亡模式后，caspase-3 切断 DEVD 多肽，诱导 TPE 分子聚集点亮荧光，实现对细胞凋亡的荧光检测。这种定位药物释放和治疗效果评估的组合在未来靶向治疗中具有很重要的作用。

张先正等[102]则利用含有 CB 识别位点的嵌合体多肽 CTGP 成功克服化疗中最常见的耐药性问题。如图 5-39 所示，CTGP 可以与 DOX 共组装形成球形胶束，在 CB 的作用下 CTGP 被切断，药物进入细胞内。由于多肽片段的亲疏水性发生转变，以及在氢键的作用下球形胶束逐渐转变为纳米纤维，包裹在细胞膜表面，可以有效抑制药物被泵出，提高了药物作用效果。

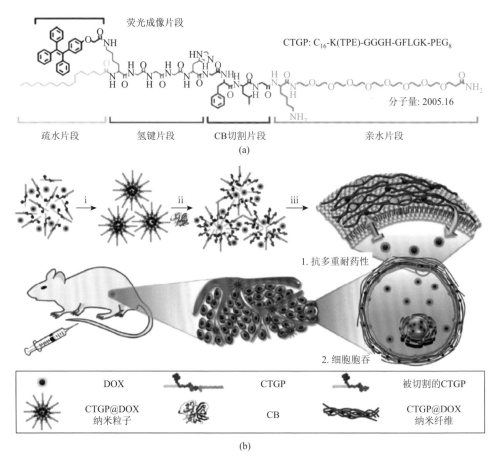

图 5-39 （a）CTGP 的分子结构式；（b）CTGP 在药物运输和克服耐药性中的作用原理[102]

偶氮苯还原酶在人类结肠中广泛存在，利用这种特殊的定位效果，朱秀林等[103]设计合成了两亲聚合物 PCL-TPE-Azo-PEG，与 DOX 一起形成棒状胶束。由于 Azo 的存在，胶束中 AIE 分子的荧光被完全猝灭。在结肠癌细胞中，偶氮苯的 N═N 双键被还原，药物释放并伴随荧光增强。这种设计思路在结肠癌的治疗和诊断中均具有很好的效果。

类似地，梁宏等[102]利用细胞内源的透明质酸酶（HAase）作为药物释放的响应来源。四级铵修饰的 TPE（QA-TPE）可以与透明质酸通过静电自组装形成胶束。该胶束对含有 CD44 受体的癌细胞具有很高的选择能力。当内源的 HAase 参与透明质酸的水解时，QA-TPE 被释放，同时具有 AIE 荧光成像和化学药物治疗双重功能，对癌症的进展具有良好的控制作用。

5.4.5　小结

本节从 AIE 自组装药物释放的分子设计出发，依次介绍了 FRET 与药物释放的结合、无机材料在 AIE 自组装中的应用、凝胶类型的药物释放材料及其他分子间相互作用的参与。接下来对药物释放的精准定位及响应型可控释放做了较为深入的讨论。在这部分中，两亲性 AIE 型高分子作为药物载体，目标负载药物可以通过共价键与高分子结合在一起，也可以仅通过亲疏水作用包裹在 AIE 型高分子形成的疏水内核中。药物分子结构完整性不被破坏是其执行治疗和抑制生长功能的最基本条件，也是在进行分子设计中需要考虑的最重要一点。

AIE 分子的药物运输和治疗应用是研究最多最丰富的一部分，相关的综述已经发表很多[104-106]，然而自组装在此方面的应用仍处于快速发展阶段。实际上，除以上已经实现的分子设计外，大量的 AIE 自组装材料特别是囊泡型组装体[107]均具有药物运输和治疗的可能性，仍在等待研究者深入发掘。

5.5　　AIE 自组装在基因运输和治疗中的应用

除药物治疗外，基因治疗是更新一代治疗方案。类似于"一劳永逸"的观点，由于直接对遗传基因进行修改，一旦成功可以解决长期药物治疗对患者造成的经济和心理负担，因此基因治疗自从提出就受到了广泛关注。简单来讲，基因治疗的方法通常是将外源正常基因导入靶细胞，以实现纠正或补偿因基因缺陷和异常引起的疾病的目标。在基因治疗中，外源 DNA 的导入是治疗的核心。根据外源基因转移方法的不同，可以分为病毒方法和非病毒方法两大类。

类似于药物运输的载体，如果将 AIE 自组装材料作为目的基因的载体，可以同时实现对基因运输途径的追踪和基因定位是否成功的评估。作为一种非病毒基因转移方法，AIE 型自组装通常利用静电作用压缩包裹 DNA，通过修饰细胞核定位基团和控制组装体大小实现对核孔的穿越[108]。本节将主要介绍 AIE 自组装在基因运输和治疗中的应用。

根据对染色体结构的研究，我们知道 DNA 在有丝分裂过程中可以被浓缩成短棒状结构，有利于遗传载体的运输。在这里因含有大量精氨酸和赖氨酸而带有正电荷的组蛋白是包裹和缠绕 DNA 的重要功能蛋白。模拟生物过程，在 AIE 分子上修饰带正电荷的基团，分子在发生自组装的同时将浓缩折叠的 DNA 包裹其中是最常用的设计思路。例如，梁兴杰等[109]在 TPE 分子上连接 4 个精氨酸和亲脂烷基尾链，得到带正电荷的 TR4。TR4 可以与 DNA 在静电作用下共组装形成纳米纤维，被细胞快速识别和内吞。根据荧光变化可以追踪 DNA 的靶向和释放情况（图 5-40）。在这里正电荷氨基酸对 DNA 的压缩具有重要的作用，但是当精氨酸数量过多时，反而会增加细胞毒性。棕榈酸疏水尾链可以提高基因的转染效率。两者的巧妙配合共同促进了基因的靶向和稳定表达。

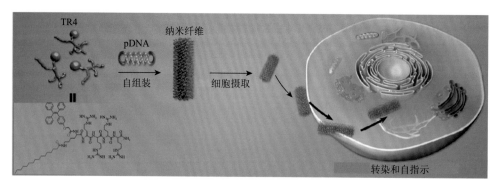

图 5-40　TR4 的分子结构式及其与 DNA 共组装和运输的示意图[109]

目前 AIE 自组装参与的基因治疗已经可以实现精确的细胞定位。余孝其等[110]设计的以半乳糖为端基含有二硫键的 AIE 型两亲分子 TSPG 可以自组装形成核-壳-晕三层结构胶束，能够辅助 DNA 的浓缩和转运。TSPG 中的半乳糖作为定位基团，可以增强与去唾液酸蛋白酶受体的结合能力，实现肝细胞选择性识别和内吞。在 GSH 的作用下，TSPG 的二硫键被切断，组装体解体，基因成功释放并逐渐迁移至细胞核中，翻译并表达。

实际上，AIE 自组装可以帮助基因直接实现细胞核的精准定位。为实现此目的，夏帆等[111]做了非常巧妙的分子设计。如图 5-41 所示，在分子 TNCP 中，TPE 基团作为主要的荧光基团，依次连接阳离子多肽 RRRR、细胞核定位五肽 KRRRR 及 RGD 三肽。其中，阳离子多肽 RRRR 能够提高组装体穿膜效率和从内吞泡中逃逸的成功率；细胞核定位五肽 KRRRR 经核孔蛋白识别后将组装体转运进入细胞核；RGD 三肽作为整合素 $\alpha_v\beta_3$ 的识别片段辅助组装体定位于分裂活跃的癌细胞。TNCP 因为带正电荷，可以通过静电作用与 DNA 发生自组装。由于 TNCP

所带正电荷较多，有利于提高 DNA 的浓缩和加载量，直接定位癌细胞细胞核，显著降低了基因治疗的脱靶率，在快速增殖的卵巢癌和宫颈癌治疗中效果非凡。

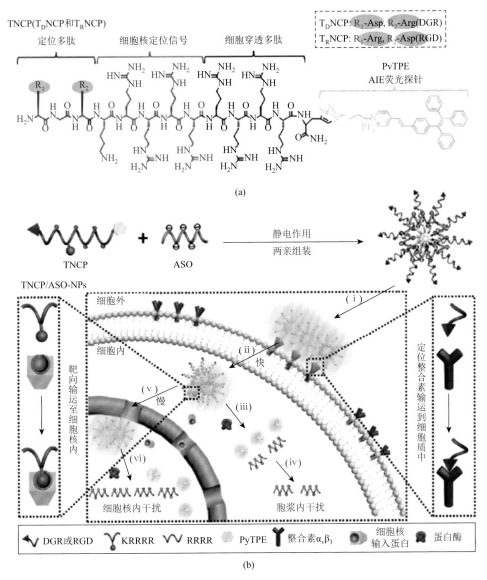

图 5-41　（a）TNCP 分子结构式和对应功能；（b）TNCP 参与 DNA 运输和自组装的模式图[111]

　　与以上完全共价修饰不同，朱新远等[112]尝试将主客作用应用于基因运输工作。如图 5-42 所示，含有金刚烷胺的偶氮苯 DMA-Azo-AD 作为客体分子可以与被修饰的环糊精 DMAE-CD 发生主客作用，并与 DNA 发生共组装点亮荧光。当

pH 降低时，DMA-Azo-AD 中的三级胺发生质子化或偶氮苯在光照下发生顺反异构，均会导致组装体解体，荧光消失。这种 pH 和光双重控制的基因释放可以有效避免在错误位置释放带来的损失。

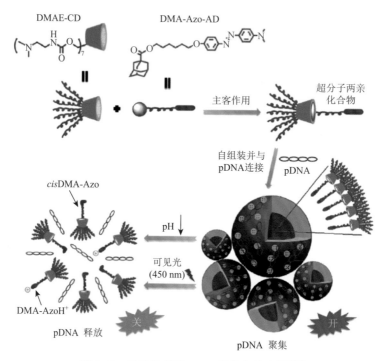

图 5-42　主客作用在 DNA 运输中的应用[112]

　　何兰等[113]则尝试利用 AIE 修饰的 gemini 型表面活性剂进行基因的运输和治疗。具体来讲，以 TPE 分子作为 gemini 型表面活性剂两条疏水链间的连接基团，在 TPE 另外两个苯环上分别连接大环多胺。改变疏水链和与大环多胺连接的柔性链的长度，可以得到一系列 gemini 型表面活性剂。在与 DNA 共组装过程中发现，与大环多胺间没有烷基柔性链的 gemini 型表面活性剂能够转染多种细胞，具有很高的效率。通过荧光强度的改变可以灵敏地检测转染发生的时间及程度。

　　由于 AIE 自组装在基因运输中的研究相对较少，目前尚未形成非常成熟和系统的设计思路，因此本节内容的举例相对缺乏一定的规律和逻辑性。总体来讲，在参与基因运输的 AIE 分子设计中，正电荷是必不可少的要素，其他方面设计的随意性相对很大。例如，聚集体形貌不仅仅局限于球形纳米粒子，定位基团的有无及种类选择也具有很大的选择范围。由于基因治疗和成像双重效果带来的巨大优势，相信在未来的研究中，AIE 自组装诱导基因运输和治疗将会成为一个新的研究重点。

5.6　光动力疗法

　　癌症作为世界性健康问题已经成为全球人口死亡的主要原因之一。传统的手术切除、放射治疗及化学治疗由于侵入性和严重的副作用，患者往往会出现预后效果不佳，生存质量明显降低的问题。近年来发展的免疫疗法因容易引起自身免疫疾病在使用中仍受到较大的局限。光动力疗法（photodynamic therapy，PDT）作为另一种选择，具有非侵入性、高选择性及较小的副作用，目前受到越来越多的关注[114]。

　　在光动力治疗中，光敏剂（photosensitizer，PS）是发挥作用的最重要核心。在光能存在下，光敏剂可以利用捕获的光能将周围的氧气转换为以 $^1O_2$ 为主的活性氧物种（ROS），进而导致细胞的坏死或凋亡。光敏剂的选择通常需要满足以下几个要求：对肿瘤细胞具有定位能力；在黑暗状态下毒性低；在光照条件下可以快速有效抑制癌细胞的生长。通常使用的光敏剂主要是卟啉、酞菁等。由于它们一般均具有大平面盘状结构，容易发生 ACQ 效应及具有较低的细胞膜穿透率，在光动力疗法中具有一定限制。以 AIE 分子作为光敏剂可以同时实现成像和治疗作用，是目前光动力疗法主要的发展方向。

　　光敏剂常通过注射方式进入体内，在癌细胞中可以定位于细胞膜、质膜、线粒体或脂滴。定位于不同位置的光敏剂具有不同的作用模式，可以通过图 5-43 简单了解。除以上精确定位外，光敏剂也可以在细胞质中直接发挥作用。对光敏剂进行修饰可以提高细胞的识别和胞吞能力，与其他功能基团结合可以赋予光敏剂更多附加功能。

　　本节将首先介绍非细胞器定位的光敏剂，并对其修饰和功能化进行举例说明。对于更加精准的细胞器定位 AIE 型光敏剂，将以细胞器类型为分类依据，介绍不同定位位置下的分子设计。唐本忠和刘斌等在这一方面作出了巨大的贡献。

5.6.1　非细胞器定位 AIE 型光敏剂

　　AIE 型光敏剂通常为疏水性分子，常与两亲性高分子 F127 或者 DSPE-PEG 等分子通过共组装形成球形纳米粒子。胞吞作用是这些纳米粒子进入细胞的主要方式。由于尺寸限制这些纳米粒子不能穿过核孔，通常分散于细胞质中。在这种方法中，两亲高分子与光敏剂之间的结合力较弱，因此在血液运输过程中，容易受到血浆蛋白等物质的影响，出现光敏剂的泄漏问题。AIE 分子自组装则可以克服这种问题的出现。本小节将介绍 AIE 自组装在光敏剂中的应用。

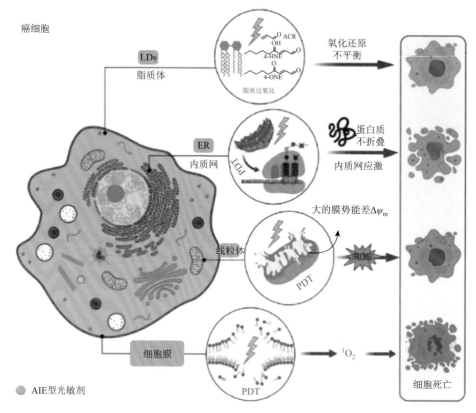

图 5-43　AIE 型光敏剂在不同细胞器定位下发挥功能的原理图[115]

1. D-A 型 AIE 自组装光敏剂

AIE 分子在光照下产生活性氧的原理可以用图 5-44 进行说明[115]。在分散状态下，AIE 分子吸收的光能以振动形式耗散。当分子聚集后，吸收的光能可以转变为荧光发射。活性氧的产生需要系间转换，因此单线态到三线态之间较小的能量差（ΔE_{ST}）是发生更高活性氧产生效率的基本条件。在 D-A 型 AIE 分子中引入更长的共轭基团可以有效缩小 ΔE_{ST}，同时使发光颜色红移至接近近红外发光范围。这非常有利于光能捕获效率的提高及单线态氧的产生。

基于以上的分析，Bryce 等[116]设计了以三苯胺（TPA）为电子供体，氰基为电子受体的 PS1（D-π-A）和 PS2（D-π-A-π-D）。这两种光敏剂具有快速染色、长效荧光追踪和图像引导光动力治疗三重功能，其中将 PS1 纳米粒子加入细胞培养液中振荡 5 s 即可实现染色，染色时间可以保持长达 14 天。在白光照射下，PS1 和 PS2 的 $^1O_2$ 产生效率分别为 67% 和 76%。在 14 天的培养过程中可以使小鼠肿瘤体积缩小 58%，具有良好的抑制癌细胞生长能力（图 5-45）。

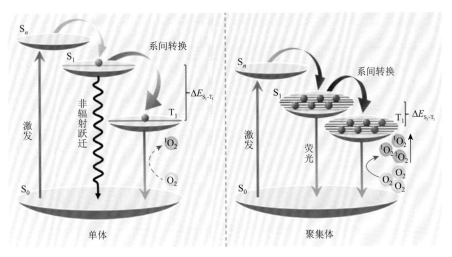

图 5-44　AIE 分子产生活性氧原理的示意图[115]

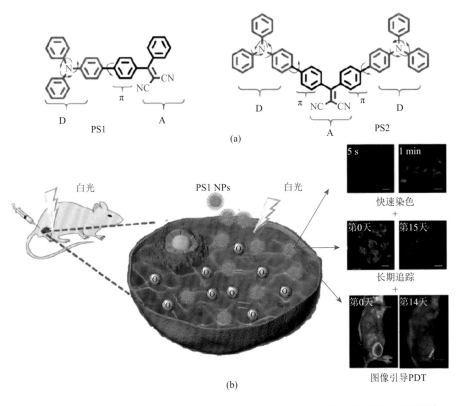

图 5-45　（a）PS1 和 PS2 的分子结构式；（b）PS1 和 PS2 的三重功能示意图[116]

类似地，Sun 等[117]以 TPA 和噻吩作为给电子基团，以喹喔啉酮为吸电子基团合成的 SJ-1 在光动力疗法中同样具有较好的效果。唐本忠等[118]设计了含有四个 TPA 基团的 D-A 型分子 4TPA-BQ，在白光照射下 $^1O_2$ 产率可以达到 97.8%。该分子表现出时间依赖光动力治疗效果。光照 15 min 即可对革兰氏阴性菌和阳性菌产生广谱的抑制效果；连续 12 h 的光照明显抑制癌细胞生长；而对正常细胞影响很小。

2. 光敏剂的修饰与效果增强

对 AIE 型光敏剂进行共价和非共价修饰可以进一步提高其在光动力治疗中的效果。Ramaiah 等[119]在 TPE 上同时连接烷基链和缺电子的苯并噻唑，获得具有两亲性的 D-A 型分子。该分子可以自组装形成球形纳米粒子。这是第一例具有自组装能力的 TPE 型光敏剂，在实际使用中可以直接在细胞质中发挥功能。

为进一步提高细胞摄取光敏剂的效率，刘斌等[120]在 TPE 分子上连接整合素 $\alpha_v\beta_3$ 识别短肽 cRGD，光敏剂分子 TPETF-NQ-cRGD 被胞吞后在 GSH 的作用下，2,4-二硝基苯磺酰基被去掉，荧光被点亮的同时发挥 PDT 效应（图 5-46）。这种两步激活 PDT 光敏剂能够靶向 β-半乳糖苷酶表达细胞，可以进一步降低治疗对正常细胞的损伤。

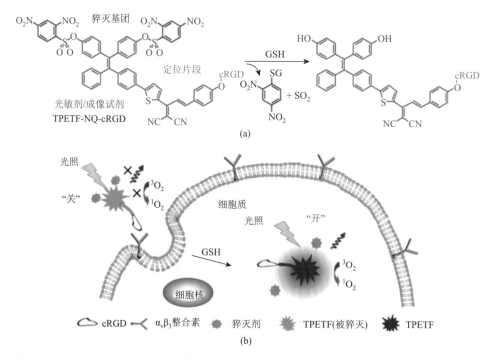

图 5-46 （a）TPETF-NQ-cRGD 的分子结构式及其对 GSH 的响应；（b）TPETF-NQ-cRGD 细胞识别、内吞和发挥 PDT 效应的示意图[120]

非共价修饰作为控制 AIE 分子荧光颜色和组装体形貌的重要方式，在控制 PDT 效果中同样扮演重要角色。田文晶等[121]以 BDBF 为光敏剂通过非共价修饰得到三种均具有 PDT 效果的材料。BDBF 自身及在 F127 包裹下组装均形成纳米棒结构，两者均具有较高的 QY。同时加入 F127 和 BDBF 则形成球形纳米粒子，荧光颜色红移，QY 下降。三种纳米聚集体具有类似的活性氧产生能力。

3. 光敏剂的修饰与药物释放

对光敏剂进行修饰是增加附加功能的常用手段。复合药物的可控释放可以降低药物副作用，与 PDT 配合实现"1＋1＞2"的效果。将疏水药物 DOX 加载在两亲高分子 TPETP-TK-PEG 形成的胶束中，刘斌等[122]实现了光动力治疗和光响应药物释放双重功能（图 5-47）。主要原理是 TPE 作为 AIE 基团和光敏剂，在白光照射下产生活性氧，导致内吞运输泡的细胞壁破裂和两亲高分子解体，实现药物释放。

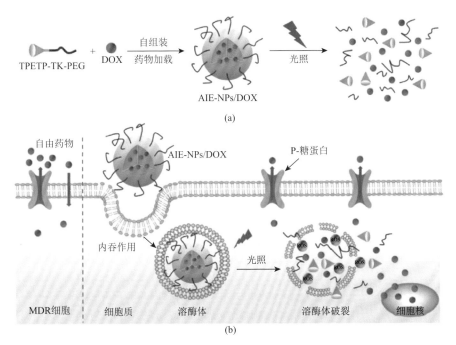

图 5-47　同时具有 **PDT** 和可控药物释放能力的自组装胶束模式图[122]

此外，刘斌等[123]又将 AIE 型光敏剂 TPEDCC 与能促进 Fenton 反应的 Fe^{3+} 和 B 淋巴细胞活性抑制剂 Bcl-2 通过配位自组装结合在一起。Fenton 反应产生大量的 O_2 为 PDT 提供了丰富的原料，Bcl-2 有效抑制 B 淋巴细胞的活性，使得细胞凋亡得以发生，共同克服缺氧和固有抗氧化性，使 PDT 效率显著增加。

Singh 等[124]以更为直接的方式将具有抗肿瘤作用的苯丁酸氮芥与作为光敏剂的 TPE 共价连接，当形成的纳米粒子进入细胞后，在光照下 1 mol 的 TPE(Cbl)$_4$ 可以同时产生活性氧和 4mol 的苯丁酸氮芥，实现化学治疗与 PDT 同时作用。

5.6.2 细胞器定位 AIE 型光敏剂

能够定位于细胞器的光敏剂具有更高的光动力治疗效率。细胞器定位一般通过在 AIE 分子上连接相应的受体实现。在光动力治疗中常用的定位包括细胞膜、线粒体、溶酶体和脂滴。本小节将以不同定位细胞器为分类依据，举例介绍 AIE 分子自组装在该方面的应用。

1. 细胞膜定位

细胞膜的定位原理包括依据细胞膜组成和代谢活性两个方面。对磷脂结构的模拟属于第一种方法，连接细胞膜上表达蛋白配体如 cRGD，或通过生物正交反应探针与膜连接属于第二种类型[125]。细胞膜由两亲性的磷脂双分子层构成。设计类似两亲性的 AIE 分子即可以实现在细胞膜上的定位。唐本忠等[126]发现含有吡啶阳离子的非对称性两亲 AIE 分子 TPE-MEM 可以选择性定位于细胞膜，在光照条件下，产生的活性氧破坏细胞膜的完整性，细胞内容物外泄，细胞坏死。基于此原理，TPE-MEM 体现出良好的光动力治疗能力，对肿瘤细胞的生长具有明显抑制作用。

2. 线粒体/溶酶体定位

对于非光合作用细胞，线粒体是细胞的唯一"动力车间"。作为一种半自主化细胞器，线粒体具有自己的 DNA 和 RNA，并能维持特定的膜内外电势差。一般，线粒体的外膜保持–180 mV 的电势。因此，阳离子取代基对线粒体具有很高的亲和性，通常以 TPP 和吡啶阳离子作为定位基团。此外，带有亲脂性阳离子的荧光分子如花青染料和罗丹明 B 也对细胞膜具有很好的定位效果[125]。

溶酶体作为另一种非常重要的细胞器，因其中含有 60 多种酸性的水解酶而得名。溶酶体酶（酯酶、蛋白酶等）的底物是最常使用的定位基团。除此之外能在酸性条件下发生特异反应的基团或配体也可以用于溶酶体定位[125]。

对细胞来说，线粒体和溶酶体的破坏往往是致命的。以线粒体和溶酶体作为光敏剂定位位点的研究相对较多。例如，高辉等[127]设计了以 TPP 作为定位基团的 AIE 聚合物光敏剂 PAIE-TPP，可以通过自组装形成球形纳米粒子，在白光诱导下 ROS 产生效率高达 77.9%。在 10 mW/cm^2 光强的照射下，仅有 4%的癌细胞仍能存活。该研究者又将类似的 AIE 高分子光敏剂与上转换纳米粒子共组装，实现近红外光激发光动力治疗（图 5-48）。聚乙二醇与纳米粒子反应形成席夫碱结构，使 UCNP@PAIE-TPP-PEG 纳米粒子具有 pH 响应性，可以在 pH 更低的癌细胞中脱去聚乙二醇保护层发挥 PDT 作用，降低对正常细胞的毒性[128]。

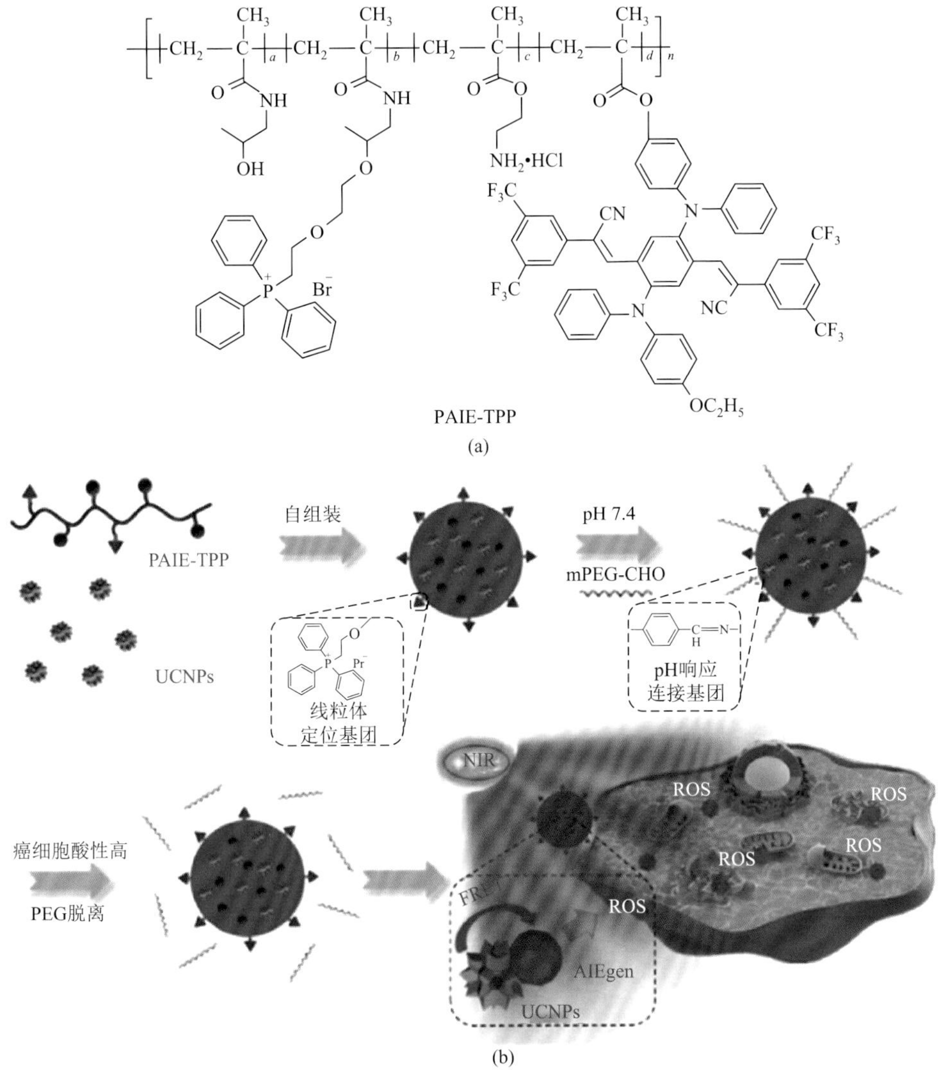

PAIE-TPP

(a)

(b)

图 5-48　（a）PAIE-TPP 的分子结构式；（b）pH 响应上转换 PDT 治疗模式图[128]

　　类似地，巢晖等[129]设计了具有 AIE 活性的 Ir(III)复合物，同样可以实现双光子 PDT 治疗效果。朱为宏等[130]则巧妙设计 AIE 分子的二维结构，在水溶液中该自组装体由于分子堆积比较疏松，对分子振动的限制能力不足，荧光很弱。当进入线粒体后，聚集效果增强，这种"off-on"型探针在对线粒体的时空成像和 PDT

中均具有良好的效果。发光颜色在大范围内可调的 AIE 自组装 PDT 材料还可以参考李楠等[131]的相关研究。

刘斌等[132]则巧妙利用溶酶体中更低的 pH 设计了 pH 响应型双色荧光发射光敏剂。如图 5-49 所示，在 PLL-*g*-PEG/DPA/TPS/PhenA 中使用了传统的平面盘状分子脱镁叶绿酸盐 A 作为光敏剂，四苯基噻唑具有 AIE 性质。在正常生理 pH 条件下，PLL-*g*-PEG/DPA/TPS/PhenA 自组装形成纳米粒子，发出绿色荧光，PhenA 由于 ACQ 现象不能发挥 PDT 作用。当纳米粒子进入溶酶体中，pH 降低导致组装体解体，TPS 的振动不再受到抑制，绿光消失，PhenA 的红色荧光出现，高效率产生活性氧。

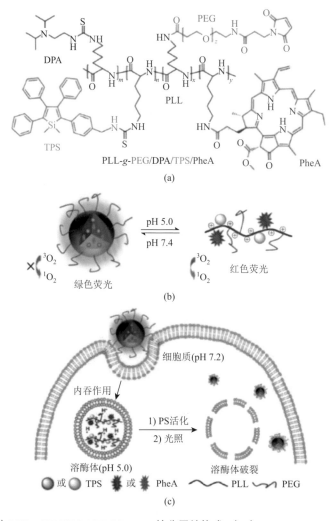

图 5-49 （a）PLL-*g*-PEG/DPA/TPS/PhenA 的分子结构式；（b）PLL-*g*-PEG/DPA/TPS/PhenA 自组装、PDT 效应和荧光颜色与 pH 的关系；（c）纳米粒子在细胞中定位和发挥功能的示意图[132]

为进一步提高对癌细胞生长的抑制能力，唐本忠等[133]设计了线粒体/溶酶体双重定位、化学治疗与光动力治疗协同的自组装纳米粒子。其中带有负电荷的 AIPcSNa₄ 定位于溶酶体，能够发出红色荧光并具有光动力治疗作用。含有线粒体定位基团 TPP 的 AIE 分子 AIE-Mito-TPP 除了能够发出绿色荧光外，还可以降低线粒体合成 ATP 的效率，改变线粒体膜的电势。两种功能分子通过静电自组装形成球形纳米粒子后，由于二者之间的 FRET 纳米粒子不会发出荧光。该系统可以同时实现荧光成像、药物定位追踪和癌症治疗等多重功能。

3. 脂滴定位

脂滴是细胞内中性脂的主要贮存场所。脂滴中为强疏水环境，极性很低，通常使用具有 TICT 性质的分子作为定位基团，如尼罗红和 BODIPY 等[125]。唐本忠等[134]设计了一系列以 TPA 和噻吩作为电子供体，氰基作为电子受体的 D-π-A 型 AIE 分子，成功实现了脂滴定位细胞成像，并应用于斑马鱼活体中。长共轭结构带来的近红外荧光发射的同时也赋予分子高效的 PDT 能力。

以上细胞器定位位置并非完全固定。黄世文等[135]发现水杨醛吖嗪衍生物型光敏剂 AIE-1 形成的 20 nm 左右胶束在进入细胞后早期定位于质膜上，随着时间延长细胞生长可逐渐移动定位至线粒体中。随定位位置不同，产生的活性氧的作用结果也有一定差异。当定位于质膜上时，细胞主要以坏死方式结束生命；定位于线粒体后，细胞可以以对机体损伤更小的凋亡方式被清除。

5.6.3 小结

本小节介绍了 AIE 自组装在光动力疗法中的应用。由于独特的聚集诱导荧光能力，AIE 分子在光动力治疗中越来越受到重视。然而目前常用的做法仍然是将疏水性 AIE 光敏剂与 F127、DSPE-PEG 等两亲高分子通过简单共组装方法形成纳米粒子。由于两种分子之间相互作用力较弱，能够包裹的光敏剂含量比较有限，同时存在泄漏和细胞毒性问题。AIE 自组装分子可以有效解决这种问题，用能够自组装的 AIE 分子代替完全疏水的 AIE 分子是未来光动力治疗研究的一个重要方向。

在光动力疗法中，活性氧诱导细胞凋亡和坏死是治疗的主要原理。对光敏剂进行细胞器定位基团的修饰或附加功能的修饰都可以进一步增强对癌细胞的抑制效果。在 AIE 分子参与的光动力治疗中，AIE 分子既可以仅当做荧光分子使用，也可以同时作为光敏剂。综上，在未来研究中，含有更多协同功能和细胞器水平定位的 AIE 自组装光动力分子将成为该领域的主要发展方向。

参 考 文 献

[1] Roy E，Nagar A，Chaudhary S，et al. AIEgen-based fluorescent nanomaterials for bacterial detection and its inhibition. Chemistry Select，2020，5：722-735.

[2] Gao T，Zeng H，Xu H，et al. Novel self-assembled organic nanoprobe for molecular imaging and treatment of gram-positive bacterial infection. Theranostics，2018，8：1911-1922.

[3] Li N N，Li J Z，Liu P，et al. An antimicrobial peptide with an aggregation-induced emission（AIE）luminogen for studying bacterial membrane interactions and antibacterial actions. Chemical Communications，2017，53：3315-3318.

[4] Naik V G，Hiremath S D，Das A，et al. Sulfonate-functionalized tetraphenylethylenes for selective detection and wash-free imaging of Gram-positive bacteria（*Staphylococcus aureus*）. Materials Chemistry Frontiers，2018，2：2091-2097.

[5] He X，Xiong L H，Zhao Z，et al. AIE-based theranostic systems for detection and killing of pathogens. Theranostics，2019，9：3223-3248.

[6] Wang M，Shi J，Mao H，et al. Fluorescent imidazolium-type poly(ionic liquid)s for bacterial imaging and biofilm inhibition. Biomacromolecules，2019，20：3161-3170.

[7] Shi J，Wang M，Sun Z，et al. Aggregation-induced emission-based ionic liquids for bacterial killing，imaging，cell labeling，and bacterial detection in blood cells. Acta Biomaterialia，2019，97：247-259.

[8] Zhou C，Xu W，Zhang P，et al. Engineering sensor arrays using aggregation-induced emission luminogens for pathogen identification. Advanced Functional Materials，2019，29：1805986.

[9] Zhao E，Chen Y，Chen S，et al. A luminogen with aggregation-induced emission characteristics for wash-free bacterial imaging，high-throughput antibiotics screening and bacterial susceptibility evaluation. Advanced Materials，2015，27：4931-4937.

[10] Li Y，Hu X，Tian S，et al. Polyion complex micellar nanoparticles for integrated fluorometric detection and bacteria inhibition in aqueous media. Biomaterials，2014，35：1618-1626.

[11] Li Q，Wu Y，Lu H，et al. Construction of supramolecular nanoassembly for responsive bacterial elimination and effective bacterial detection. ACS Applied Materials & Interfaces，2017，9：10180-10189.

[12] Chen S，Chen Q，Li Q，et al. Biodegradable synthetic antimicrobial with aggregation-induced emissive luminogens for temporal antibacterial activity and facile bacteria detection. Chemistry of Materials，2018，30：1782-1790.

[13] Li Y，Yu H，Qian Y，et al. Amphiphilic star copolymer-based bimodal fluorogenic/magnetic resonance probes for concomitant bacteria detection and inhibition. Advanced Materials，2014，26：6734-6741.

[14] Qi G，Hu F，Kenry，et al. An AIEgen-peptide conjugate as a phototheranostic agent for phagosome-entrapped bacteria. Angewandte Chemie International Edition，2019，58：16229-16235.

[15] Zhao E，Chen Y，Wang H，et al. Light-enhanced bacterial killing and wash-free imaging based on AIE fluorogen. ACS Applied Materials & Interfaces，2015，7：7180-7188.

[16] Mao L，Liu Y，Yang S，et al. Recent advances and progress of fluorescent bio-/chemosensors based on aggregation-induced emission molecules. Dyes and Pigments，2019，162：611-623.

[17] Kwok R T，Leung C W，Lam J W，et al. Biosensing by luminogens with aggregation-induced emission characteristics. Chemical Society Reviews，2015，44：4228-4238.

[18]　Shen X，Shi Y，Peng B，et al. Fluorescent polymeric micelles with tetraphenylethylene moieties and their application for the selective detection of glucose. Macromolecular Bioscience，2012，12：1583-1590.

[19]　Chang J，Li H，Hou T，et al. Paper-based fluorescent sensor via aggregation induced emission fluorogen for facile and sensitive visual detection of hydrogen peroxide and glucose. Biosensors & Bioelectronics，2018，104：152-157.

[20]　Song Z，Hong Y，Kwok R T K，et al. A dual-mode fluorescence "turn-on" biosensor based on an aggregation-induced emission luminogen. Journal of Materials Chemistry B，2014，2：1717-1723.

[21]　Gao T，Yang S，Cao X，et al. Smart self-assembled organic nanoprobe for protein-specific detection：design，synthesis，application，and mechanism studies.Analytical Chemistry，2017，89：10085-10093.

[22]　Dey N，Maji B，Bhattacharya S. Motion-induced changes in emission as an effective strategy for the ratiometric probing of human serum albumin and trypsin in biological fluids. Chemistry：An Asian Journal，2018，13：664-671.

[23]　Shao A，Guo Z，Zhu S，et al. Insight into aggregation-induced emission characteristics of red-emissive quinoline-malononitrile by cell tracking and real-time trypsin detection. Chemical Science，2014，5：1383.

[24]　Zhang Z，Yu Y，Zhao Y，et al. A fluorescent nanoparticle probe based on sugar-substituted tetraphenylethene for label-free detection of galectin-3. Journal of Materials Chemistry B，2019，7：6737-6741.

[25]　Hang Y，Cai X，Wang J，et al. Galactose functionalized diketopyrrolopyrrole as NIR fluorescent probes for lectin detection and HepG2 cell targeting based on aggregation-induced emission mechanism. Science China Chemistry，2018，61：898-908.

[26]　Li X，Ma K，Lu H，et al. Highly sensitive determination of ssDNA and real-time sensing of nuclease activity and inhibition based on the controlled self-assembly of a 9, 10-distyrylanthracene probe. Analytical and Bioanalytical Chemistry，2014，406：851-858.

[27]　Chen J，Wang Y，Li W，et al. Nucleic acid-induced tetraphenylethene probe noncovalent self-assembly and the superquenching of aggregation-induced emission. Analytical Chemistry，2014，86：9866-9872.

[28]　Zhang Y，Li Y，Yang N，et al. Histone controlled aggregation of tetraphenylethene probe：a new method for the detection of protease activity. Sensors and Actuators B：Chemical，2018，257：1143-1149.

[29]　Zhang X，Ren C，Hu F，et al. Detection of bacterial alkaline phosphatase activity by enzymatic *in situ* self-assembly of the AIEgen-peptide conjugate. Analytical Chemistry，2020，92：5185-5190.

[30]　Li H，Yao Q，Xu F，et al. An activatable AIEgen probe for high-fidelity monitoring of overexpressed tumor enzyme activity and its application to surgical tumor excision. Angewandte Chemie International Edition，2020，132（25）：10272-10281.

[31]　Gu K，Qiu W，Guo Z，et al. An enzyme-activatable probe liberating AIEgens：on-site sensing and long-term tracking of β-galactosidase in ovarian cancer cells. Chemical Science，2019，10：398-405.

[32]　Wu Y，Huang S，Zeng F，et al. A ratiometric fluorescent system for carboxylesterase detection with AIE dots as FRET donors. Chemical Communications，2015，51：12791-12794.

[33]　Dhara K，Hori Y，Baba R，et al. A fluorescent probe for detection of histone deacetylase activity based on aggregation-induced emission. Chemical Communications，2012，48：11534-11536.

[34]　Cheng Y，Dai J，Sun C，et al. An intracellular H_2O_2-responsive AIEgen for the peroxidase-mediated selective imaging and inhibition of inflammatory cells. Angewandte Chemie International Edition，2018，57：3123-3127.

[35]　Balasubramanian S，Hurley L H，Neidle S. Targeting G-quadruplexes in gene promoters：a novel anticancer strategy？Nature Reviews Drug Discovery，2011，10：261-275.

[36]　Li H，Chang J，Gai P，et al. Label-free and ultrasensitive biomolecule detection based on aggregation induced

emission fluorogen via target-triggered hemin/G-quadruplex-catalyzed oxidation reaction. ACS Applied Materials & Interfaces, 2018, 10: 4561-4568.

[37] Nie K, Dong B, Shi H, et al. Facile construction of AIE-based FRET nanoprobe for ratiometric imaging of hypochlorite in live cells. Journal of Luminescence, 2020, 220: 117018.

[38] He X, Wang X, Zhang L, et al. Sensing and intracellular imaging of Zn^{2+} based on affinity peptide using an aggregation induced emission fluorescence "switch-on" probe. Sensors and Actuators B: Chemical, 2018, 271: 289-299.

[39] Tejpal R, Kumar M, Bhalla V. Spermidine induced aggregation of terphenyl derivative: an efficient probe for detection of spermidine in living cells. Sensors and Actuators B: Chemical, 2018, 258: 841-849.

[40] Liu L, Wu B, Yu P, et al. Sub-20 nm nontoxic aggregation-induced emission micellar fluorescent light-up probe for highly specific and sensitive mitochondrial imaging of hydrogen sulfide. Polymer Chemistry, 2015, 6: 5185-5189.

[41] Wang B, Li C, Yang L, et al. Tetraphenylethene decorated with disulfide-functionalized hyperbranched poly(amidoamine)s as metal/organic solvent-free turn-on AIE probes for biothiol determination. Journal of Materials Chemistry B, 2019, 7: 3846-3855.

[42] Li H, Wang C, Hou T, et al. Amphiphile-mediated ultrasmall aggregation induced emission dots for ultrasensitive fluorescence biosensing. Analytical Chemistry, 2017, 89: 9100-9107.

[43] Mei J, Huang Y, Tian H. Progress and trends in AIE-based bioprobes: a brief overview. ACS Applied Materials & Interfaces, 2018, 10: 12217-12261.

[44] Li K, Liu B. Polymer-encapsulated organic nanoparticles for fluorescence and photoacoustic imaging. Chemical Society Reviews, 2014, 43: 6570-6597.

[45] Yu M, Zhong S, Quan Y, et al. Synthesis of AIE polyethylene glycol-block-polypeptide bioconjugates and cell uptake assessments of their self-assembled nanoparticles. Dyes and Pigments, 2019, 170: 107640.

[46] Gao M, Hong Y, Chen B, et al. AIE conjugated polyelectrolytes based on tetraphenylethene for efficient fluorescence imaging and lifetime imaging of living cells. Polymer Chemistry, 2017, 8: 3862-3866.

[47] Wang K, Zhang X, Zhang X, et al. Fabrication of cross-linked fluorescent polymer nanoparticles and their cell imaging applications. Journal of Materials Chemistry C, 2015, 3: 1854-1860.

[48] Lv Q, Wang K, Xu D, et al. Synthesis of amphiphilic hyperbranched AIE-active fluorescent organic nanoparticles and their application in biological application. Macromolecular Bioscience, 2016, 16: 223-230.

[49] Long Z, Liu M, Wan Q, et al. Ultrafast preparation of AIE-active fluorescent organic nanoparticles via a "one-pot" microwave-assisted Kabachnik-Fields reaction. Macromolecular Rapid Communications, 2016, 37: 1754-1759.

[50] Wan Q, Wang K, He C, et al. Stimulus responsive cross-linked AIE-active polymeric nanoprobes: fabrication and biological imaging application. Polymer Chemistry, 2015, 6: 8214-8221.

[51] Wang K, Zhang X, Zhang X, et al. Preparation of emissive glucose-containing polymer nanoparticles and their cell imaging applications. Polymer Chemistry, 2015, 6: 4455-4461.

[52] Wang K, Zhang X, Zhang X, et al. Fluorescent glycopolymer nanoparticles based on aggregation-induced emission dyes: preparation and bioimaging applications. Macromolecular Chemistry and Physics, 2015, 216: 678-684.

[53] Hu R, Zhou T, Li B, et al. Selective viable cell discrimination by a conjugated polymer featuring aggregation-induced emission characteristic. Biomaterials, 2020, 230: 119658.

[54] Ding D，Kwok R T K，YuanY，et al. A fluorescent light-up nanoparticle probe with aggregation-induced emission characteristics and tumor-acidity responsiveness for targeted imaging and selective suppression of cancer cells. Materials Horizons，2015，2：100-105.

[55] Wang X，Yang Y，Yang F，et al. pH-triggered decomposition of polymeric fluorescent vesicles to induce growth of tetraphenylethylene nanoparticles for long-term live cell imaging. Polymer，2017，118：75-84.

[56] Huang J，Yu Y，Wang L，et al. Tetraphenylethylene-induced cross-linked vesicles with tunable luminescence and controllable stability. ACS Applied Materials & Interfaces，2017，9：29030-29037.

[57] Xue T，Jia X，Wang J，et al. "Turn-on" activatable AIE dots for tumor hypoxia imaging. Chemistry，2019，25：9634-9638.

[58] Ouyang J，Sun L，Zeng Z，et al. Nanoaggregate probe for breast cancer metastasis through multispectral optoacoustic tomography and aggregation-induced NIR- I / II fluorescence imaging. Angewandte Chemie International Edition，2020，59：10111-10121.

[59] Shao A，Xie Y，Zhu S，et al. Far-red and near-IR AIE-active fluorescent organic nanoprobes with enhanced tumor-targeting efficacy: shape-specific effects. Angewandte Chemie International Edition，2015，54：7275-7280.

[60] Zhang X，Wang B，Xia Y，et al. *In vivo* and *in situ* activated aggregation-induced emission probes for sensitive tumor imaging using tetraphenylethene-functionalized trimethincyanines-encapsulated liposomes. ACS Applied Materials & Interfaces，2018，10：25146-25153.

[61] Yu G，Wu D，Li Y，et al. A pillar[5]arene-based [2]rotaxane lights up mitochondria. Chemical Science，2016，7：3017-3024.

[62] Li J，Liu Y，Li H，et al. pH-sensitive micelles with mitochondria-targeted and aggregation-induced emission characterization：synthesis，cytotoxicity and biological applications. Biomaterials Science，2018，6：2998-3008.

[63] Mandal K，Jana D，Ghorai B K，et al. Functionalized chitosan with self-assembly induced and subcellular localization-dependent fluorescence 'switch on' property. New Journal of Chemistry，2018，42：5774-5784.

[64] Chen Y，Li M，Hong Y，et al. Dual-modal MRI contrast agent with aggregation-induced emission characteristic for liver specific imaging with long circulation lifetime. ACS Applied Materials & Interfaces，2014，6：10783-10791.

[65] Li H，Parigi G，Luchinat C，et al. Bimodal fluorescence-magnetic resonance contrast agent for apoptosis imaging. Journal of the American Chemical Society，2019，141：6224-6233.

[66] Zhang N，Chen H，Fan Y，et al. Fluorescent polymersomes with aggregation-induced emission. ACS Nano，2018，12：4025-4035.

[67] Ma C，Chi Z，Zhou X，et al. AIE vesicles consisting of tetraphenylethylene-based amphiphilic diblock copolymer with a poly(*N*-isopropylacrylamide)sequence. Journal of Controlled Release，2013，172：e95.

[68] Zhao Y H，Luo Y，Guo T，et al. A novel amphiphilic AIE molecule and its application in thermosensitive liposome. Chemistry Select，2019，4：5195-5198.

[69] Zhuang W，Ma B，Liu G，et al. TPE-conjugated biomimetic and biodegradable polymeric micelle for AIE active cell imaging and cancer therapy. Journal of Applied Polymer Science，2018，135：45651.

[70] Wang G，Zhou L，Zhang P，et al. Fluorescence self-reporting precipitation polymerization based on aggregation-induced emission for constructing optical nanoagents. Angewandte Chemie International Edition，2019，132（25）：10208-10214.

[71] Hao N，Sun C，Wu Z，et al. Fabrication of polymeric micelles with aggregation-induced emission and forster resonance energy transfer for anticancer drug delivery. Bioconjugate Chemistry，2017，28：1944-1954.

[72] Wang Z，Wang C，Fang Y，et al. Color-tunable AIE-active conjugated polymer nanoparticles as drug carriers for self-indicating cancer therapy via intramolecular FRET mechanism. Polymer Chemistry，2018，9：3205-3214.

[73] Fan Z，Li D，Yu X，et al. AIE luminogen-functionalized hollow mesoporous silica nanospheres for drug delivery and cell imaging. Chemistry：A European Journal，2015，20：3681-3685.

[74] Li Q L，Wang D，Cui Y，et al. AIEgen-functionalized mesoporous silica gated by cyclodextrin-modified CuS for cell imaging and chemo-photothermal cancer therapy. ACS Applied Materials & Interfaces，2018，10：12155-12163.

[75] Li D，Liang Z，Chen J，et al. AIE luminogen bridged hollow hydroxyapatite nanocapsules for drug delivery. Dalton Transactions，2013，42：9877-9883.

[76] Wang X，Xu K，Yao H，et al. Temperature-regulated aggregation-induced emissive self-healable hydrogels for controlled drug delivery. Polymer Chemistry，2018，9：5002-5013.

[77] Liow S S，Dou Q，Kai D，et al. Long-term real-time *in vivo* drug release monitoring with AIE thermogelling polymer. Small，2017，13：1603404.

[78] Wang Z，Wang C，Gan Q，et al. Donor-acceptor-type conjugated polymer-based multicolored drug carriers with tunable aggregation-induced emission behavior for self-illuminating cancer therapy. ACS Applied Materials & Interfaces，2019，11：41853-41861.

[79] Wang L，Wang W，Xie Z. Tetraphenylethylene-based fluorescent coordination polymers for drug delivery. Journal of Materials Chemistry B，2016，4：4263-4266.

[80] Huang Y，Zhang G，Hu F，et al. Emissive nanoparticles from pyridinium-substituted tetraphenylethylene salts：imaging and selective cytotoxicity towards cancer cells *in vitro* and *in vivo* by varying counter anions. Chemical Science，2016，7：7013-7019.

[81] Huang Y，You X，Wang L，et al. Pyridinium-substituted tetraphenylethylenes functionalized with alkyl chains as autophagy modulators for cancer therapy. Angewandte Chemie International Edition，2020，59（25）：10042-10051.

[82] Xu J，Yan B，Du X，et al. Acidity-triggered zwitterionic prodrug nano-carriers with AIE properties and amplification of oxidative stress for mitochondria-targeted cancer theranostics. Polymer Chemistry，2019，10：983-990.

[83] Shin W S，Lee M G，Verwilst P，et al. Mitochondria-targeted aggregation induced emission theranostics：crucial importance of *in situ* activation. Chemical Science，2016，7：6050-6059.

[84] Wang X，Yang Y，Zhuang Y，et al. Fabrication of pH-responsive nanoparticles with an AIE feature for imaging intracellular drug delivery. Biomacromolecules，2016，17：2920-2929.

[85] Xue X，Jin S，Zhang C，et al. Probe-inspired nano-prodrug with dual-color fluorogenic property reveals spatiotemporal drug release in living cells. ACS Nano，2015，9：2729-2739.

[86] Chen Y，Han H，Tong H，et al. Zwitterionic phosphorylcholine-TPE conjugate for pH-responsive drug delivery and AIE active imaging. ACS Applied Materials & Interfaces，2016，8：21185-21192.

[87] Wang H，Liu G，Gao H，et al. A pH-responsive drug delivery system with an aggregation-induced emission feature for cell imaging and intracellular drug delivery. Polymer Chemistry，2015，6：4715-4718.

[88] Wang H，Liu G，Dong S，et al. A pH-responsive AIE nanoprobe as a drug delivery system for bioimaging and cancer therapy. Journal of Materials Chemistry B，2015，3：7401-7407.

[89] Wang L，Zhang H，Qin A，et al. Theranostic hyaluronic acid prodrug micelles with aggregation-induced emission characteristics for targeted drug delivery. Science China Chemistry，2016，59：1609-1615.

[90] Wan Q，Zeng G，He Z，et al. Fabrication and biomedical applications of AIE active nanotheranostics through the combination of a ring-opening reaction and formation of dynamic hydrazones. Journal of Materials Chemistry B，2016，4：5692-5699.

[91] Li Y，Gao F，Guo J，et al. Polymeric micelles with aggregation-induced emission based on microbial ε-polylysine for doxorubicin delivery. European Polymer Journal，2020，122：109355.

[92] Zhuang W，Ma B，Hu J，et al. Two-photon AIE luminogen labeled multifunctional polymeric micelles for theranostics. Theranostics，2019，9：6618-6630.

[93] Kang Y，Sun W，Li S，et al. Oligo hyaluronan-coated silica/hydroxyapatite degradable nanoparticle for targeted cancer treatment. Advanced Science，2019，6：1900716.

[94] He H，Zhuang W，Ma B，et al. Oxidation-responsive and aggregation-induced emission polymeric micelles with two-photon excitation for cancer therapy and bioimaging. ACS Biomaterials Science & Engineering，2019，5：2577-2586.

[95] Gao X，Cao J，Song Y，et al. A unimolecular theranostic system with H_2O_2-specific response and AIE-activity for doxorubicin releasing and real-time tracking in living cells. RSC Advances，2018，8：10975-10979.

[96] Dai Y D，Sun X Y，Sun W，et al. H_2O_2-responsive polymeric micelles with a benzil moiety for efficient DOX delivery and AIE imaging. Organic & Biomolecular Chemistry，2019，17：5570-5577.

[97] Wang X，Li J，Yan Q，et al. *In situ* probing intracellular drug release from redox-responsive micelles by united FRET and AIE. Macromolecular Bioscience，2018，18（3）：1700339.

[98] Hu J，Zhuang W，Ma B，et al. Redox-responsive biomimetic polymeric micelle for simultaneous anticancer drug delivery and aggregation-induced emission active imaging. Bioconjugate Chemistry，2018，29：1897-1910.

[99] Hu J，Zhuang W，Ma B，et al. A two-photon fluorophore labeled multi-functional drug carrier for targeting cancer therapy，inflammation restraint and AIE active bioimaging. Journal of Materials Chemistry B，2019，7：3894-3908.

[100] Wu D，Li Y，Yang J，et al. Supramolecular nanomedicine constructed from cucurbit[8]uril-based amphiphilic brush copolymer for cancer therapy. ACS Applied Materials & Interfaces，2017，9：44392-44401.

[101] Han H，Teng W，Chen T，et al. A cascade enzymatic reaction activatable gemcitabine prodrug with an AIE-based intracellular light-up apoptotic probe for *in situ* self-therapeutic monitoring. Chemical Communications，2017，53：9214-9217.

[102] Zhang C，Liu L H，Qiu W X，et al. A transformable chimeric peptide for cell encapsulation to overcome multidrug resistance. Small，2018，14：e1703321.

[103] Yuan X，Wang Z，Li L，et al. Novel fluorescent amphiphilic copolymer probes containing azo-tetraphenylethylene bridges for azoreductase-triggered release. Materials Chemistry Frontiers，2019，3：1097-1104.

[104] Yuan Y，Liu B. Visualization of drug delivery processes using AIEgens. Chemical Science，2017，8：2537-2546.

[105] Wang H，Liu G. Advances in luminescent materials with aggregation-induced emission（AIE）properties for biomedical applications. Journal of Materials Chemistry B，2018，6：4029-4042.

[106] Wang Y，Zhang Y，Wang J，et al. Aggregation-induced emission（AIE）fluorophores as imaging tools to trace the biological fate of nano-based drug delivery systems. Advanced Drug Delivery Reviews，2019，143：161-176.

[107] Chen H，Li M H. Recent progress in fluorescent vesicles with aggregation-induced emission. Chinese Journal of Polymer Science，2019，37：352-371.

[108] Xia F，Wu J，Wu X，et al. Modular design of peptide or DNA-modified AIEgen probes for biosensing applications. Accounts of Chemical Research，2019，52：3064-3074.

[109] Zhang C, Zhang T, Jin S, et al. Virus-inspired self-assembled nanofibers with aggregation-induced emission for highly efficient and visible gene delivery. ACS Applied Materials & Interfaces, 2017, 9: 4425-4432.

[110] Wang B, Chen P, Zhang J, et al. Self-assembled core-shell-corona multifunctional non-viral vector with AIE property for efficient hepatocyte-targeting gene delivery. Polymer Chemistry, 2017, 8: 7486-7498.

[111] Cheng Y, Sun C, Liu R, et al. A multifunctional peptide-conjugated AIEgen for efficient and sequential targeted gene delivery into the nucleus. Angewandte Chemie International Edition, 2019, 58: 5049-5053.

[112] Dong R, Ravinathan S P, Xue L, et al. Dual-responsive aggregation-induced emission-active supramolecular nanoparticles for gene delivery and bioimaging. Chemical Communications, 2016, 52: 7950-7953.

[113] Zhang K X, Ding A X, Tan Z L, et al. Tetraphenylethylene-based gemini surfactant as nonviral gene delivery system: DNA complexation, gene transfection and cellular tracking. Journal of Photochemistry and Photobiology A: Chemistry, 2018, 355: 338-349.

[114] Gao M, Tang B Z. AIE-based cancer theranostics. Coordination Chemistry Reviews, 2020, 402: 213076.

[115] Dai J, Wu X, Ding S, et al. Aggregation-induced emission photosensitizers: from molecular design to photodynamic therapy. Journal of Medicinal Chemistry, 2020, 63: 1996-2012.

[116] Zhang L, Che W, Yang Z, et al. Bright red aggregation-induced emission nanoparticles for multifunctional applications in cancer therapy. Chemical Science, 2020, 11: 2369-2374.

[117] Zhang Y, Chen H, Wang Q, et al. Aggregation-induced emission-active fluorescent nanodot as a potential photosensitizer for photodynamic anticancer therapy. Current Nanoscience, 2020, 16: 112-120.

[118] Li Q, Li Y, Min T, et al. Time-dependent photodynamic therapy for multiple targets: a highly efficient AIE-active photosensitizer for selective bacterial elimination and cancer cell ablation. Angewandte Chemie International Edition, 2019, 132 (24): 9557-9564.

[119] Jayaram D T, Ramos-Romero S, Shankar B H, et al. In vitro and in vivo demonstration of photodynamic activity and cytoplasm imaging through TPE nanoparticles. ACS Chemical Biology, 2016, 11: 104-112.

[120] Yuan Y, Xu S, Zhang C J, et al. Dual-targeted activatable photosensitizers with aggregation-induced emission (AIE) characteristics for image-guided photodynamic cancer cell ablation. Journal of Materials Chemistry B, 2016, 4: 169-176.

[121] Han W, Zhang S, Deng R, et al. Self-assembled nanostructured photosensitizer with aggregation-induced emission for enhanced photodynamic anticancer therapy. Science China Materials, 2019, 63: 136-146.

[122] Yuan Y, Xu S, Zhang C J, et al. Light-responsive AIE nanoparticles with cytosolic drug release to overcome drug resistance in cancer cells. Polymer Chemistry, 2016, 7: 3530-3539.

[123] Shi L, Hu F, Duan Y, et al. Hybrid nanospheres to overcome hypoxia and intrinsic oxidative resistance for enhanced photodynamic therapy. ACS Nano, 2020, 14: 2183-2190.

[124] Parthiban C, Vinod Kumar M P, Reddy L, et al. Single-component fluorescent organic nanoparticles with four-armed phototriggers for chemo-photodynamic therapy and cellular imaging. ACS Applied Nano Materials, 2019, 2: 3728-3734.

[125] Hu F, Liu B. Organelle-specific bioprobes based on fluorogens with aggregation-induced emission (AIE) characteristics. Organic & Biomolecular Chemistry, 2016, 14: 9931-9944.

[126] Zhang W, Huang Y, Chen Y, et al. Amphiphilic tetraphenylethene-based pyridinium salt for selective cell-membrane imaging and room-light-induced special reactive oxygen species generation. ACS Applied Materials & Interfaces, 2019, 11: 10567-10577.

[127] Zheng Y，Lu H，Jiang Z，et al. Low-power white light triggered AIE polymer nanoparticles with high ROS quantum yield for mitochondria-targeted and image-guided photodynamic therapy. Journal of Materials Chemistry B，2017，5：6277-6281.

[128] Guan Y，Lu H，Li W，et al. Near-infrared triggered upconversion polymeric nanoparticles based on aggregation-induced emission and mitochondria targeting for photodynamic cancer therapy. ACS Applied Materials & Interfaces，2017，9：26731-26739.

[129] Liu J，Jin C，Yuan B，et al. Selectively lighting up two-photon photodynamic activity in mitochondria with AIE-active iridium(III)complexes. Chemical Communications，2017，53：2052-2055.

[130] Zhang J，Wang Q，Guo Z，et al. High-fidelity trapping of spatial-temporal mitochondria with rational design of aggregation-induced emission probes. Advanced Functional Materials，2019，29：1808153.

[131] Zhao N，Li P，Zhuang J，et al. Aggregation-induced emission luminogens with the capability of wide color tuning，mitochondrial and bacterial imaging，and photodynamic anticancer and antibacterial therapy. ACS Applied Materials & Interfaces，2019，11：11227-11237.

[132] Yuan Y，Kwok R T，Tang B Z，et al. Smart probe for tracing cancer therapy：selective cancer cell detection，image-guided ablation，and prediction of therapeutic response *in situ*. Small，2015，11：4682-4690.

[133] Chen X，Li Y，Li S，et al. Mitochondria and lysosomes-targeted synergistic chemo-photodynamic therapy associated with self-monitoring by dual light-up fluorescence. Advanced Functional Materials，2018，28：1804362.

[134] Wang D，Su H，Kwok R T K，et al. Facile synthesis of red/NIR AIE luminogens with simple structures，bright emissions，and high photostabilities，and their applications for specific imaging of lipid droplets and image-guided photodynamic therapy. Advanced Functional Materials，2017，27：1704039.

[135] Zhang Y，Wang C X，Huang S W. Aggregation-induced emission（AIE）polymeric micelles for imaging-guided photodynamic cancer therapy. Nanomaterials，2018，8：921.

第6章

AIE 自组装结构在光学中的应用

除在生物医学领域具有巨大的应用前景外，AIE 自组装结构在很多领域均具有独特的优势。相关的综述发表很多[1, 2]，从不同角度总结和展望了 AIE 分子的应用价值。其中 AIE 自组装结构在光学系统中表现出了优异的性能。从光能捕获到光学波导再到圆偏振荧光，AIE 分子的固态发光特点为其应用提供了更多的可能。本节将以光学领域为重点，介绍 AIE 自组装的多种应用。

6.1 AIE 自组装在光能捕获和 FRET 中的应用

能量的传递是一个非常常见的物理现象。自然界中能量流动是生物圈具有生命的最基本特征，作为生产者的植物在固定和转化太阳能中扮演重要角色，其中叶绿体是主要的生产车间，叶绿体的光合作用就是一个典型的能量传递案例。具体来讲，当太阳光照射到植物叶片上时，光能能够沿着叶绿体中的捕光蛋白依次传递至反应中心，在反应中心发生光化学反应，得到的还原性物质和电子将在暗光合作用中被利用。由于叶绿体中反应中心的数量有限，仅占总表面积的很小一部分，单靠反应中心自身吸收光能转化效率非常低，所以需要大量捕光蛋白富集能量并传输至反应中心以提高效率，这种能量富集和传递的策略被称作天线效应。

作为仿生的一个重要领域，光能的高效收集和利用在新能源特别是太阳能的开发中受到极大的重视。AIE 分子由于在聚集状态下稳定而高效的发光，是一种非常理想的光能捕获材料。模拟植物光合作用的原理，AIE 光能捕获材料的重要性能参数包括天线效应值、能量传递效率、供受体分子的比例、荧光颜色和量子产率等。其中 AIE 分子常作为能量的供体，接受并向受体传递能量；而激发波长与 AIE 分子发射波长范围重叠的商用染料分子作为能量的受体，如曙红、尼罗红、荧光桃红等。供受体分子之间距离足够接近引发的 FRET 是能量传递的基本模式。

本节将从最典型光能捕获系统出发，以材料形成的主要驱动力为分类依据，依次介绍超支化共价聚合物、金属离子参与、主客自组装等设计方法在 AIE 自组装型光能捕获系统中的应用。

6.1.1　AIE 自组装光能捕获系统基本设计思路

本小节将以典型实例介绍 AIE 自组装光能捕获系统的基本设计思路与原理。

Wang 等[3]设计了被尿嘧啶取代的 TPE 分子，由于尿嘧啶之间可以形成多重氢键，在 CTAB 辅助的微乳中能够发生自组装形成超支化超分子聚合物，而在氯仿：己烷 = 1∶99 的混合溶剂中自组装形成球形纳米粒子（图 6-1）。带有负电荷的红色荧光染料 SR101 可以在静电作用下进一步包裹在球形纳米粒子表面。对该组装体的光能捕获研究发现，能量传递效率可以达到 37.2%并拥有 30.7 的天线效应值。

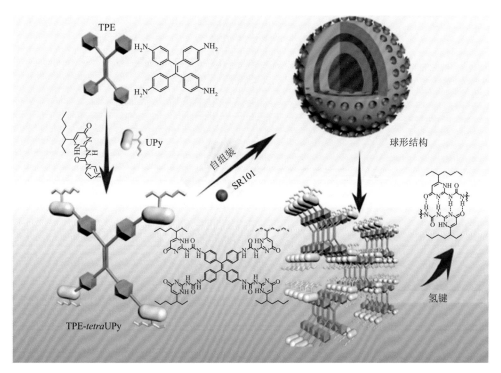

图 6-1　TPE-*tetra*UPy 的分子结构式及其自组装的模式图[3]

徐斌等[4]以带有醛基的 TPE 分子作为基本骨架，通过醛基与氨基之间的交联反应形成超分子网络并点亮荧光。其在 DMF 中可以形成二维片状材料，在乙醇中则可以自组装形成球形纳米粒子。当在球形纳米粒子表面修饰卟啉分子（TAPP）后，TPE 基团可以充当能量供体，而卟啉作为能量的受体，促进 FRET 的发生和近红外荧光的发射（图 6-2）。当 TPE：TAPP 为 20：1 时，能量转换效率达到最高，为 50.4%。

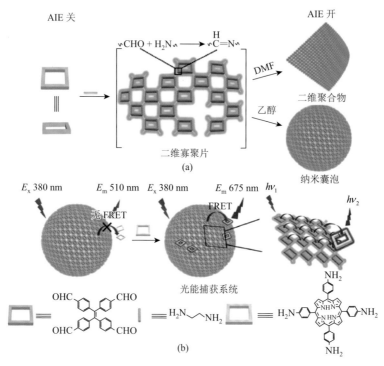

图 6-2　（a）不同溶剂对 TPE 超分子组装体形貌的影响；（b）共价连接卟啉分子与 FRET 光能捕获的发生[4]

刘斌等[5]则将 AIE 分子参与的 FRET 结构应用于 Cu(Ⅱ)的检测。其中具有 AIE 性质的分子 T 可以与尼罗红 NiR 自组装形成 FRET 对，当 T：NiR = 250：1 时，能量转换效率可达 82.52%，天线效应值为 24.9。在这个体系中加入与席夫碱具有极强配位能力的 Cu(Ⅱ)可以有效猝灭荧光，实现对 Cu(Ⅱ)检测的目的，检出限低至 35.5 pmol/L。

6.1.2　不同设计模式下的 AIE 光能捕获系统

巧妙的分子设计往往是提高光能捕获效率的最有效手段。同时利用此过程中对材料结构的了解，改变供体或受体的种类或比例，往往能够实现宽波长范围荧光调节和白光发射系统的构建，在实际应用中具有更大的价值。本小节将首先介绍共价修饰的超支化聚合物，之后对金属离子参与及主客作用的自组装等非共价修饰的应用进行介绍。最后将简单介绍其他设计思路在 AIE 光能捕获系统中的应用。

1. 超支化共价聚合物

高分子聚合物特别是超支化聚合物通常具有很高的稳定性和自组装能力，在光能捕获系统的构建中占有独特的地位。例如，万文明等[6]通过巴比耶（Barbier）反应合成一系列含有苯甲醇的高分子聚合物。通过控制单体结构和聚合时间，材料的发光可以从蓝色跨越到黄色，展现特征的聚合诱导荧光增强（图 6-3）。与商用近红外染料 IR-780 及尼罗红结合后，天线效应值可以超过 14。改变聚合物混合比例也可以实现白光 LED 的构建。

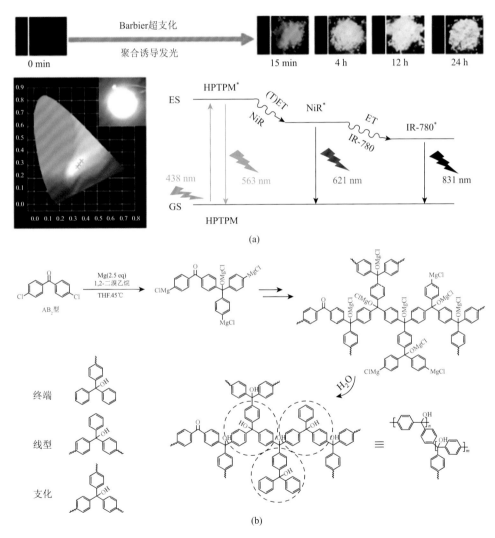

图 6-3　（a）通过单体结构和聚合时间对荧光颜色的调整、**FRET** 的发生及白光发射的实现；（b）**Barbier** 反应的原理图[6]

类似地，郭佳等[7]通过两步聚合合成以 TPE 分子为基本骨架的超支化聚合物 TPE-NCMP。研究发现该聚合物具有高达 1214 m²/g 的比表面积和 58% 的量子产率。当加入尼罗红作为受体分子后，可以实现良好的 FRET 和光能捕获，同时加入荧光桃红 B 后可以实现宽光谱范围荧光调节和白光发射。此外，与 PVA 混合后 TPE-NCMP 还可以形成均匀、性质优良的薄膜荧光材料。

2. 金属离子参与自组装

金属离子可以作为小分子自组装的连接单元，也可以作为大环化合物的配位中心，在实现光能捕获的同时又作为一种光敏剂，在光动力治疗中扮演重要角色。本部分将分别介绍具有不同功能的金属离子参与光能捕获系统。

Stang 等[8]以 Pt(Ⅱ) 作为配位中心，在配位诱导自组装辅助下合成了两种大小不同的配位六元环 **4** 和 **5**，如图 6-4 所示。该六元环具有 AIE 性质，在 DMSO：水 = 1：4 的混合溶剂中可以自组装形成球形纳米粒子。如果同时加入曙红（Eosin Y）可以产生光能捕获系统，能量传递效率可达 65%。

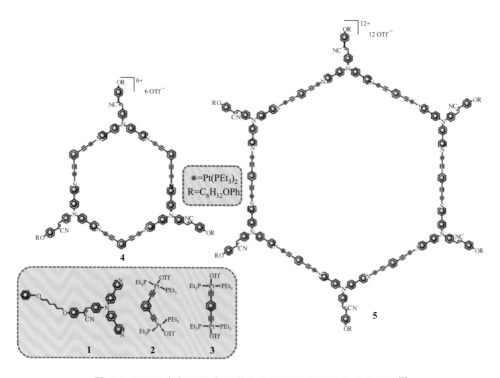

图 6-4　Pt(Ⅱ) 参与配位自组装多边形的示意图及其基本单元[8]

卟啉对金属离子具有很好的螯合作用，在金属离子定量分析中具有重要的应用。同时金属卟啉通常具有很高的吸收常数，常作为光敏剂使用。Chang 等[9]以 Zn(Ⅱ)配位的卟啉作为光能供体，取代的 BMVC 作为能量受体，二者自组装形成具有 FRET 效应的荧光纳米粒子（图 6-5）。该二元组装体在线性和非线性光源的激发下均能产生单线态氧，在光动力治疗中具有重要作用。

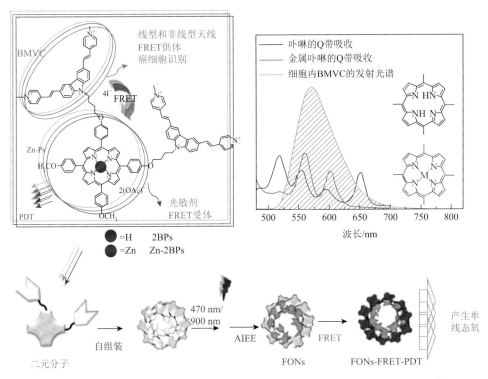

图 6-5　**Zn-2BPs** 的分子结构式、荧光光谱及其组装体在光动力治疗中的应用[9]

李嬛等[10]以 Pd(Ⅱ)配位的卟啉分子 PdTPTBP 作为能量供体和光敏剂，以 AIE 分子 DSA 作为能量受体，自组装形成具有上转换特点的光能捕获系统，在 $120 \, mW/cm^2$ 640 nm 的光照下可以发出明亮的绿色荧光，上转换量子产率为 $(0.29 \pm 0.02)\%$。在这个研究中，正是卟啉分子极强的光吸收能力，使得上转换的发生成为可能。在这里 AIE 分子不再作为光能供体而是受体使用，这种类型的光能捕获系统相对比较少见。

3. 主客自组装

主客作用是光能捕获系统最常利用的分子间作用力，相关的研究结果较多。

本节将以主体分子的种类作为进一步的分类依据，依次介绍杯芳烃、葫芦脲、柱芳烃等主体分子在光能捕获中的作用。

唐本忠等[11]将柱[5]芳烃通过 TPE 分子连接成共轭聚合物大分子，以含有双氰基末端修饰的不同颜色染料为客体分子，通过主客作用实现共轭分子链的交联缠绕，可以得到具有极高天线效应的光能捕获系统。其中在水溶液中天线效应值可达 35.9，制备成固体薄膜则能够进一步提高至 90.4。通过调节客体分子的种类和比例，可以得到非常宽光谱范围的荧光发光和精确的白光发射，其发光颜色范围能够覆盖 GRB 光谱色度范围的 96%（图 6-6）。

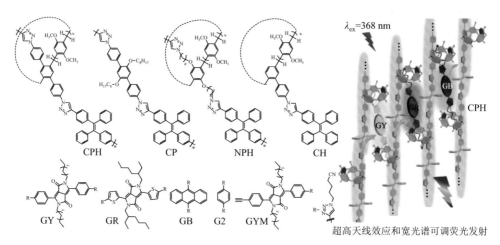

图 6-6　柱[5]芳烃参与光能捕获系统构建的原理[11]

杨英威等[12]也以柱[5]芳烃作为光能捕获系统的主要构建单元。两个含有甲氧基修饰的柱[5]芳烃通过取代蒽连接在一起，能够发出深蓝色的荧光，并能够与被咪唑修饰的 DSA 发生主客作用，形成链状超分子结构。蒽与 DSA 之间将发生 FRET，产生 CIE 坐标(0.31，0.35)非常接近理想白光的荧光发光。该系统除作为光能捕获系统使用外，在荧光防伪中也具有良好的应用。

Park 等[13]以葫芦[8]脲作为主体分子，与带有四级铵盐或吡啶阳离子的氰基二苯乙烯发生 1∶2 比例的主客作用，形成链状高分子，并进一步自组装形成纳米束结构。通过改变客体分子的种类，可以得到从蓝色到红色多种颜色荧光的纳米聚合物，其中将蓝色和红色荧光发光的客体分子共同组合在同一条超分子链中还可以作为光能捕获系统的良好材料（图 6-7）。

同样是以葫芦[8]脲作为主体分子，邢令宝等[14]以萘取代的 TPE 作为 AIE 基团，通过与葫芦[8]脲发生 2∶1 的主客作用，形成超支化聚合物网络，可以在水溶液中通过自组装形成直径 60 nm 的球形聚合物。如果同时加入曙红，可以以 TPE 基团为能量的供体，曙红作为受体，形成光能捕获系统。即使供受体比例低至 200000∶1 仍能有效发生 FRET。类似地，该研究者又以萘取代的蒽分子作为 AIE 荧光中心，依然能够通过主客作用与葫芦[8]脲有效结合，形成规则的纳米棒状结构。如果以细胞商用染料 Cy5 作为能量受体，可以作为高效光能捕获系统使用。其中当供受体比例为 1250∶1 时，能量传递效率达到最大值[15]。

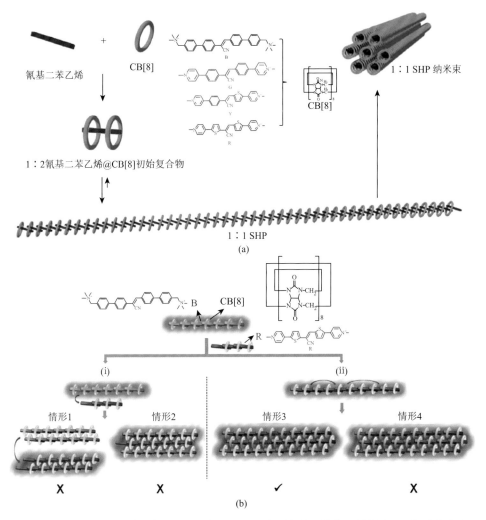

图 6-7　（a）葫芦[8]脲和氰基二苯乙烯类荧光分子的结构式及其自组装模式图；（b）蓝色和红色荧光分子发生 FRET 形成光能捕获系统的分子排布要求[13]

除柱芳烃和葫芦脲外，杯芳烃在光能捕获系统中也具有重要的应用。陈旭曼等[16]设计合成阳离子型萘基吡啶衍生物作为荧光客体分子与两亲性磺化杯[4]芳烃通过主客作用结合在一起，再加入尼罗蓝作为能量受体，由此通过自组装得到了具有近红外发射能力的超分子人工光捕获体系。该体系具有高效的能量传递效率，在供受体比例 250：1 时可以达到 33.1 的天线效应值。进一步研究发现该体系可以对高尔基体进行选择性染色，为疾病的精确诊断和检测提供了更多可能。

唐本忠等[17]又通过巧妙的分子设计，创造了直接以 AIE 分子构成的金属笼，通过包结其他荧光分子，在光能捕获系统的构建中也占据了一席之地。具体来讲，含有羟基修饰的四苯基吡嗪（TPP）可以与带有寡聚乙二醇的氯代三嗪反应形成共价分子笼 TPP-cage。该分子笼自身可以发出深蓝色荧光，当笼内包裹二酮吡咯并吡咯（DPP）后（DPP@TPP-cage）可以有效发生 FRET，荧光颜色逐渐转变为黄色。通过调节 TPP-cage 和 DPP@TPP-cage 的比例，可以得到非常接近理想白光的荧光溶液或薄膜（图 6-8）。

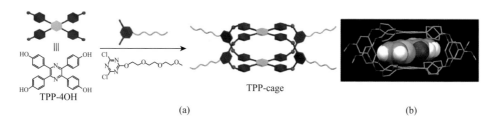

TPP-4OH　　　　　　　　　　　　　TPP-cage

(a)　　　　　　　　　　　　　　　(b)

图 6-8　（a）TPP-cage 合成过程；（b）DPP@TPP-cage 模式图[17]

4. 其他设计思路

除以上常用的 AIE 自组装分子设计策略外，本部分将涉及一些其他构建 AIE 型光能捕获系统的方法，主要包括氢键层层自组装和利用两亲分子包裹供受体荧光分子两种方法。陆军等[18]以聚乙烯醇咔唑和 TPE 分子为原材料，通过氢键层层自组装方法得到层状双氢氧化物(TPE@PVK/LDH)$_n$。聚乙烯醇咔唑和 TPE 分子之间能够有效发生 FRET 作用，根据环境中挥发性有机化合物（VOCs）的有无能够发出蓝色和紫色两种不同颜色的荧光。

杨清正等[19]通过 TPE 分子向 BODIPY 的 FRET 能量传递，实现了更窄荧光发射谱带和更高峰强的荧光发射。在这里，含有尿嘧啶修饰的 TPE 单体与同样具有多重氢键配位能力的能量受体 BODIPY 通过氢键作用结合在一起，并在 F127 的辅助下自组装形成球形纳米粒子。研究发现 BODIPY 的荧光半峰全宽（FWHM）从 109 nm 缩减至 35 nm，荧光最大峰强值也相应提高 6 倍（图 6-9）。更窄的半峰全宽和更大的斯托克斯位移有效避免了不同荧光分子之间的相互干扰，在多重荧光成像中具有更大应用。

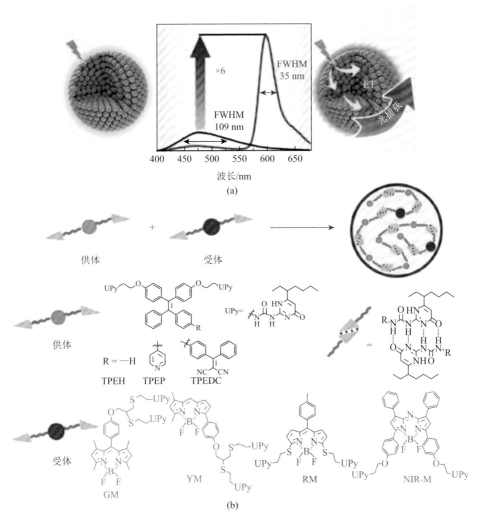

图 6-9 （a）FRET 作用下窄荧光发射纳米粒子构建的模式图；（b）荧光供体和受体的分子结构式[19]

类似的设计方案还有张仕勇等[20]设计的光能捕获系统。以 TPE-CHO 作为荧光供体，TPE-TCF 作为荧光受体，在两亲分子的辅助下自组装形成球形纳米结构。这种供受体均为 AIE 分子的结构，在供受体比例为 10000∶1 时即可实现 FRET，比例为 100∶1 时能量传递效率实现最佳，为 95%。通过调节供受体的比例，能够得到多种不同颜色的荧光发光，其中白光发射材料的量子产率可达 38%。

6.1.3　小结

　　本节的主要关注重点是 AIE 自组装参与的光能捕获系统，并介绍了少部分其他 FRET 体系。在光能捕获系统中，天线效应值、能量传递效率是最常见的考虑因素，也是衡量光能捕获系统功能的重要依据。在 FRET 作用的设计中，AIE 分子既可以作为能量的供体，也可以作为光能的受体，大量可供选择的商用染料的加入为 FRET 的调节提供了极大的方便。宽荧光颜色范围调节、大光谱覆盖能力及更为理想的白光发射性能是光能捕获系统的关注重点，通常通过改变供受体比例或者商用染料的种类来实现。单纯的荧光颜色调节及理想白光的实现的应用可以参考本章相关小节。通常荧光激发采用下转换方式实现，上转换方式的光能捕获系统案例相对较少，是未来研究的一个可能领域。光能捕获系统的常见存在形式以溶液为主，固体和薄膜材料的研究也逐渐变得丰富。由于模拟叶绿体光能捕获在太阳能的收集利用、能源可持续发展中具有重要作用，未来相关的研究仍将是一个值得持续关注的领域。

6.2　AIE 自组装在非线性光学中的应用

　　非线性光学即在强相干光作用下产生的非线性现象，其中倍频现象是最常见的非线性光学现象。简单来讲，当一束红光穿过某种特殊的介质，光的颜色变为蓝紫色，即发生了倍频。倍频现象很难直接发生，通常需要借助一定的介质，这类特殊的材料也被称作非线性光学材料。常用的二阶非线性光学晶体有磷酸二氢钾（KDP）、磷酸二氢铵（ADP）、铌酸钡钠等。此外还发现了许多三阶非线性光学材料乃至更高阶的非线性光学材料。

　　除最直接的线性光学特征外，作为一种具有很高量子产率的荧光材料，AIE 分子的非线性光学特性同样备受瞩目。非线性光学材料常在光学波导领域具有重要的应用。光衰减指数 α 是其主要的衡量标准，通过比较出射光强 I_{out} 与入射光强 I_{in} 之间的差异，利用公式 $\dfrac{I_{in}}{I_{out}} = Ae^{-(-\alpha X)}$ 计算，即可得到相应的光衰减指数。通常，光衰减指数越小，材料的光学波导效果越好。对于更高阶的非线性光学材料，通常采用 β、γ 等更多复杂参数进行表征。

　　本节将着重分析 AIE 自组装在非线性光学中的应用。将从分子设计、不同阶非线性光学特性及相关应用三方面加以介绍。

6.2.1　AIE 非线性光学材料的分子设计思路

一般，大的 π 离域体系和可极化能力有利于光学吸收截面的增加，在非线性光学现象的产生中作用重大。基于以上特点，D-A 型分子设计是 AIE 型非线性光学材料最常见的分子设计思路。本小节将举例介绍 D-A 型分子设计如何应用于非线性光学。

王金亮等[21]通过 Corey-Fuchs 反应和 Suzuki/Stille 偶联反应合成了一系列含有不同数量三苯胺修饰的二噻吩型 D-A 分子。其中含有两个和四个三苯胺的分子 DT2A 和 DT4A 因为具有良好的对称性，能够在 THF/水混合溶剂中自组装形成纳米棒状结构，并成功应用于光学波导领域（图 6-10）。DT4A 的光衰减指数 α 为 0.045 dB/μm，而 DT2A 的光衰减指数仅为 0.013 dB/μm。进一步研究发现，DT2A 和 DT4A 还可以作为荧光猝灭性爆炸物检测剂，对芳香硝基化合物及硝基酯类化合物均具有良好的灵敏检测性。此外，DT4A 的力致变色能力同样引人关注，在研磨作用下荧光颜色可以红移 25 nm，并可在熏蒸条件下完全恢复。

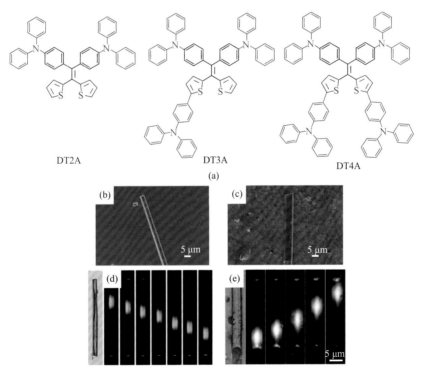

图 6-10　（a）DT2A～DT4A 的分子结构式；DT2A 和 DT4A 的 SEM 结果[（b）、（c）]和光学波导性质[（d）、（e）][21]

以吲哚[3, 2-*b*]咔唑为电子供体，氰基作为电子受体，杨金祥等[22]设计了两个 D-A 型 AIE 分子。分子间氢键对分子的振动具有良好的限制作用，使得荧光能够有效增强。在 THF/水的混合溶剂中，该 D-A 型分子可以发生自组装，当 $f_w = 60\%$ 时主要形成一维纳米纤维，当水的比例升高至 90% 后，将形成纳米棒状结构。该组装体在光学波导中具有良好的应用效果，并非常有希望应用于有机发光二极管（OLED）的研究中。

杨文胜等[23]则以 3-苯基-5-异噁唑酮为电子受体，以 *N*, *N*-二甲基苯胺或咔唑作为电子供体，成功设计了具有三阶非线性光学特性的 D-A 型 AIE 分子。这一系列分子具有丰富组装结构。其中，CLS 分子可以形成带状结构，CSS 则主要以盘状结构形式存在，而 DSS 在不同的制备条件下能够形成不同的结构。将 DSS 的良溶剂溶液加入不良溶剂中将形成中空的纳米球，而通过溶剂挥发方法则主要形成盘状结构。在这里，大的共轭结构和极化能力是丰富组装体形成的重要原因，也是良好三阶非线性光学特性产生的原因。

与以上分子设计思路不同，陈彧等[24]将 AIE 高分子聚合物共价修饰在氧化还原石墨烯表面，并与聚甲基丙烯酸甲酯（PMMA）一起蒸发得到了 PFTP-RGO/PMMA 薄膜。该薄膜在退火后具有良好的非线性光学特性。开孔 Z 扫描技术发现该薄膜在 532 nm 和 1064 nm 分别具有良好的线性光学特性和较大的非线性系数。

6.2.2 不同阶 AIE 非线性光学材料与光学波导

本小节将举例介绍 AIE 自组装在不同阶非线性光学中的应用，主要介绍二阶和三阶非线性材料，更高阶材料的研究目前相对较少。

根据对二阶非线性光学现象的研究可知，要想观测到此现象，分子不能具有中心对称性。基于此原理 Xu 等[25]对六亚苯分子进行化学修饰，实现线性和二阶非线性荧光的同时增强。研究者通过一个羧基修饰得到分子 4-DBpFO，该分子可以在分子间氢键和 C—H···π 作用下发生自组装。其中，在庚烷中将形成二维平面纳米晶体，以异丙醇作为不良溶剂将形成一维弯曲微米带。研究发现以 880 nm 和 970 nm 的光照射材料可以收获 3.0 mJ/cm^2 的二次谐波光强。

由于三次谐波的激发波长通常位于 NIR-II 波段内，在此波长范围内干扰的杂波更少，以此作为荧光成像的激发波长不仅可以显著提高成像的分辨率，还能有效提高组织穿透率。因此，发展三阶非线性光学材料同样具有非常高的应用价值。唐本忠等[26]设计的 D-A 型分子 DCCN 能够同时被 1040 nm 和 1560 nm 的近红外光激发，体现二阶和三阶非线性效应（图 6-11）。在对小鼠脑血管成像中发现，可以观测 2.7 μm 的血管并达到 800 μm 的观测深度，其中利用三次谐波效应进行观测的分辨率更高。这种材料在非线性光学显微镜的发展中起到了重要的促进作用。

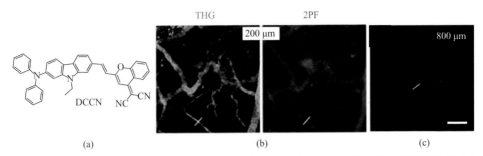

图 6-11 （a）DCCN 的分子结构式；（b）THG（三阶）和 2PF（二阶）荧光成像分辨率对比；（c）三次谐波观察深度可达 **800μm**[26]

类似的三级非线性光学材料分子设计还可以参考李玉良等[27]的苯并噻二唑与咔唑形成的 D-A 型 AIE 分子 BSC 和 BEC。其三阶非线性吸收系数分别可达 $6.3\times10^{-12}\ mW^{-1}$ 和 $3.6\times10^{-11}\ mW^{-1}$。

除利用单一的激发波长产生对应的二阶或三阶非线性光学现象，卜显和等[28]的研究发现 AIE 分子的非线性光学现象可以呈现出波长依赖的特点。如图 6-12 所示，被 Br 或 I 取代的 TPE 分子通过偶极-偶极相互作用形成晶体，在 700～800 nm 光激发下能够体现双光子荧光特性。当激发波长变为 800～840 nm 时，将体现三光子荧光特性。而当激发波长在 840 nm 以上时，则又以二次谐波为主。这种波长依赖非线性光学特性为新一代小型集成光学器件的设计提供了可能。

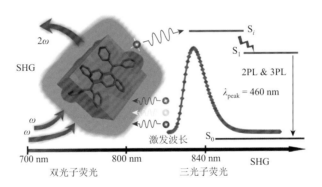

图 6-12 激发波长依赖非线性光学现象的原理图[28]

6.2.3 AIE 非线性光学材料的其他应用

非线性光学材料除光学波导方面的应用外，由于其更深的组织穿透能力和更小的细胞损伤，常应用于活体成像研究和光治疗领域。本小节将举例介绍 AIE 自组装双光子荧光的应用。

张先正等[29]以苯并噻二唑为基本骨架合成了 D-π-A-π-D 型分子，在对苯胺的作用下共价连接形成近红外光诱导荧光发射有机金属框架化合物（图 6-13）。其中，大的共轭结构和极性分布有利于分子内电荷转移的发生，结晶对吸收截面的增加起到重要作用，这两个因素共同促进双光子荧光的产生。同时，弱的 π-π 堆积效应能有效避免 ACQ 的发生。将该共价化合物应用于癌细胞组织成像，在 120 μm 的深度下仍能达到很高的成像对比度，最大成像深度可达 150 μm。

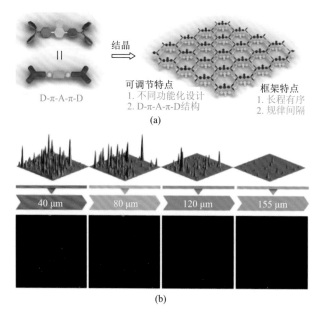

图 6-13　（a）D-π-A-π-D 型分子结构及其共价结晶示意图；（b）组织穿透能力研究[29]

类似地，何赛灵等[30]将 TPE-TPP 分子成功应用于对神经细胞和脑胶质细胞的荧光长效追踪中，在此研究中，双光子成像在降低背景噪声干扰中起到重要作用。

由此可以看出，AIE 自组装非线性光学材料常用于组织深部成像，特别是脑组织成像研究，这为活体神经网络和信号传输的研究提供了极大方便，将极大推动神经科学的研究进展。

6.2.4　小结

本节主要介绍 AIE 自组装参与的非线性光学研究，其中以二阶和三阶非线性光学材料为主要内容。D-A 型结构是主要的分子设计思路，此外氢键、C—H···π 等分子间相互作用也起到了必不可少的作用。由于大的 π 共轭结构和可极化能力，这类分子通常能够形成非常丰富的组装体。非线性光学材料在光学波导中具有重要应用，在组织深度成像中也具有不可忽视的作用。随着对通信信息承载量的要求的增加，以及对信息传输速度与保真度的更高要求，AIE 自组装参与的非线性光学研究在未来仍将是一个重要的研究领域。

6.3　AIE 自组装与圆偏振发光

天然光源和一般人造光源直接发出的光包括垂直于光波传播方向的所有可能的振动方向，不具有偏振性，被称作自然光。与之相对，仅包括某一特定振动方向的光被称作偏振光。将自然光通过偏振片后，光矢量将始终保持某一固定方向振动，这种光线被称作线偏振光。如果光矢量端点的轨迹为一椭圆，即光矢量不断旋转，这样的偏振光被称作圆偏振光。线偏振光相对容易得到，目前已有大量商用偏振片，将自然光通过即可得到纯度很高的线偏振光。圆偏振光的获得则相对困难。一般的方法是依次通过线偏振片和四分之一波片。四分之一波片的使用不仅大大损失了光强，也使得圆偏振光的制备成本显著增加，且很难同时得到多种波长的圆偏振光。圆偏振荧光（CPL）的出现为这个问题提供了一个有效的解决途径。

利用 AIE 分子独特的聚集诱导发光特性，使得固态和薄膜条件下的圆偏振荧光不再受到 ACQ 分子的限制。圆偏振发光的效果通常通过发光不对称因子 g_{lum} 来表示，这个值的范围在 0～2 之间，越接近 2 说明发光的不对称性越强，圆偏振效果越好。

圆偏振发光分子的通常设计思路是在 AIE 分子上共价连接手性基团，利用组装过程中手性传递作用，实现手性自组装和圆偏振荧光信号的产生[31-33]。手性修饰的 AIE 分子发生自组装后一般形成螺旋纳米带或螺旋微米带。由于 AIE 分子的共价修饰相对困难，在溶剂中加入手性辅助剂，通过非共价相互作用诱导超分子手性也是一种行之有效的方式。本节将从 AIE 分子的共价修饰出发，依次介绍不同手性分子修饰带来的结果，最后简单介绍非共价修饰 AIE 自组装圆偏振发光。

6.3.1　共价修饰 AIE 自组装圆偏振发光材料

在 AIE 分子上共价修饰手性分子，通过手性传递实现圆偏振发光是最常见的一种设计思路。根据实现 AIE 分子圆偏振发光的途径，可以分为小分子共价修饰和高分子共价修饰两大类别。本小节将分别具体介绍。

1. 小分子共价修饰圆偏振发光材料

根据手性小分子具体选择的不同，可以进行以下分类：以天然生物分子如氨基酸、糖类、胆固醇等作为手性来源和以人工合成小分子作为手性来源，如联苯等。这类小分子通常在混合溶剂中能够自组装形成具有特定螺旋方向的纳米纤维，进而产生圆偏振荧光，本部分将依次详细进行介绍。

以氨基酸和糖类作为手性中心的分子设计，唐本忠等研究最为深入，相关的实例在 3.2 节中已经详细说明，在这里不再重复。这里介绍一个以胆固醇作为手性中心的研究结果。姜世梅等[34]将胆固醇分子与吡啶功能化的氰基二苯乙烯连接在一起，得到 Chol-CN-Py（图 6-14）。该化合物可以自组装形成纳米螺旋带，进一步形成凝胶或气凝胶。圆偏振荧光测定表明，蓝色的荧光凝胶和荧光气凝胶的 g_{lum} 值分别可以达到-3.0×10^{-2} 和-1.7×10^{-2}。当加入 TFA 后，吡啶被逐步质子化，荧光颜色逐渐发生红移，由蓝色逐渐变为绿色、黄色，最终变为橙色，而螺旋结构在此过程中保持，g_{lum} 值稳定。这种通过吡啶质子化程度调节 CPL 发光颜色的方案，是第一例不需要额外加入其他染料分子仅凭单分子实现多颜色高效圆偏振发光的材料。

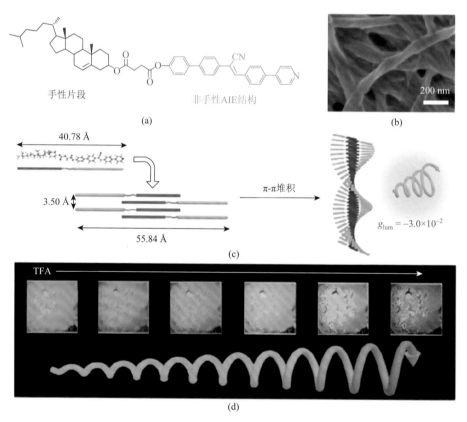

图 6-14 （a）Chol-CN-Py 的分子结构式；（b）气凝胶的 SEM 结果；（c）螺旋结构的分子堆积方式；（d）荧光颜色随吡啶质子化程度增加而红移[34]

在合成手性小分子中，具有 C2 对称性的手性 1, 1′-联萘（BINOL）分子的应用最多。例如，陆学民等[35]通过静电作用将带有正电荷的 TPE 衍生物（TPEHexN⁺）与含有负电荷的手性联萘分子（SBNPSOS₃⁻）结合在一起，通过自组装形成螺旋纤维，根据手性的不同依次命名为 SBNP-TPEHN 和 RBNP-TPEHN（图 6-15）。这两种手性螺旋材料在固体状态下均具有很强的 CPL 信号，其 g_{lum} 值可分别达 +0.065 和−0.063，为其在光电领域的应用提供了可能。

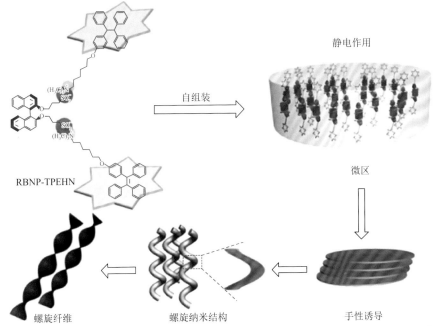

图 6-15　TPE 衍生物和反电荷联萘的分子结构式及其自组装形成手性螺旋的模式图[35]

将二氰基亚甲基和取代羟基修饰在联萘上，赵娜等[36]合成了具有 AIE 特性的手性荧光分子 BINOM-CN 和 BINOP-CN。其中联萘上取代的二氰基亚甲基和羟基共同促进 AIE 性质的产生。自组装导致两个萘环间的二面角角度变小，组装体的圆二色光谱（CD）信号强度比单分子状态有所降低。利用 BINOP-CN 中修饰的吡啶基团与 Cu(Ⅱ)的配位作用，可以同时猝灭分子的荧光和 CD 信号，实现灵敏检测，同时 BINOP-CN 的组装体结构也从纳米多边形向多分支结构转变。这种荧光手性传感器在水中 Cu(Ⅱ)检测中具有重要的应用。类似以联萘作为手性中心的 AIE 小分子设计还可以参考全一武等[37]设计的具有轴向手性传递能力的 R/S-7 分子。

2. 高分子共价修饰圆偏振发光材料

高分子 AIE 自组装圆偏振荧光材料以联萘与 TPE 共价连接的高分子为主，本部分将以此为例进行详细介绍。

朱成建等[38]将联萘和 TPE 基团直接设计在高分子的主链中得到四种主链共轭聚合物 P1~P4（图 6-16），通过改变取代基的位置和中间连接基团炔基的有无，研究者发现只有 P1 可以在 THF/水的混合溶剂中自组装形成螺旋纳米纤维并产生CPL 信号。随着混合溶剂中水含量的改变，CPL 信号强度随之发生变化，在 $f_w = 80\%$ 时 g_{lum} 达到最大值。

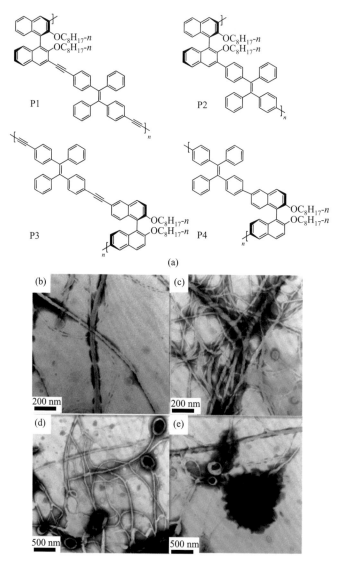

图 6-16　（a）P1~P4 的分子结构式；P1 在 THF∶H₂O 分别为 60∶40（b）、40∶60（c）、20∶80（d）和 5∶95（e）条件下的 TEM 结果[38]

成义祥等[39]利用点击化学反应合成了手性联萘基 AIE 聚合物 R-/S-P。随着混合溶剂中水含量的增加，组装体结构由球形纳米粒子逐渐转变为左手性的螺旋纳米线。萘环之间的 π-π 相互作用、分子间氢键及空间位阻作用共同促进了自组装的发生。当 f_w = 90%时可以得到最强的 CPL 信号，其中 R-P 的 g_{lum} 为–5.64×10^{-3}，而 S-P 的 g_{lum} 可达+6.97×10^{-3}。在这种高分子中，共轭分子链结构是实现手性信号传递的重要保障。同样以联萘作为手性中心，该研究者又设计了类似的 AIE 主链手性高分子 S-/R-P，无须额外的手性分子辅助即可发出绿色圆偏振荧光，g_{lum} 信号强度可达 0.024[40]。

6.3.2　非共价修饰 AIE 自组装圆偏振发光材料

由于对 AIE 分子的直接手性修饰并不能完全实现对手性自组装的控制，且对 AIE 分子的复杂修饰仍存在一定困难，通过外加手性试剂诱导和增强 CPL 信号便是一种折中的方案。通过搅拌、压力、光照等外加刺激实现对 AIE 手性自组装的动力学调控也是一种不错的选择。本小节将举例介绍外加手性试剂和搅拌等非共价修饰条件对 AIE 分子手性自组装的调控。

唐本忠等[41]研究发现由于自组装能力有限，将 AIE 分子通过硫脲与手性苯乙胺连接在一起不能直接成功诱导产生手性和圆偏振信号。如果加入结构与之相配的手性分子扁桃酸，在氢键作用下，可以诱导产生 g_{lum} 高达 0.01 的圆偏振荧光信号。在这里，由于特殊的结构匹配性，手性扁桃酸不能被随意替代。当换为其他同样能够提供氢键的手性分子后，手性信号和圆偏振荧光将完全消失。

基于同样的手性酸诱导手性信号原理，郑炎松等[42]利用含有冠醚的 TPE 三角结构分子 8，实现了一种新的手性信号产生模式。如图 6-17 所示，TPE 分子间通过乙炔基相连，另外两个苯环间形成冠醚结构。在酸性条件下，手性酸发生质子化与冠醚发生主客作用，诱导 8 以单手性方向堆积成风扇型构型，该组装体能够产生圆偏振荧光信号。这种无手性结构分子设计，不通过超分子螺旋自组装产生圆偏振信号的设计思路目前仍比较少见。

AIE 圆偏振荧光分子在不同比例的混合溶剂中自组装时，得到的结构形貌不同，这也是调节手性信号和 g_{lum} 强弱的有效方法。Jung 等[43]以烷基丙氨酸取代的 TPE 分子为研究对象，通过对溶液旋转速度的控制，实现了对体系 CD 和 CPL 信号的动力学调控。如图 6-18 所示，在无干扰状态下由于分子内氢键的存在，这种取代 TPE 分子通常以单体形式分散存在，只能发出很弱的绿色荧光，随着溶液旋转强度的增加，分子间氢键逐渐取代分子内氢键，分子逐渐自组装形成线性纳米棒并最终转变为螺旋状超分子结构。超分子结构的形成使荧光强度迅速增强并发生蓝移。在 1000 r/min 转速下，g_{lum} 信号强度达到最大的 2.2×10^{-3}。这是第一例通过溶液转速和作用时间调节 g_{lum} 信号强度的实例。

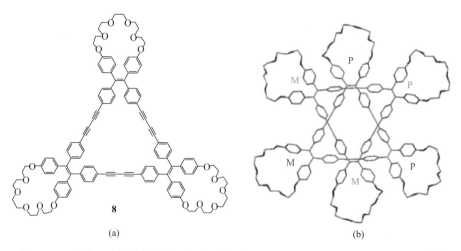

(a)

(b)

图 6-17　（a）8 的分子结构式；（b）手性酸诱导单手性的方向风扇型构型示意图[42]

(a)

L-**1**(L-form): R = —CH₃
D-**1**(D-form): R = —CH₃
2: R = —H

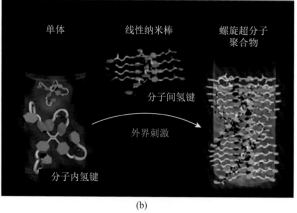

(b)

图 6-18　（a）分子结构式；（b）L-**1** 和 D-**1** 的超分子聚合机理[43]

手性向列型液晶也是提供手性信号的重要来源，如果将具有 AIE 特性的分子掺杂在液晶中，也可以产生较强的圆偏振信号。相关的实例在 3.1.1 节中已经进行了详细的介绍，这里仅简单举额外一例进行说明。

唐本忠等[44]将如图 6-19 所示的 AIE 分子 TPE-PPE 掺杂在手性向列相液晶中，得到 PL-N*LCs，同时产生 CPL 信号和反射型荧光信号，使其在日光和完全黑暗条件下均能正常工作。特别是反射型荧光信号在展示屏节能方面具有重要的应用。

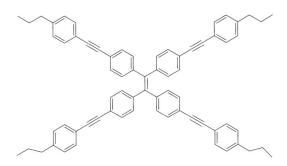

图 6-19　TPE-PPE 分子结构式[44]

6.3.3　小结

本节主要介绍了 AIE 自组装在圆偏振发光领域的应用，其中具有手性的小分子参与共价修饰是主要的设计思路，而在溶剂中加入手性分子的非共价方式诱导由于需要的手性诱导剂更多、成本更高及产生手性信号的强度相对较低等问题，目前的研究已经相对较少。通过外界刺激实现对手性信号强度的动力学调控是一个比较新的领域。信号强度的调控目前还比较困难，如果能够实现手性信号的可控翻转将会带来巨大的应用前景，这也是未来研究的一个重要方向。就圆偏振信号强弱评判重要标准 g_{lum} 来说，目前已经可以达到 $10^{-3} \sim 10^{-1}$ 量级水平，更高的信号强度也偶有报道。在圆偏振发光领域应用的 AIE 分子以 TPE 和 PTS 为主，少数使用了氰基二苯乙烯，其他类别的 AIE 分子在相关领域的应用仍待发掘。由于不同的 AIE 分子均具有其独特优势，尝试将更多类型的 AIE 分子引入圆偏振发光领域也是未来研究的一个可能方向。

6.4　AIE 自组装与多重刺激响应

刺激响应荧光分子是一类可用于光学传感的功能材料。常见的单一刺激响应性荧光分子由于作用效果单一已很难满足多元化的应用需求，因此多重刺激响应性荧光材料的设计必不可少。简单来讲，刺激响应性荧光材料是指可以在温度、机械压力、光照、电压、pH 等外界刺激的作用下呈现出不同的发光性能的一类材料的总称。这类材料在生物探针、传感器、光敏材料等诸多领域存在潜在的应用价值，是目前研究最多的领域之一。相比于单刺激响应性荧光材料，能够对多种外界环境刺激具有响应的能力使得这类材料的适用范围更广，应用前景更佳。

AIE 分子在多重刺激响应中的应用备受关注。本节将以刺激响应源为主要分类依据，介绍 AIE 自组装在多重刺激响应中的应用。

根据外界刺激的不同来源可以分为金属/非金属离子的刺激、温度变化、pH变化、电化学刺激等。对以上不同刺激响应的组合可以得到多种多样的刺激响应材料。田禾等[45]设计了同时具有电化学和 pH 响应能力的轮烷超分子聚合物。如图 6-20 所示，磺酸基修饰的双杯[4]芳烃（Bis-SC4A）作为主体分子，能够与紫精及二甲氨基阳离子通过主客作用形成一维超分子网络，氰基二苯乙烯基团的荧光显著增强。当 pH 升高时，二甲氨基去质子化或氧化还原电势发生变化；紫精被还原时，客体分子与杯[4]芳烃之间的作用力减弱。在上述两种情况下，组装体都将发生解体，荧光强度降低。

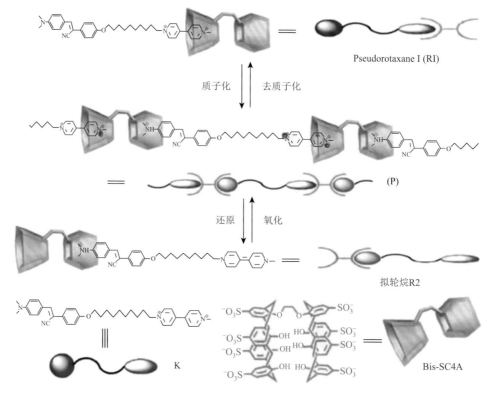

图 6-20 磺酸基修饰的 **Bis-SC4A** 和客体分子的分子结构式及其在氧化还原和 **pH** 改变下的响应性[45]

对离子的选择性响应也是刺激响应材料的重要组成部分，通常可用于对特定离子的灵敏检测。更多关于分子离子检测的案例请参考 6.7 节的内容，本节仅对包含离子响应性的多重刺激响应材料进行举例说明。凝胶是一种最常见的刺激响应材料[46]。姜世梅等[47]设计了由水杨基席夫碱(A)-甘氨酸(L)-胆固醇(S)形成的 ALS 类型有机成胶因子（CDBHA），在多种有机溶剂中均能自组装形成由纳米纤维构成的凝胶。由于对分子振动的限制作用，形成凝胶后荧光强度显著增强。该有机凝胶除温度改变带来的溶胶凝胶转变响应外，还体现出对金属离子 Zn^{2+} 及阴离子 F^- 的响应性。溶胶凝胶的转变和荧光的猝灭双重变化极大提高了对离子的检测灵敏度。

同样是凝胶类材料，吴华悦等[48]设计了以 TPA 作为 AIE 基团含有腙键的小分子成胶因子。利用酰腙作为刺激响应基团，可以实现对光照、温度、离子和 pH 的多种响应。具体来讲，温度升高将导致凝胶向溶胶的转变，紫外光光照条件下，腙键会发生断裂，带来光响应效果（图 6-21）。利用酰腙键的配位作用还可以实现对 Ni^{2+} 和 BH_4^- 的选择性检测；pH 升高同样会导致凝胶的解体；加入酸后可以再次恢复。荧光强度随上述刺激的灵敏变化凸显出 AIE 基团在刺激响应材料领域的巨大优势。

除凝胶外，更多刺激响应发生在溶液条件下。例如，高志农等[49]以 CTAB 为模板，在含有 TPE 基团的 gemini 型表面活性剂（N_{16}-TPE-N_{16}）的参与下，TEOS 形成了一系列荧光硅纳米粒子，在 TEM 观察下为纳米棒状结构。在 pH 和温度变化下，纳米粒子的荧光和形状能够发生显著的变化，体现刺激响应性。具体来讲，随着 pH 降低和温度升高，荧光强度逐渐减弱。温度升高还会导致纳米粒子逐渐聚集在一起。

与之类似，朱新远等[50]通过 RAFT 方法合成了侧链含有 TPE 基团的嵌段共聚物，也能够实现对温度和 pH 刺激的双重响应性。

以上多重刺激响应材料通常以荧光的猝灭和产生为主要的判断依据，在响应过程中荧光颜色不会发生改变。丛欢等[51]以柱芳烃为起点，与 TPE 结合设计了具有 AIE 特性的领结芳烃（图 6-22）。通过改变溶剂选择不同类型的蒸气熏蒸及机械力研磨均会导致分子排列方式的改变，进而导致荧光颜色从蓝色向黄色转变。这种荧光发射波长最大可达 100 nm 的变化，具有很好的可逆性和稳定性，未来在分子传感、成像和信息防伪中具有重要的应用。

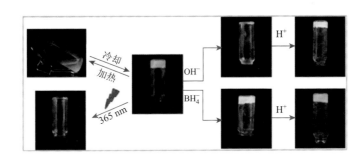

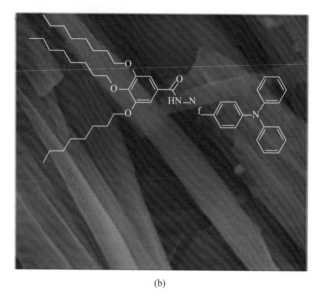

(b)

图 6-21 （a）凝胶的多重刺激响应能力；（b）成胶因子的分子结构式及其 SEM 结果[48]

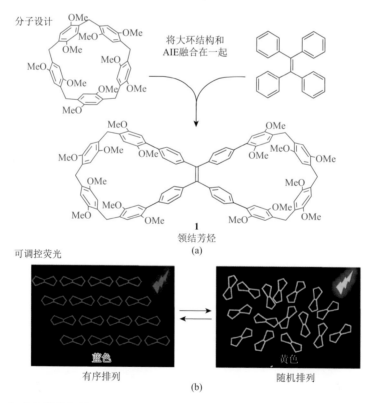

图 6-22 （a）领结芳烃的设计思路和分子结构式；（b）荧光颜色与分子排列方式的关系[51]

本节主要介绍了 AIE 自组装在多重刺激响应中的应用。温度、pH、离子、光照等是最常见的外界刺激因素，凝胶的凝胶溶胶转变是最典型的响应结果。此外，溶液也可以具有显著的刺激响应性。通常以 AIE 分子的荧光产生和猝灭作为检测的灵敏指示剂。AIE 分子因排列方式不同带来的荧光颜色转变也可以用于刺激响应检测。在刺激响应作用位点中，单作用位点的案例相对比较常见，如果能够设计多响应位点，可以为更广泛的刺激响应性提供可能。实际上多重刺激响应能力并不是材料设计的最终目的，将这种材料应用于实际生产生活如传感检测、可再生与防伪等领域才是材料设计的终极目标。

6.5　AIE 自组装在多色发光和理想白光调节中的应用

多色荧光发射特别是白光发射在 LED、固态发光设备及荧光防伪中具有重要的应用。相比于心理和生理方面因素的影响，不同人对于相同的发光材料所能感受到的颜色会有一定的差异，为了定量地对颜色进行描述，通常采用数学计算和相应的物理方法代替人眼来测量，这便是色度图。通常荧光的颜色通过色坐标 CIE 1931 进行统一表征。在 CIE 1931 规则下，理想白光的坐标为(0.33，0.33)。实际得到的荧光颜色坐标越接近这个值，白光的纯度越高。

除对颜色纯度的要求，荧光的发射效率则是另一种重要的参数，通常采用荧光量子产率的方式进行表征。具体来讲，荧光量子产率是指发射荧光的光子数 n_2 与被激活物质从泵浦源吸收的光子数 n_1 之比。荧光量子产率越高表示荧光发光效率越高。

AIE 分子在聚集状态下发光的特性能够有效克服 ACQ 问题，使得固态高效发光材料的制备成为可能。

基于以上分析，本节将主要介绍 AIE 自组装在多色发光和理想白光调节中的应用，主要分为分子设计策略和聚集体存在形式两部分进行介绍。

6.5.1　多色发光 AIE 自组装材料的分子设计策略

一种 AIE 分子通常只能发出一种颜色的荧光，要实现多色发光的目标，通常需要多种荧光分子的组合。由于商用染料颜色丰富而多样，常用一种 AIE 分子与另一种颜色互补的 ACQ 染料分子作为多色发光的基本材料。直接将不同荧光分子混合共组装是最直接的一种处理方式。常见的途径包括将 AIE 分子与 ACQ 分子共价连接，以及不借助 ACQ 染料分子，直接通过调整 AIE 分子的供体（D）和受体（A）基团实现多色发光。本小节将具体介绍以上各种分子设计方法。

　　将蓝色荧光的 1, 8-萘二甲酰亚胺与红色至近红外发光的硼二吡咯亚甲基取代的三苯胺直接混合，Thilagar 等[52]合成了 CIE 坐标为(0.31，0.34)的非常接近理想白光的荧光纳米粒子。通过改变溶剂挥发条件，可以得到球形纳米粒子和微米棒两种组装体结构。通过调节两种荧光分子的比例，可以依次得到蓝色、绿色、红色和近红外荧光发射，可以应用于细胞成像。

　　于吉红等[53]则以 AIE 基团修饰的周期性介孔有机硅为主体，通过包裹不同种类和数量的染料分子实现对荧光颜色的调节。如图 6-23 所示，当以罗丹明 B（RhB）或 R6G 作为客体分子时，TPE 分子可以与其发生 FRET 作用。通过调节两种荧光分子之间的比例，这种有机-无机杂化材料可以实现(0.32，0.33)的白光发射，量子产率可以达到 49.6%。这种高效多色发光设计在细胞成像、固态发光材料的制备中具有显著的优势。

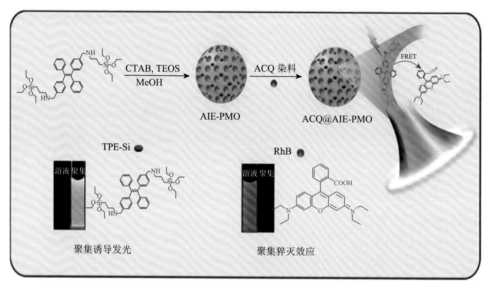

图 6-23　TPE 分子修饰的多孔硅材料与罗丹明 B 共组装发生 FRET 和多色荧光发射的原理[53]

　　如果直接将 AIE 分子与 ACQ 染料分子连接在一起也不失为一种有效的分子设计思路。吴德成等[54]将罗丹明 B、荧光素与 TPE 分子连接在一起得到RB-TPE-FL，该分子具有潜在的红色、绿色和蓝色发光能力（图 6-24）。通过调节溶液的 pH，RB-TPE-FL 将以不同的电离形式存在，对应于不同的发光颜色。如果调节混合溶剂中水的含量，将改变 RB-TPE-FL 的聚集程度和 TPE 分子的发光效率。将控制混合溶剂中水的含量与 pH 的调节结合在一起，利用分子内 FRET作用，可以实现橙红色、橙色、白色、蓝色、青色和绿色六种颜色荧光的连续调节，其中白光发射 CIE 坐标为(0.31，0.29)，量子产率为 12.2%。

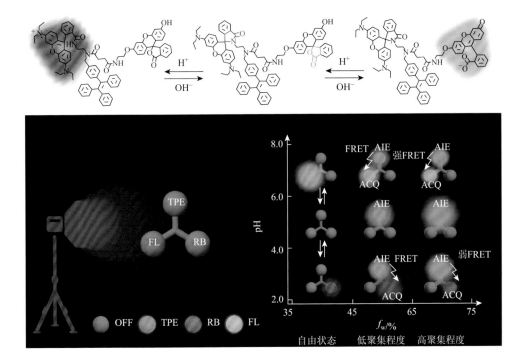

图 6-24　**RB-TPE-FL 分子结构式及其对 pH 和混合溶剂中水含量的响应**[54]

唐本忠等[55]通过改变 AIE 分子上的取代基同样实现了对荧光颜色的调节。在 TTPE 分子上修饰氰基作为电子受体得到 BTPEFN，由于吸电子作用，荧光颜色明显红移，由绿色转变为橙色。如果在 BTPEFN 上再修饰二乙氨基作为电子给体，形成的 D-A 型分子 BATPEFN 的荧光颜色可以进一步发生红移，进入近红外波段。对 TTPE 进行 D、A 结构的修饰同时促进了分子的自组装，在 THF/水的混合溶剂中，BTPEFN 可以形成规则的微米带结构，而 TTPE 只能得到无规则的聚集体。

6.5.2　多色发光 AIE 自组装材料的主要存在形式

除小分子多色发光分子外，多色发光材料还常以液晶、金属配位结构或金属框架化合物，以及荧光基团修饰的高分子形式存在。本小节将对以上各种存在形式分别进行举例介绍。

程晓红等[56]通过点击化学合成了以 TPE 为核，三个长烷氧基链取代苯环为四周的 AIE 分子。根据烷氧基链长度的不同，在有机溶剂中可以自组装形成六方柱状相和非常少见的三维胶束立方相（图 6-25）。如果将该 AIE 分子分散在向列型液晶 5CB 中，荧光发射将具有偏振性，偏振比例可达 6.34。如果进一步与荧光分子 DPP 混合，可以得到白光发射的凝胶与薄膜材料，CIE 坐标可达(0.30，0.30)。

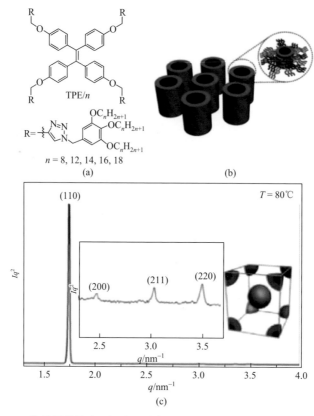

图 6-25 （a）TPE/n 的分子结构式；（b）形成柱状液晶相的示意图；（c）形成三维胶束立方相的 XRD 结果和模式图[56]

同样利用液晶的辅助作用，彭海炎等[57]实现了可见光下全息成像、紫外光下荧光成像的双重防伪模式。具体来讲，加热促进液晶与 AIE 分子的相分离，使反射指数发生改变，得到全息图片。聚集在一起的 AIE 分子在光照条件下发生环化反应，实现荧光成像（图 6-26）。液晶的存在使能量转换效率提高至 96%，极大地增加了荧光成像的对比度，对于高清晰度防伪图片的制作具有重要意义。

张洪彬等[58]以银离子配位的苯并咪唑 TPE（TBI-TPE）分子为原料，发现其在溶液状态和聚集状态均能发出稳定的黄色荧光。将 Ag-TBI-TPE 包裹在商用蓝光 LED 灯表面，可以得到 CIE 坐标为(0.30, 0.33)的白光发射。类似地，Li 等[59]发现无稀土离子配位的金属有机框架化合物[$Zn_6(btc)_4(tppe)_2(sol)_2$]同样可以实现蓝光激发黄光发射，量子产率高达 90.7%，为其在超强白光发射调节中提供了极大方便。

Somanathan 等[60]尝试将具有 AIE 性质的氰基三苯乙烯与二乙基芴共聚合，得到一系列含有不同比例 AIE 分子的 FBPAN。实验中发现随着聚合物中 AIE

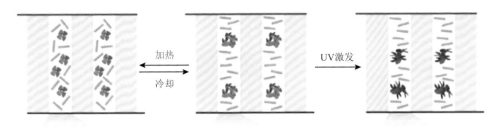

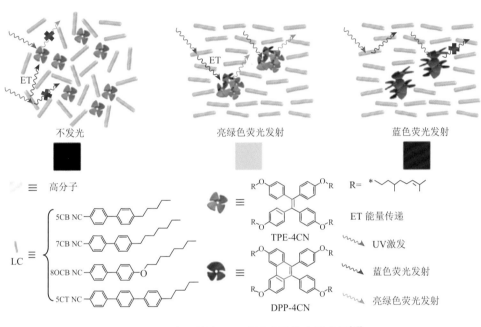

图 6-26　液晶辅助 AIE 分子在防伪中的应用[57]

分子比例不同，可以呈现不同颜色的荧光（图 6-27）。当含有 0.5%的 AIE 分子时，可以得到 CIE 坐标为(0.32, 0.31)的白光发射，量子产率可达 80.2%。该共聚物可以自组装形成花状结构，在新一代固体发光材料中具有很高的潜在应用价值。

6.5.3　小结

本节主要介绍了 AIE 自组装在多色荧光发光与白光发射中的应用，AIE 分子与荧光染料分子的结合是最常见的模式。通过调节两者的比例实现宽颜色范围发光和接近理想的白光发射，相关的研究层出不穷。这类材料在固态发光材料、荧光防伪中具有很高的利用价值。

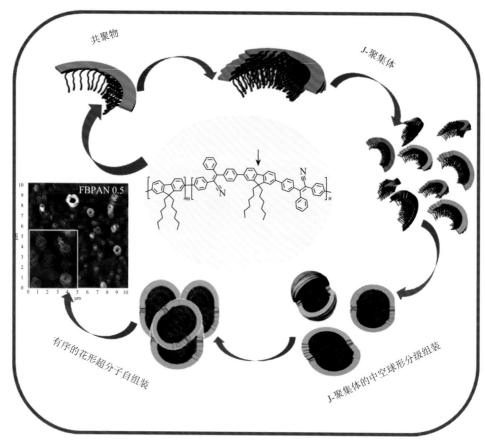

共聚物

J-聚集体

FBPAN 0.5

有序的花形超分子自组装

J-聚集体的中空球形分级组装

图 6-27　FBPAN 分子结构式及其自组装示意图[60]

参　考　文　献

[1] Feng H，Lam J W，Tang B. Self-assembly of AIEgens. Coordination Chemistry Reviews，2020，406：213142.

[2] Li J，Wang J，Tang B，et al. Supramolecular materials based on AIE luminogens（AIEgens）：construction and applications. Chemical Society Reviews，2020，49：1144-1172.

[3] Lian Z，Qiao F，Jiang M，et al. Quadruple hydrogen bonded hyperbranched supramolecular polymers with aggregation-induced emission for artificial light-harvesting. Dyes and Pigments，2019，171：107774.

[4] Liu S，Jiang S，Xu J，et al. Constructing artificial light-harvesting systems by covalent alignment of aggregation-induced emission molecules. Macromolecular Rapid Communications，2019，40：e1800892.

[5] Guan P，Yang B，Liu B，et al. Fabricating a fluorescence resonance energy transfer system with AIE molecular for sensitive detection of Cu(Ⅱ)ions. Spectrochimica Acta Part A：Molecular and Biomolecular Spectroscopy，2020，225：117604.

[6] Jing Y，Li S，Su M，et al. Barbier hyperbranching polymerization-induced emission toward facile fabrication of white light-emitting diode and light-harvesting film. Journal of the American Chemical Society，2019，141：16839-16848.

[7]　Zhang P，Wu K，Guo J，et al. From hyperbranched polymer to nanoscale CMP（NCMP）：improved microscopic porosity，enhanced light harvesting，and enabled solution processing into white-emitting dye@NCMP films. ACS Macro Letters，2014，3：1139-1144.

[8]　Acharyya K，Bhattacharyya S，Sepehrpour H，et al. Self-assembled fluorescent Pt(Ⅱ) metallacycles as artificial light-harvesting systems. Journal of the American Chemical Society，2019，141：14565-14569.

[9]　Hsieh M C，Chien C H，Chang C，et al. Aggregation induced photodynamic therapy enhancement based on linear and nonlinear excited FRET of fluorescent organic nanoparticles. Journal of Materials Chemistry B，2013，1：2350-2357.

[10]　Li L，Zeng Y，Yu T，et al. Light-harvesting organic nanocrystals capable of photon upconversion. ChemSusChem，2017，10：4610-4615.

[11]　Xu L，Wang Z，Tang B，et al. Frontispiece：a conjugated polymeric supramolecular network with aggregation-induced emission enhancement：an efficient light-harvesting system with an ultrahigh antenna effect. Angewandte Chemie International Edition，2020，59：9908-9913.

[12]　Lou X，Song N，Yang Y. Enhanced solution and solid-state emission and tunable white-light emission harvested by supramolecular approaches. Chemistry，2019，25：11975-11982.

[13]　Kim H J，Nandajan P C，Gierschner J，et al. Light-harvesting fluorescent supramolecular block copolymers based on cyanostilbene derivatives and cucurbit[8]urils in aqueous solution. Advanced Functional Materials，2018，28：1705141.

[14]　Qiao F，Yuan Z，Lian Z，et al. Supramolecular hyperbranched polymers with aggregation-induced emission based on host-enhanced π-π interaction for use as aqueous light-harvesting systems. Dyes and Pigments，2017，146：392-397.

[15]　Qiao F，Zhang L，Lian Z，et al. Construction of artificial light-harvesting systems in aqueous solution：supramolecular polymers based on host-enhanced π-π interaction with aggregation-induced emission. Journal of Photochemistry and Photobiology A：Chemistry，2018，355：419-424.

[16]　Chen X，Cao Q，Bisoyi H K，et al. An efficient near-infrared emissive artificial supramolecular light-harvesting system for imaging in the golgi apparatus. Angewandte Chemie International Edition，2020，59：10493-10497.

[17]　Feng H，Zheng X，Tang B，et al. White-light emission of a binary light-harvesting platform based on an amphiphilic organic cage. Chemistry of Materials，2018，30：1285-1290.

[18]　Li Z，Lu J，Qin Y，et al. Two dimensional restriction-induced luminescence of tetraphenyl ethylene within the layered double hydroxide ultrathin films and its fluorescence resonance energy transfer. Journal of Materials Chemistry C，2013，1：5944.

[19]　Zhu X，Wang J，Niu L，et al. Aggregation-induced emission materials with narrowed emission band by light-harvesting strategy：fluorescence and chemiluminescence imaging. Chemistry of Materials，2019，31：3573-3581.

[20]　Li C，Zhang J，Zhang S，et al. Efficient light-harvesting systems with tunable emission through controlled precipitation in confined nanospace. Angewandte Chemie International Edition，2019，58：1643-1647.

[21]　Chang Z，Jing L，Liu Y，et al. Constructing small molecular AIE luminophores through a 2, 2-(2, 2-diphenylethene-1, 1-diyl)dithiophene core and peripheral triphenylamine with applications in piezofluorochromism，optical waveguides，and explosive detection. Journal of Materials Chemistry C，2016，4：8407-8415.

[22]　Jia W，Wang H，Yang L，et al. Synthesis of two novel indolo[3, 2-b]carbazole derivatives with aggregation-enhanced emission property. Journal of Materials Chemistry C，2013，1：7092.

[23]　Jiang D，Xue Z，Li Y，et al. Synthesis of donor-acceptor molecules based on isoxazolones for investigation of their

nonlinear optical properties. Journal of Materials Chemistry C，2013，1：5694.

[24] Liu Z，Dong N，Jiang P，et al. Reduced graphene oxide chemically modified with aggregation-induced emission polymer for solid-state optical limiter. Chemistry：A European Journal，2018，24：19317-19322.

[25] Duan Y，Ju C，Yang G，et al. Aggregation induced enhancement of linear and nonlinear optical emission from a hexaphenylene derivative. Advanced Functional Materials，2016，26：8968-8977.

[26] Zheng Z，Li D，Tang B，et al. Aggregation-induced nonlinear optical effects of AIEgen nanocrystals for ultradeep *in vivo* bioimaging. Advanced Materials，2019，31：e1904799.

[27] Chen S，Qin Z，Liu T，et al. Aggregation-induced emission on benzothiadiazole dyads with large third-order optical nonlinearity. Physical Chemistry Chemical Physics：PCCP，2013，15：12660-12666.

[28] Xiong J，Li X，Yuan C，et al. Wavelength dependent nonlinear optical response of tetraphenylethene aggregation-induced emission luminogens.Materials Chemistry Frontiers，2018，2：2263-2271.

[29] Zeng J，Wang X，Xie B，et al. Covalent organic framework for improving near-infrared light induced fluorescence imaging through two-photon induction. Angewandte Chemie International Edition，2020，59：10087-10094.

[30] Qian J，Zhu Z，Leung C W，et al. Long-term two-photon neuroimaging with a photostable AIE luminogen. Biomedical Optics Express，2015，6：1477-1486.

[31] Roose J，Tang B，Wong K. Circularly-polarized luminescence（CPL）from chiral AIE molecules and macrostructures. Small，2016，12：6495-6512.

[32] Li H，Li B，Tang B. Molecular design，circularly polarized luminescence，and helical self-assembly of chiral aggregation-induced emission molecules. Chemistry：An Asian Journal，2019，14：674-688.

[33] Feng H，Liu C，Tang B，et al. Structure，assembly，and function of (latent)-chiral AIEgens. ACS Materials Letters，2019，1：192-202.

[34] Shang H，Ding Z，Shen Y，et al. Multi-color tunable circularly polarized luminescence in one single AIE system. Chemical Science，2020，11：2169-2174.

[35] Ye Q，Zhu D，Xu L，et al. The fabrication of helical fibers with circularly polarized luminescence via ionic linkage of binaphthol and tetraphenylethylene derivatives. Journal of Materials Chemistry C，2016，4：1497-1503.

[36] Li N，Feng H，Gong Q，et al. BINOL-based chiral aggregation-induced emission luminogens and their application in detecting copper(II) ions in aqueous media. Journal of Materials Chemistry C，2015，3：11458-11463.

[37] Meng F，Sheng Y，Li F，et al. Reversal aggregation-induced circular dichroism from axial chirality transfer via self-assembled helical nanowires. RSC Advances，2017，7：15851-15856.

[38] Zhang S，Sheng Y，Wei G，et al. Aggregation-induced circularly polarized luminescence of an(*R*)-binaphthyl-based AIE-active chiral conjugated polymer with self-assembled helical nanofibers. Polymer Chemistry，2015，6：2416-2422.

[39] Ma J，Wang Y，Li X，et al. Aggregation-induced CPL response from chiral binaphthyl-based AIE-active polymers via supramolecular self-assembled helical nanowires. Polymer，2018，143：184-189.

[40] Yang L，Zhang Y，Zhang X，et al. Doping-free circularly polarized electroluminescence of AIE-active chiral binaphthyl-based polymers. Chemical Communications，2018，54：9663-9666.

[41] Ng J C，Liu J，Su H，et al. Complexation-induced circular dichroism and circularly polarised luminescence of an aggregation-induced emission luminogen. Journal of Materials Chemistry C，2014，2：78-83.

[42] Qiao W，Xiong J，Yuan Y，et al. Chiroptical property of TPE triangular macrocycle crown ethers from propeller-like chirality induced by chiral acids. Journal of Materials Chemistry C，2018，6：3427-3434.

[43]　Lee S，Kim K Y，Jung S H，et al. Finely controlled circularly polarized luminescence of a mechano-responsive supramolecular polymer. Angewandte Chemie International Edition，2019，58：18878-18882.

[44]　Zhao D，He H，Gu X，et al. Circularly polarized luminescence and a reflective photoluminescent chiral nematic liquid crystal display based on an aggregation-induced emission luminogen. Advanced Optical Materials，2016，4：534-539.

[45]　Ma X，Sun R，Li W，et al. Novel electrochemical and pH stimulus-responsive supramolecular polymer with disparate pseudorotaxanes as relevant unimers. Polymer Chemistry，2011，2：1068-1070.

[46]　Zhao Z，Lam J W，Tang B. Self-assembly of organic luminophores with gelation-enhanced emission characteristics. Soft Matter，2013，9：4564-4579.

[47]　Zang L，Shang H，Wei D，et al. A multi-stimuli-responsive organogel based on salicylidene Schiff base. Sensors and Actuators B：Chemical，2013，185：389-397.

[48]　Wang H，Liu Q，Hu Y，et al. A multiple stimuli-sensitive low-molecular-weight gel with an aggregate-induced emission effect for sol-gel transition detection. Chemistry Open，2018，7：457-462.

[49]　Yan S，Gao Z，Han J，et al. Controllable fabrication of stimuli-responsive fluorescent silica nanoparticles using a tetraphenylethene-functionalized carboxylate gemini surfactant. Journal of Materials Chemistry C，2019，7：12588-12600.

[50]　Zhao Y，Wu Y，Chen S，et al. Building single-color AIE-active reversible micelles to interpret temperature and pH stimuli in both solutions and cells. Macromolecules，2018，51：5234-5244.

[51]　Lei S，Xiao H，Zeng Y，et al. BowtieArene: a dual macrocycle exhibiting stimuli-responsive fluorescence. Angewandte Chemie International Edition，2020，59：10059-10065.

[52]　Sarkar S K，Mukherjee S，Garai A，et al. A complementary aggregation induced emission pair for generating white light and four-colour（RGB and near-IR）cell imaging. ChemPhotoChem，2017，1：84-88.

[53]　Li D，Zhang Y，Fan Z，et al. Coupling of chromophores with exactly opposite luminescence behaviours in mesostructured organosilicas for high-efficiency multicolour emission. Chemical Science，2015，6：6097-6101.

[54]　Zuo Y，Wang X，Wu D. Uniting aggregation-induced emission and stimuli-responsive aggregation-caused quenching，single molecule achieved multicolour luminescence. Journal of Materials Chemistry C，2019，7：14555-14562.

[55]　Shen X，Wang Y，Tang B，et al. Effects of substitution with donor-acceptor groups on the properties of tetraphenylethene trimer：aggregation-induced emission，solvatochromism，and mechanochromism. The Journal of Physical Chemistry C，2013，117：7334-7347.

[56]　Zhang R，Gao H，Yu J，et al. AIE active TPE mesogens with *p6mm* columnar and *Im3m* cubic mesophases and white light emission property. Journal of Molecular Liquids，2020，298：112079.

[57]　Zhao Y，Zhao X，Li M，et al. Crosstalk-free patterning of cooperative-thermoresponse images by the synergy of the AIEgen with the liquid crystal. Angewandte Chemie International Edition，2020，59：10066-10072.

[58]　Lu Z，Cheng Y，Fan W，et al. A stable silver metallacage with solvatochromic and mechanochromic behavior for white LED fabrication. Chemical Communications，2019，55：8474-8477.

[59]　Gong Q，Hu Z，Deibert B J，et al. Solution processable MOF yellow phosphor with exceptionally high quantum efficiency. Journal of the American Chemical Society，2014，136：16724-16727.

[60]　Ravindran E，Varathan E，Somanathan N，et al. Self-assembly of a white-light emitting polymer with aggregation induced emission enhancement using simplified derivatives of tetraphenylethylene. Journal of Materials Chemistry C，2016，4：8027-8040.

AIE 自组装结构在化学传感检测中的应用

AIE 分子的发光性质与分子排列方式密切相关。在不同环境下，AIE 分子排列方式不同就会呈现出迥异的发光颜色。因此，多重刺激响应与多色发光、荧光颜色的改变、点亮与猝灭的转换都可以应用于环境变化的灵敏检测；此外，无论是对组装体形成过程、形貌转变，还是相转变过程的研究，AIE 分子的介入将使相关过程可视化成为可能，这对于将抽象问题具象化具有重要贡献。本章将以传感检测为核心，系统介绍 AIE 自组装结构在对不同化学物质的可视化检测中的应用。

7.1　AIE 自组装在分子离子检测中的应用

环境中分子离子的含量异常往往与环境污染密切相关，能及时灵敏地检测出这些威胁对于保障人类生存和确保生产生活顺利进行具有重要意义[1, 2]。由于人眼对于荧光的产生或消失及荧光颜色改变的灵敏分辨能力，人们常选择荧光材料用于小分子检测。AIE 自组装材料在这方面也具有重要的应用。无论是对金属离子、阴离子、表面活性剂，还是中性小分子、有机胺、爆炸性化合物，AIE 自组装材料均能实现快速检出，同时达到极低的检出限要求。此外，AIE 自组装结构也能对环境 pH 进行灵敏检测。本节将分类介绍 AIE 自组装在以上各方面检测中的应用。

7.1.1　AIE 自组装在离子检测中的应用

常规的离子检测有多种方法，如金属离子的特征焰色反应、非金属离子的沉淀现象、气体生成等。借助电感耦合等离子体、原子吸收光谱和发射光谱已经可以实现对多种离子的灵敏检测，但是相对复杂的仪器使得实时方面快捷检测受到极大的限制。AIE 自组装材料为快捷检测提供了可能。本小节将依次介绍借助 AIE 自组装材料如何实现金属离子、阴离子，以及表面活性剂类分子的精准检测。

1. 金属离子

高价金属离子通常具有更强的静电作用和配位能力，在荧光检测中具有更好的灵敏度和更低的检出限。AIE 自组装材料在二价重金属离子的检测中具有重要应用。

林奇等[3]以具有 AIE 性质的成胶小分子 DNS 为检测剂，通过与待测物之间的氢键、π-π 相互作用和范德瓦耳斯作用形成超分子聚合物有机凝胶。利用 DNS 分子内酰腙键与金属离子的配位作用导致的荧光猝灭，可以实现 Hg^{2+}、Cu^{2+}、Fe^{3+} 等多种二价和三价重金属离子的检测，检出限可以低至 10^{-11} mol/L（图 7-1）。实验中发现气凝胶形式的 DNS 还可以从水溶液中高效吸附重金属离子，吸收率可达 94.70%～99.37%，在重金属离子的检测和清除中均具有重要的价值。

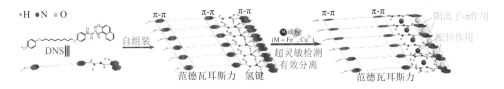

图 7-1　DNS 分子结构式及其自组装与重金属离子识别模式图[3]

类似地，倪新龙等[4]利用水溶性苯乙烯吡啶修饰三联吡啶作为 AIE 型荧光探针，在酸性条件下实现 Hg^{2+} 的迅速检测；通过形成多面体多孔骨架沉淀实现 Hg^{2+} 的有效清除，清除率高于 99%。该沉淀聚合物还能够高效吸附 H_2S 气体，并在酸性条件下再生，可重复使用。Kumar 等[5]发现含有席夫碱结构的二苯基嘧啶发生分子内电荷转移，使分子具有强烈绿色荧光。由于该分子具有 AIE 特性，自组装形成纳米棒状结构后荧光显著增强。当溶液中含有 Cu^{2+} 时，席夫碱与 Cu^{2+} 特异的结合能力将导致组装体结构的破坏，荧光迅速消失。由于纳米棒具有良好的抗干扰能力，该荧光探针在血清样品中也表现出良好的 Cu^{2+} 检测能力，可以成功应用在逻辑门的设计中。

对于三价金属离子，AIE 自组装材料同样具有很好的识别和检测能力。例如，杨英威等[6]以两个磺酸基修饰的柱[5]芳烃为主体分子，以四级铵阳离子取代的 TPE 分子作为客体分子，通过主客体识别作用自组装形成立方体结构的二元超分子聚合物，该聚合物发出强烈的荧光。当加入 Fe^{3+} 后，Fe^{3+} 与磺酸基发生配位作用，主客体化合物解体，荧光迅速猝灭，实现对 Fe^{3+} 的灵敏检测（图 7-2）。

类似地，该研究者又将柱[5]芳烃与炔基取代的 TPE 分子通过 Sonogashira-Hagihara 反应连接在一起，通过主客作用形成共轭微孔结构聚合物，

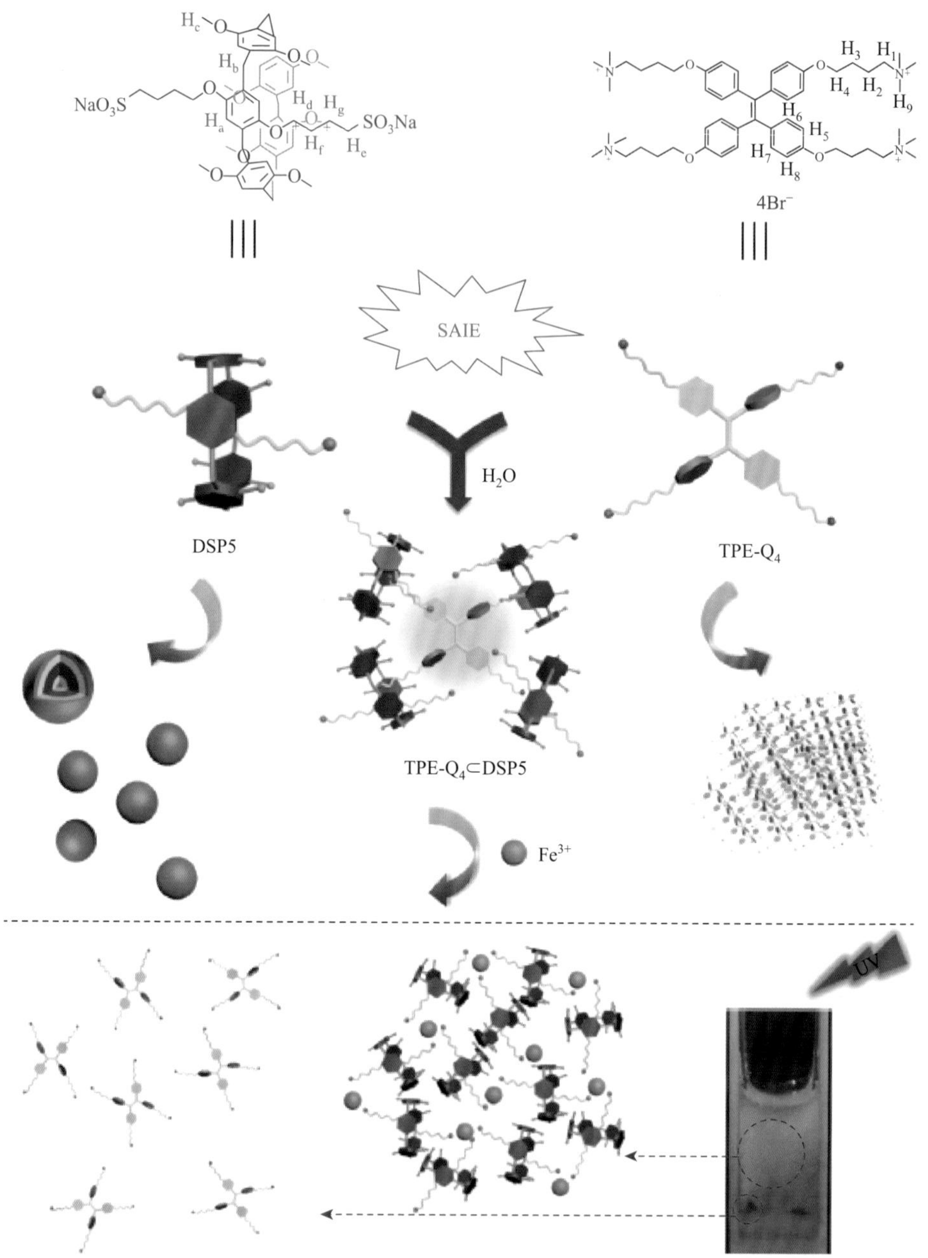

图 7-2　主客自组装在 Fe^{3+} 识别和检测中的应用[6]

可应用于 Fe^{3+} 和有机染料 4-氨基偶氮苯的检测（图 7-3）。该检测过程不仅可以通过紫外光激发实现，还可以通过近红外激发的双光子过程完成高效检测[7]。

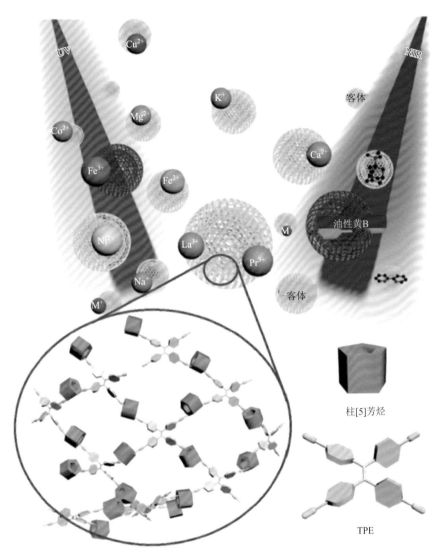

图 7-3　基于柱[5]芳烃和 TPE 的共轭大环聚合物（P[5]-TPE-CMP）及其双光子检测示意图[7]

类似将 AIE 自组装材料应用于三价金属离子检测的案例还可以参考吴德成等[8]设计的 TPE 分子取代 POSS 树枝状聚合物，POSS-(TPE)$_8$ 和 POSS$_9$-(TPE)$_{56}$。该自组装球形纳米粒子具有很好的 pH、金属离子及酸性气体的响应性，在 In^{3+}、Al^{3+}、Fe^{3+}、Ru^{3+}，以及 NO$_2$、SO$_2$ 等小分子的检测中效果也非常好。欧阳津等[9]则以 AIE 分子 BSPSA 作为检测剂，成功实现对 Al^{3+} 的检测。随着 Al^{3+} 的加入，BSPSA 逐渐自组装形成球形纳米粒子，荧光逐渐增强。这种荧光点亮型离子检测方法在金属离子检测中相对比较少见。

2. 小分子阴离子

除金属阳离子外，AIE 自组装在小分子阴离子的检测中也具有非常良好的表现。例如，花建丽等[10]设计了含有吡啶阳离子取代基的双 TPE 分子（TPE-Py），可以在氢键和静电作用下与柠檬酸结合，并自组装形成球形纳米粒子（图 7-4）。根据荧光增强的程度判断柠檬酸的含量，检出限可以低至 10^{-7} mol/L，在研究三羧酸循环中间体及其转换关系中具有重要作用。

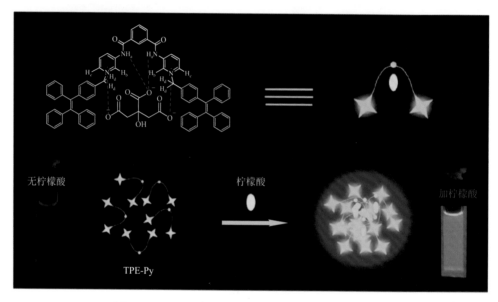

图 7-4　TPE-Py 点亮荧光方式检测柠檬酸的模式图[10]

孟萌等[11]在 TPE 分子上修饰二亚乙基三胺，在分子间氢键作用下与焦磷酸根发生偶联，实现对焦磷酸根的灵敏检测。由于检测过程中没有金属离子的参与，该检测方法具有更好的稳定性和抗干扰能力。由于碱性磷酸酯酶（ALP）能够水解焦磷酸根，该组装体还可以进一步作为 ALP 的检测剂。这是第一例能够在生理 pH 条件下实现 ALP 检测的方法，在实际应用中可以发挥更大的作用。

3. 表面活性剂

表面活性剂在基础科学和工业生产中应用广泛。对体系中表面活性剂的检测往往是机理研究和环境检测的要求。但是由于表面活性剂本身没有荧光，对其检测非常困难。由于不同的表面活性剂与 AIE 分子作用通常可以诱导出不同的组装体，这为表面活性剂的检测提供了可能。

贺昌城等[12]发现在不同的表面活性剂存在条件下，AIE 分子 DBF 能够自组装形成多种不同形貌的组装体，荧光颜色也存在一定的差异。利用这个特点可以成功实现对表面活性剂的鉴定。研究发现，表面活性剂类型、浓度和保存时间均对组装体形貌具有重要的影响，可以形成微米球、树枝状结构、针状结构、片状结构等。组装体形貌和颜色的差异还可用于混合表面活性剂体系中表面活性剂混合比例的判断。

曾文彬等[13]设计了具有较大斯托克斯位移、良好水溶性和稳定性的 AIE 分子 TPIM-ClO$_4$，能够与 SDS 通过静电作用和疏水作用发生自组装，对 SDS 的检出限可达 48 nmol/L。TPIM-ClO$_4$ 中吲哚基团能够有效提高分子内电荷转移，促进荧光颜色红移，在检测中减少背景的干扰。

7.1.2　AIE 自组装在中性分子检测中的应用

中性小分子是一大类非常重要的化合物，从重要的代谢产物到工业合成产品，从具有毒性的挥发性有机化合物到有潜在爆炸风险的爆炸性化合物，中性小分子的准确和灵敏检测与国计民生密切关联，AIE 自组装在此过程中扮演重要角色。本小节将详细介绍 AIE 自组装材料在中性小分子、挥发性有机化合物及爆炸性化合物检测中的应用。

1. 中性小分子

中性小分子种类很多，在这里仅对生物代谢相关化合物及工业原料分子的检测各举一例介绍。

于聪等[14]在 TPE 修饰的硅纳米粒子表面包裹银纳米粒子。由于表面等离子增强能量转移（SPEET）的发生，TPE 的荧光被完全猝灭。当体系中存在 H$_2$O$_2$ 时，Ag 单质被氧化为 Ag$^+$，荧光逐渐恢复，且纳米粒子的颜色逐渐褪去。这使得能够通过荧光发光与显色两种途径实现对 H$_2$O$_2$ 的准确鉴定，检出限可以低至 0.28 μmol/L。

三聚氰胺是一种重要的化工原料，可以与甲醛发生缩合反应得到树脂，也可以作为纺织物防折、防缩处理剂使用。张道洪等[15]以羧基取代的 TPE 分子（H$_4$tcbpe）为检测剂，可以与三聚氰胺在氢键和 π-π 相互作用下发生自组装。根据 TPE 分子与三聚氰胺分子比例的不同，依次可以形成纳米纤维、树枝状聚合物、立方体及微米带状结构（图 7-5）。组装体同时具有光敏感性，随着光照的进行，荧光强度逐渐增强，且发射波长蓝移。

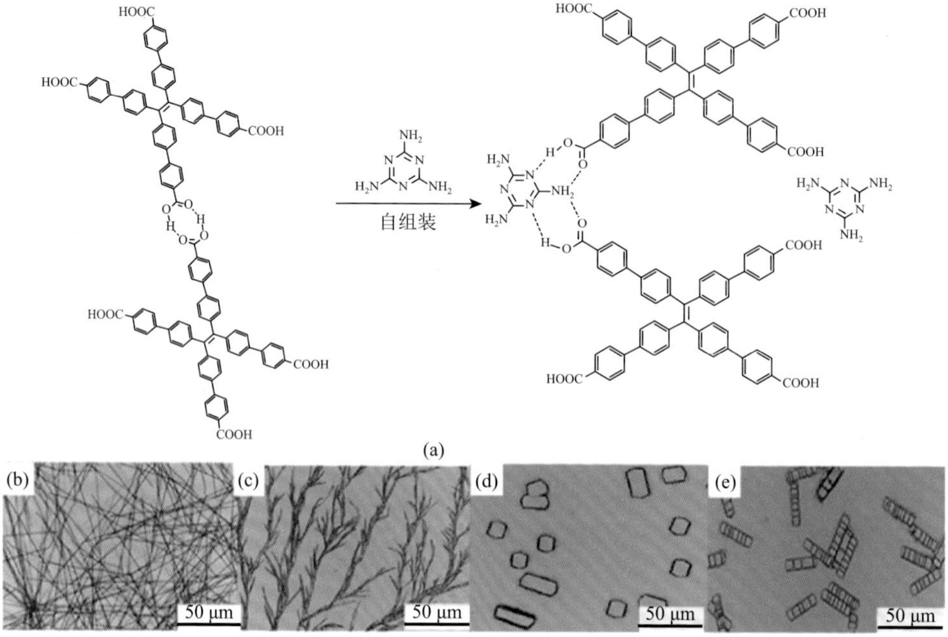

图 7-5 （a）H₄tcbpe 分子结构式及其与三聚氰胺（MA）自组装的示意图；H₄tcbpe：MA
分别为 1:0（b）、1:1.5（c）、1:3（d）和 1:6（e）的光学显微镜观察结果[15]

2. 挥发性有机化合物

挥发性有机化合物（VOCs）是指沸点为 50～260℃ 的各种有机化合物的总称。VOCs 是形成细颗粒物（PM₂.₅）、臭氧（O₃）等二次污染物的重要前体物，是引发灰霾、光化学烟雾等大气环境问题的主要来源。对 VOCs 的含量检测对于污染监控与环境保护至关重要，在此方面 AIE 自组装也具有很重要的应用。

朱红军等[16]设计了两种 D-π-A 型水杨醛衍生物 SFN 和 SFC，在氢键、π-π 相互作用及偶极-偶极作用的辅助下，这两种分子均可以自组装形成纤维薄膜。当环境中存在挥发性有机胺时，将发生去质子化和席夫碱反应，导致 SFN 薄膜荧光猝灭而 SFC 薄膜荧光迅速增强。根据荧光的改变可以实现挥发性有机胺的灵敏检测。

卢然等[17]则使用凝胶材料实现对胺类分子的检测。末端取代 TPE 的 β-二酮硼二氟化合物具有 AIE 性质，其中三取代形状如回旋镖的 DTPEB 是一种有机成胶因子，在超声条件下能够在多种有机溶剂中形成凝胶。当三乙胺、乙二胺、正丙胺、正丁胺等有机胺存在时，凝胶的荧光被有效猝灭实现检测。

除使用固体材料用于 VOCs 的检测外，梁国栋等[18]以嵌段共聚物形成的胶束作为检测剂同样实现了对脂肪胺的检测。具体来讲，在亲水性高分子 PEG-PG 上修饰 TPE 基团得到具有两亲性的 PEG-PG-TPE，可以自发形成核-壳结构胶束。当环境中存在有机胺时，有机胺可以通过疏水作用溶解在胶束的内核中，导致荧光的猝灭，实现检测。这种方法的检出限可以低至 8μg/L，且仅需要几秒即可完成检测。

有机磷（OPs）常用作杀虫剂，但是存在明显的农药残留问题，多种有机磷杀虫剂具有很高的毒性，能抑制乙酰胆碱酯酶的活性，导致乙酰胆碱积聚，引起毒蕈碱样症状、烟碱样症状及中枢神经系统症状，严重时可造成肺水肿、脑水肿、呼吸麻痹甚至死亡，因此对有机磷杀虫剂的检测至关重要。池振国等[19]以含有 TPE 基团的两亲聚合物 PTD 为原材料，在金纳米粒子的辅助下实现了对有机磷杀虫剂的高效检测。具体来讲，带有正电荷的两亲聚合物 PTD 可以自组装形成球形纳米粒子，加入的金纳米粒子可以附着在其表面。由于 FRET 的发生，TPE 的荧光被完全猝灭。当含有乙酰胆碱酯酶时，乙酰胆碱可以被水解，与金纳米粒子发生竞争，导致金纳米粒子脱附，FRET 作用消失，荧光重新出现。当同时存在有机磷杀虫剂时，乙酰胆碱不能被水解，FRET 作用使得没有荧光产生（图 7-6）。

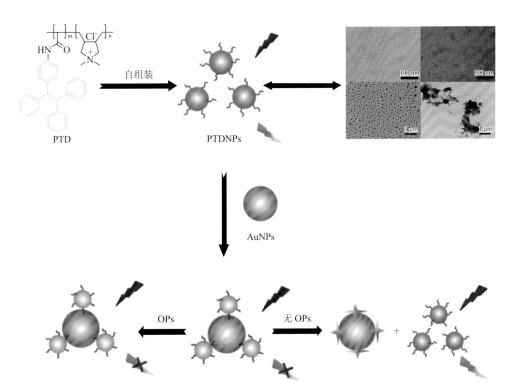

图 7-6　PTD 分子结构式及其自组装和对有机磷杀虫剂的检测原理图[19]

3. 爆炸性化合物

爆炸性化合物有很强的不稳定性，特别是在密闭空间中一旦发生爆炸，在极短时间内可以释放出大量能量，产生的高温及放出的大量气体对周围环境具有极强的破坏性，严重威胁着人类生命安全。在公共场合进行爆炸性化合物检测必不可少。简单迅速地鉴别痕量爆炸性化合物不仅对于安全非常重要，也是刑侦案件追踪方向和定性的重要参考依据。由于通常爆炸性化合物具有缺电子平面的 π 结构，与荧光分子结合能够有效发生电荷转移并猝灭荧光，这是进行爆炸性化合物检测的最常规方法。AIE 自组装在此方面有非常好的应用前景，本部分将具体举例介绍。

郑思珣等[20]通过 RAFT 方法合成了含有 TPE 基团的嵌段共聚物（PEO-b-PTPEE），能够在水溶液中自组装形成聚合物胶束。通过调节 PEO 和 PTPEE 的比例可以改变胶束的尺寸和荧光强度。当溶液中含有爆炸物苦味酸（2，4，6-三硝基苯酚）时，荧光会被迅速猝灭，实现接近痕量（0.2 μg/mL）的检测能力。Rizwan 等[21]也设计了类似的嵌段共聚物 PS-b-PTPEE，当芳香硝基化合物存在时，由于 π-π 相互作用，荧光将会发生迅速的猝灭。

7.2 AIE 自组装在气体检测中的应用

很多气体虽然无色无味，但能够导致黏膜腐蚀，降低红细胞运氧能力，抑制呼吸中枢等严重的后果，对这类气体的检测不容忽视。AIE 自组装材料在气体检测中具有令人满意的表现。

如图 7-7 所示，潘才元等[22]设计了嵌段高分子 P(HEO$_2$MA)-P(MAEBA-DMAEMA-TPEMA)，根据嵌段比例不同，聚集体形貌可以由胶束转变为囊泡。该分子中 DMAEMA 部分对 CO$_2$ 具有响应性，当环境中存在 CO$_2$ 时，胶束会逐渐长出纤维，形成类似章鱼结构；囊泡会"吐出"很多小的球形结构，形成复杂的囊泡形貌。通过这种形貌的改变可以有效监控环境中 CO$_2$ 的存在。

卢然等[23]将氰基乙烯基咔唑修饰的苯并咪唑（CCBM 和 TCBM）作为气体酸的检测剂，在有机溶剂中超声即可自组装形成有机凝胶，并发出黄色荧光。当气体酸存在时，荧光被迅速猝灭。实验中发现，薄膜结构具有最高的检测效率，其中 0.21 μm 厚的薄膜能在 0.38 s 内实现 0.33 ppm 的 TFA 的检测。在这里，分子中的苯并咪唑是酸响应位点，咔唑和氰基乙烯共同产生 AIE 效应，长链烷烃促进了凝胶的形成。

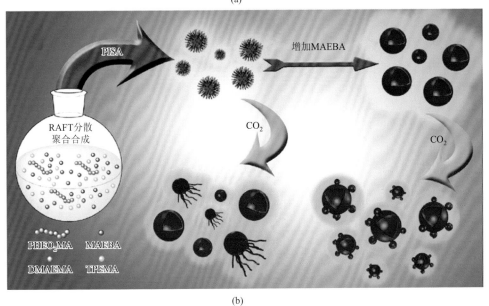

(a)

(b)

图 7-7　（a）分子结构式及其对 CO_2 的响应；（b）CO_2 存在下组装体形貌转变的模式图[22]

7.3　AIE 自组装在 pH 检测中的应用

环境中 pH 的稳定性同样十分重要。当水域环境 pH 过低或过高都意味着严重污染的发生。pH 响应自组装在环境 pH 监控中具有良好的表现。

Shinkai 等[24]设计了如图 7-8（a）所示的分子。随着环境 pH 的改变，组装体形貌发生巨大变化，伴随荧光的产生和荧光强度的变化，可以总结为图 7-8（b）的形式，这为 pH 变化的可视化监控提供了可能。

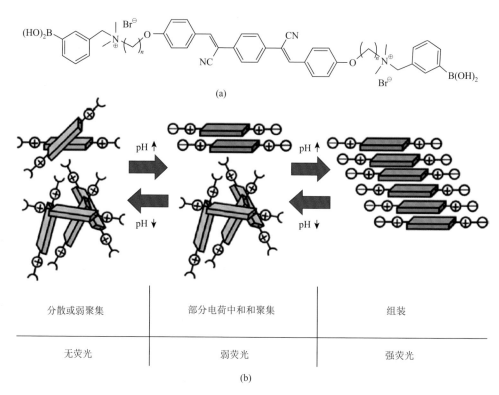

图 7-8 （a）分子结构式；（b）pH 变化对组装体结构形成和荧光强度的影响[24]

7.4 小结

本节介绍了 AIE 自组装在不同类型的小分子、离子及 pH 变化检测中的应用。相关变化引起的荧光猝灭、荧光点亮、荧光颜色，以及组装体形貌转变是检测的依据。在设计检测剂时，除了需要考虑检测灵敏度外，快速检测、对有毒有害分子离子的高效收集和清除，以及受到环境中其他物质的干扰小，也是重要的考虑因素。此外，检测剂的可再生性将会使材料具有更大的优越性。AIE 自组装因其对小分子离子的富集效应，未来在更难检测的小分子离子中的应用非常值得期待。

参考文献

[1] Lou X，Yang Y. Manipulating aggregation-induced emission with supramolecular macrocycles. Advanced Optical Materials，2018，6：1800668.

[2] Zhang G，Hu F，Zhang D. Manipulation of the aggregation and deaggregation of tetraphenylethylene and silole fluorophores by amphiphiles：emission modulation and sensing applications. Langmuir：the ACS Journal of Surfaces and Colloids，2014，31：4593-4604.

[3] Chen Y，Gong G，Fan Y，et al. A novel AIE-based supramolecular polymer gel serves as an ultrasensitive detection and efficient separation material for multiple heavy metal ions. Soft Matter，2019，15：6878-6884.

[4] Zhou G，Zhang X，Ni X. Tuning the amphiphilicity of terpyridine-based fluorescent probe in water：assembly and disassembly-controlled Hg^{2+} sensing, removal, and adsorption of H_2S. Journal of Hazardous Materials，2020，384：121474.

[5] Singh P，Singh H，Vanita V，et al. Nanomolar Cu^{2+} detection in water based on disassembly of AIEgen：applications in blood serum，cell imaging and complex logic circuits. Chemistry Select，2016，1：6880-6887.

[6] Wang X，Lou X，Jin X，et al. A binary supramolecular assembly with intense fluorescence emission，high pH stability，and cation selectivity：supramolecular assembly-induced emission materials. Research，2019，2019：1454562.

[7] Li X，Li Z，Yang Y. Tetraphenylethylene-interweaving conjugated macrocycle polymer materials as two-photon fluorescence sensors for metal ions and organic molecules. Advanced Materials，2018，30：e1800177.

[8] Zuo Y，Wang X，Yang Y，et al. Facile preparation of pH-responsive AIE-active POSS dendrimers for the detection of trivalent metal cations and acid gases. Polymer Chemistry，2016，7：6432-6436.

[9] Na N，Wang F，Huang J，et al. An aggregation-induced emission-based fluorescent chemosensor of aluminium ions. RSC Advances，2014，4：35459.

[10] Liu C，Hang Y，Jiang T，et al. A light-up fluorescent probe for citrate detection based on bispyridinum amides with aggregation-induced emission feature. Talanta，2018，178：847-853.

[11] Liu W，Yu W，Li X，et al. Pyrophosphate-triggered intermolecular cross-linking of tetraphenylethylene molecules for multianalyte detection. Sensors and Actuators B：Chemical，2018，266：170-177.

[12] Peng L，Chen Y，Dong Y，et al. Surfactant-assisted self-assembled polymorphs of AIEgen di(4-propoxyphenyl) dibenzofulvene. Journal of Materials Chemistry C，2017，5：557-565.

[13] Gao T，Cao X，Dong J，et al. A novel water soluble multifunctional fluorescent probe for highly sensitive and ultrafast detection of anionic surfactants and wash free imaging of Gram-positive bacteria strains. Dyes and Pigments，2017，143：436-443.

[14] Huang X，Zhou H，Huang Y，et al. Silver nanoparticles decorated and tetraphenylethene probe doped silica nanoparticles：a colorimetric and fluorometric sensor for sensitive and selective detection and intracellular imaging of hydrogen peroxide. Biosensors & Bioelectronics，2018，121：236-242.

[15] Xu Z，Liu Y，Qian C，et al. Tuning the morphology of melamine-induced tetraphenylethene self-assemblies for melamine detecting. Organic Electronics，2020，76：105476.

[16] Hu J，Liu R，Zhai S，et al. AIE-active molecule-based self-assembled nano-fibrous films for sensitive detection of volatile organic amines. Journal of Materials Chemistry C，2017，5：11781-11789.

[17]   Zhai L，Zhang F，Sun J，et al. New non-traditional organogelator of β-diketone-boron difluoride complexes with terminal tetraphenylethene：self-assembling and fluorescent sensory properties towards amines. Dyes and Pigments，2017，145：54-62.

[18]   Zhou Y，Gao H，Zhu F，et al. Sensitive and rapid detection of aliphatic amines in water using self-stabilized micelles of fluorescent block copolymers. Journal of Hazardous Materials，2019，368：630-637.

[19]   Chen J，Chen X，Huang Q，et al. Amphiphilic polymer-mediated aggregation-induced emission nanoparticles for highly sensitive organophosphorus pesticide biosensing. ACS Applied Materials & Interfaces，2019，11：32689-32696.

[20]   Adeel M，Xu S，Zhao B，et al. Photoluminescent polymeric micelles from poly(ethylene oxide)-block-poly(((4-vinylphenyl)-ethene-1, 1, 2-triyl) tribenzene)diblock copolymers. New Journal of Chemistry，2018，42：7283-7292.

[21]   Rasheed T，Nabeel F，Shafi S，et al. Chromogenic vesicles for aqueous detection and quantification of Hg^{2+}/Cu^{2+} in real water samples. Journal of Molecular Liquids，2019，296：111966.

[22]   Qiu L，Zhang H，Wang B，et al. CO_2-responsive nano-objects with assembly-related aggregation-induced emission and tunable morphologies. ACS Applied Materials & Interfaces，2020，12：1348-1358.

[23]   Wu Z，Sun J，Zhang Z，et al. Organogelation of cyanovinylcarbazole with terminal benzimidazole：AIE and response for gaseous acid. RSC Advances，2016，6：97293-97301.

[24]   Yoshihara D，Noguchi T，Roy B，et al. Design of a hypersensitive pH-sensory system created by a combination of charge neutralization and aggregation-induced emission（AIE）. Chemistry：A European Journal，2017，23：17663-17666.

第8章

>>

AIE 自组装结构在材料过程可视化中的应用

由于材料的结构和形态与其性质和功能直接关联，因此对于这些性质的了解对新一代高附加值材料的研究和生产至关重要。作为一种直接评估和研究的方式，材料形态的可视化受到了越来越多的关注[1]。

传统的材料可视化研究方法包括扫描电子显微镜（SEM）、透射电子显微镜（TEM）、原子力显微镜（AFM）等多种显微学方法。利用这些方法可以得到分辨率极高的形貌学结果，但是同时应该清醒地认识到，这些表征方法具有不可避免的缺点。首先，一般电子显微镜和 AFM 测量中样品在制备过程中会发生脱水（溶剂），这会对水溶液（溶剂）中分散的组装体形貌观测带来不可逆的变化。其次，由于不能耐受较强的电子束轰击和溶剂蒸发诱导作用，某些样品可能会在制备和扫描过程中受损或发生变化，导致错误的观察结果的产生。最后，这些技术中的工作窗口仅适用于微纳尺度的评估，应用于更大尺寸的材料反而降低了观测效率，而实际使用的材料通常为宏观尺度材料。

基于以上分析不难发现，一种能够用于宏观材料的原位可视化观测技术在材料学研究中必不可少。

激光扫描共聚焦显微镜同时具有高灵敏度和原位成像能力，是目前最常用的结构和形态可视化研究工具。通过合理控制激光束的聚焦和穿透能力，该显微镜可以达到水平方向 200~300 nm 的分辨率，轴向方向的分辨率极限也可降低至 500~700 nm。此外，利用激光共聚焦特性还可以实现 Z 轴不同深度的图像汇总，重建 3D 图像。随着随机光学重建显微镜（STORM）及受激发射损耗显微术（STED）等超分辨荧光成像技术的兴起，材料的可视化研究变得切实可行。

通过荧光成像技术实现材料可视化必需有合适的荧光染料。然而，传统染料在聚集状态下荧光猝灭严重，在光照下不稳定。这极大地限制了更高分辨率和更长时间荧光追踪的可能性。AIE 分子独特的聚集状态下荧光增强现象为固态材料可视化研究提供了更多可能。这些具有很高的量子产率且荧光发射波长可调的 AIE 分子通常通过物理方法掺入或者化学方法修饰到待分析物上。随着待分析物聚集状态的改变，荧光强度和颜色随之发生灵敏的变化，从而实现对其检测的目的。

材料的可视化主要可以分为聚合物合成过程的监控、自组装进程的监控及材料结构形态与性能的表征。本节将以 AIE 自组装为出发点对以上各种过程的检测分别进行介绍。

8.1 AIE 自组装参与聚合物合成过程的监控

高分子的合成进度可以通过黏度测量进行监控，凝胶渗透色谱法（GPC）测量平均分子量也是监控合成进度的一种方法。然而，对于合成过程中黏度没有明显变化的反应或反应过程中不能取样进行 GPC 测量时，高分子合成进度便形同于暗箱，无法及时判断反应进行情况。如果能将 AIE 分子加入到高分子合成体系中，通过监控荧光的产生及强度的变化来表征合成进度是一种非常好的策略。

对此，唐本忠等[2]以二硫代氨基甲酸酯取代的 TPE 分子作为反应引发剂，成功对 12 种不同小分子 RAFT 合成策略进行监控（图 8-1）。由于 AIE 分子发光对于溶液局部黏度的改变非常敏感，这对于理解活性自由基聚合发生原理和过程具有重要意义。在实验中，TPE 分子仅作为反应的引发剂使用，不参与高分子主链合成，对于实际合成反应的干扰很小，具有很好的模拟研究效果。

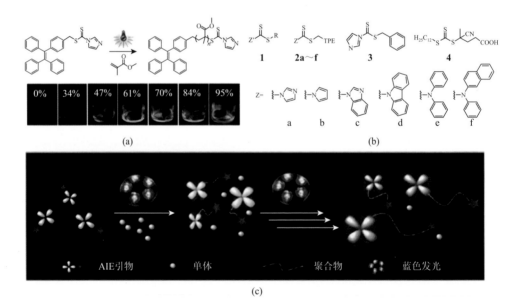

图 8-1　（a）TPE 二硫代氨基甲酸酯作为引发剂实现对 RAFT 过程的可视化检测；（b）参与 RAFT 反应的 12 种小分子；（c）RAFT 可视化监控模式图[2]

周淑珍等[3]则将 AIE 分子引入传统乳液聚合领域，成功实现对这种异相聚合的起始和反应进程的可视化检测，对机理的探究起到了重要的推动作用。

8.2　AIE 自组装参与自组装进程的监控

对自组装原理的分析可知，组装体的形成不是一蹴而就的。组装过程的可视化有利于我们深入理解分子间基本作用，为设计新的目标材料提供重要的参考。根据组装后体系的状态，可以分为两类：一类是具有固体或类固体性质的凝胶、液晶和薄膜等；另一类是溶液分散体系。大部分分子自组装发生在液体中，形成溶液分散体系。分散体系中自组装结构随着组装进程的变化在 AIE 分子的辅助下可以实现可视化。本小节将对上述内容逐一加以介绍。

8.2.1　凝胶形成的可视化

一定浓度的高分子溶液或溶胶，在适当条件下黏度逐渐增大，最后失去流动性，整体变为外观均匀具有一定弹性的半固体，即凝胶。凝胶在有机体的组成中占重要地位。人体内的肌肉、皮肤、细胞膜、血管壁，以及毛发、指甲、软骨等都可看作是凝胶。在生产生活中凝胶也承担着重要的作用。然而由于凝胶的形成涉及流动能力的降低和固化，常用的表征手段受到了很大的限制，相关机理的研究仍处于空白状态。荧光可视化为揭示凝胶机理提供了可能。

碱性尿素溶液能够有效溶解壳聚糖并将其转变为水凝胶材料。唐本忠等[4]通过在壳聚糖侧链上修饰 TPE 分子（TPE-CS）实现对凝胶形成过程的可视化，对于壳聚糖凝胶形成中氢键和结晶的作用有了更深的理解。根据荧光强度变化的两个阶段将凝胶形成过程分为两步，即热成胶阶段的结晶和成胶胶团的孕育，以及树脂化过程中分子内分子间氢键的作用。这对于更多生物分子凝胶机理的推测提供了重要信息。

李敏慧等[5]将 TPE 分子与胆固醇通过烷基链连接在一起（TPE-C_n-COOH），作为一种成胶因子 TPE-C_n-COOH 能够在丙酮和 DMF 中形成有机凝胶，当改变混合溶剂中水的比例时也可以得到不同的组装体结构。当烷基链较长时，还能够形成棒状结构的液晶。该凝胶对温度、机械力及蒸气熏蒸等条件具有灵敏的响应性，可视化为以上变化的观测提供了非常好的条件。

8.2.2　液晶形成的可视化

液晶是一类介于固态和液态之间的中间相态，它同时具有液体的流动性，也保留了部分晶态物质分子的各向异性。溶致液晶和热致液晶是最常见的两大类。同样因为类似于固体的限制作用，这类材料的形成机理研究相对比较困难。

李敏慧等[6]将 TPE、Azo 和胆固醇通过烷基链相互连接（*trans*-C_n-Chol）。固定 TPE-Azo 之间的烷基链长度，改变 Azo 与胆固醇之间的链长，所有的化合物均能形成 Smectic A 相液晶。当烷基链较长时，还能够形成多种结构的超分子手性组装，并能够进一步形成低分子量有机凝胶。可视化在液晶形成过程，以及超分子组装体的形成研究中具有不可忽视的作用。

类似地，谢鹤楼等[7]通过柔性链将两个 TPE 分子连接在一起，得到具有高效发光能力的液晶材料。研究发现，所有分子均具有很好的成膜性，但随着柔性链的增长，荧光效率逐渐降低，液晶结构也由 Smectic A 相逐渐转变为方柱状相（图 8-2）。可视化研究为液晶结构的基本谱学分析提供了更加直观的验证。

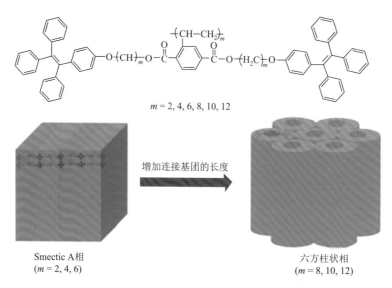

$$m = 2, 4, 6, 8, 10, 12$$

增加连接基团的长度

Smectic A相
(*m* = 2, 4, 6)

六方柱状相
(*m* = 8, 10, 12)

图 8-2　液晶相结构与柔性链长度的关系[7]

除完全由有机材料构成的液晶，张明明等[8]利用金属配位多边形实现了液晶材料的构建。如图 8-3 所示，被多烷基链修饰的双吡啶取代 TPE 分子与 Pt(Ⅱ)配位形成菱形金属环。近似于平面结构的金属环内核有利于分子间堆积形成液晶，取代的分支烷基链和寡聚乙二醇在柱状相的稳定中具有重要作用。这种特殊的荧光金属配位液晶材料在化学传感和液晶显示中具有很高的利用价值。

8.2.3　聚电解质薄膜自组装的可视化

阴阳离子聚电解质通过简单混合即可得到薄膜材料，由于聚电解质通常分子量较高且在形成薄膜过程中分子链段缠绕结构复杂，传统的表征方法不能得到

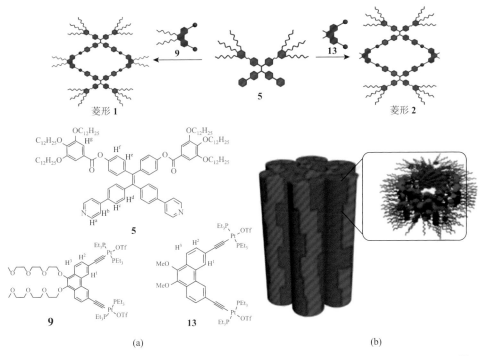

图 8-3　（a）荧光金属配位液晶组成基元的结构式和模式图；（b）柱状液晶相的模式图[8]

理想的结果，相关结构和机理的研究一直受到很大的限制。

　　唐本忠等[9]设计了烷基胺修饰的噻咯分子 A₂HPS，可以质子化使其带正电荷，通过静电作用与聚电解质结合，有效限制 A₂HPS 的分子振动点亮荧光，在聚电解质层层自组装过程的可视化中具有重要作用。随着自组装的进行，荧光强度线性增长，在石英、玻璃等多种基底上均得到很好的结果。与传统的大 π 共轭结构荧光分子 SPTC 相比，A₂HPS 能够有效抑制 ACQ 的发生，在固体聚合物的自组装研究中具有极大的优势。

8.2.4　组装体形貌及其转变的可视化

　　通常组装体形貌对荧光聚合物功能具有重要的影响，改变两亲高分子中疏水部分和亲水部分的比例是控制自组装结果的重要方式。如果能够实现对于组装体形貌转变过程的可视化研究将对未来分子设计具有极大的帮助。

　　卜伟锋等[10]通过改变客体分子的结构实现了聚 TPE 共轭高分子由胶束向囊泡的转变。如图8-4所示，含有炔基的 TPE 分子与被两个二苯并[24]-冠-8（DB24C8）取代的 1，4-二碘苯通过 Sonogashira 反应偶联得到共轭聚合高分子。当含有一个客体分子的 C12-1H·X 与聚 TPE 发生自组装时，将主要形成直径 185 nm 的胶束。

如果以含有两个二苄基铵盐的 C12-2H·X 为客体分子时，组装体直径迅速增加，转变为囊泡，同时分子排列更加紧密，荧光强度增强且蓝移。这种自组装结构同时具有酸碱响应能力，对应的组装体结构形成和解散非常有利于药物或染料的包裹和运输。

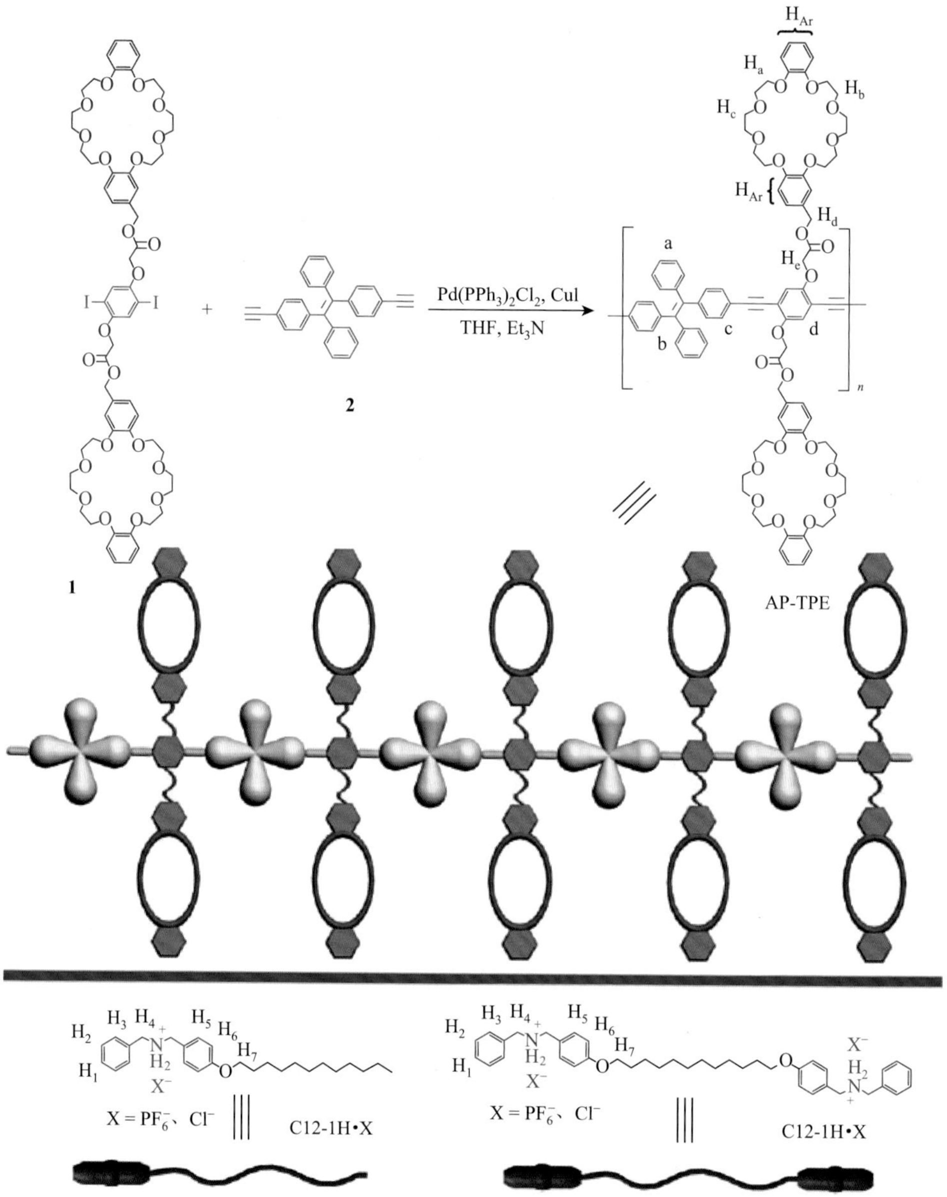

图 8-4 含有冠醚和 TPE 的共轭高分子及客体分子的结构式[10]

同样以主客作用为出发点，黄飞鹤等[11]通过改变亲水的 PEO 聚合度调整超分子聚合物的亲/疏水比例，实现囊泡向蠕虫状胶束、球形胶束的逐渐转变。如图 8-5 所示，研究者合成了侧链同时含有 TPE 基团和冠醚客体分子紫精的嵌段高分子，以不同长度 PEO 取代的双-(间亚苯基)-32-冠-10（BMP32C10）为主体分子，通过主客体识别作用发生自组装。由于 PEO 的聚合度不同显著影响超分子的亲疏水平衡，对组装体形貌具有决定性的影响。当 PEO 聚合度较低时，分子的疏水性较强，多条高分子链相互靠近，形成外部为亲水 PEO 片段、内部为疏水内核的结构，并进一步自组装形成空心的囊泡。随着 PEO 聚合度的增加，分子的亲水性和溶解度显著提高，逐渐向内部为疏水结构外部被亲水 PEO 包裹的实心组装体转变。根据紫精质子化程度的差异，该体系同时能体现明显的 pH 响应性。

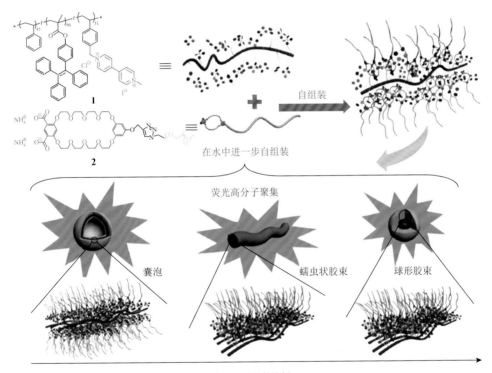

图 8-5　通过 PEO 聚合度调节组装体形貌的模式图[11]

韩英锋等[12]以 Ag(Ⅰ)作为金属配位中心与三唑修饰的 TPE 通过配位自组装形成多种金属笼结构，如图 8-6 所示。由于 Ag(Ⅰ)对 TPE 分子振动的限制能力有限，金属笼的荧光强度很弱。当对金属笼进行光照后，TPE 分子可以发生环化反应，同时配位结构发生转变，通过对荧光强度的监测可以实时追踪环化反应和配位金属笼结构的转变。

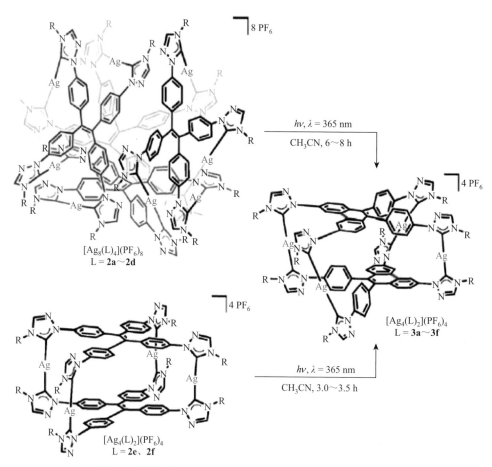

图 8-6　光照诱导配位金属笼结构转变和荧光增强示意图[12]

由于艾里斑的存在，荧光显微镜的分辨能力存在一定的极限。如果能够使用光学超分辨手段，则能够进一步提高材料可视化的精细程度。在光学超分辨手段中，荧光分子的光不稳定性及荧光猝灭问题是限制分辨能力进一步提高的不利因素。唐本忠等[13]合成了以噻吩和苯并噻二唑为核心的 AIE 分子 DP-TBT，该化合物具有 25%的量子产率及良好的光稳定性，为其在 STED 成像中的应用奠定了良好的基础。该分子可以自组装形成螺旋结构，平面型的噻吩和苯并噻二唑在自组装中具有重要作用，取代的对环烷能够有效防止紧密 π-π 堆积的发生，保证聚集状态的荧光发射强度。在实际观测中可以达到 178 nm 的最低半峰全宽（FWHM），在超分辨荧光成像、三维结构模拟及自组装过程的动态研究中具有很高的应用价值。

除了完整的聚合物组装体的可视化外，对组装体微结构的研究在材料性能提升和改进中具有更重要的作用。唐本忠等[14]利用 D-A 型 AIE 分子 TPE-EP 实现了对组装材料无定型和结晶状态区域分布的可视化研究。具体来讲，研究者以聚左旋乳糖（PLLA）为研究对象，在其成膜过程中同时加入 TPE-EP 分子。在无定型状态和结晶状态下，AIE 分子的排列方式存在差异，导致荧光颜色具有显著的不同。通过颜色的差异可以直接判断聚合物微观结构的分布情况，这为材料性能的提高及可能的缺陷研究提供了极大的便利。

8.2.5　耗散自组装的监控

耗散自组装是指通过消耗"燃料"来维持非平衡态结构的一种非常规自组装形式，体系必须依托外界能量的持续输入才能表现出瞬态组装的趋势，一旦失去能量供给，组装体立即表现出解组装的行为。这是生命活动的重要基础，作为仿生的一个重要领域，耗散自组装研究日益增加。

郭东升等[15]成功利用 AIE 分子实现了对耗散自组装的可视化监控。含有阳离子四级铵修饰的 TPE 分子（TQA-TPE）具有较好的水溶性，能够与带负电荷的 DNA 通过静电自组装点亮荧光。DNase I 水解酶的存在会导致 DNA 链被水解，静电作用减弱和组装体解体。通过荧光的猝灭可以灵敏监控耗散过程的发生。如果额外加入 DNA 的染色试剂吖啶橙（AO），当 DNA 结构完整时可以发生 FRET 作用，一旦水解发生，AO 与 TPE 之间的距离迅速增加，FRET 作用消失（图 8-7）。这种瞬态的 FRET 作用和双重荧光检测方式为耗散自组装动力学的研究提供了极大方便。

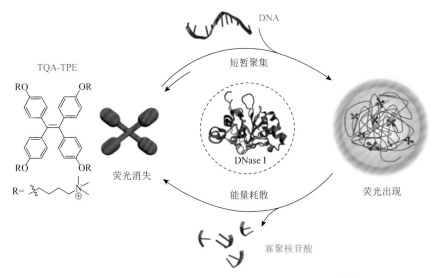

图 8-7　TQA-TPE 在耗散自组装可视化中的应用[15]

8.3　AIE 自组装参与材料结构形态与性能的表征

8.3.1　相转变的监控

在水溶液中，热敏分子可以具有最高临界共熔温度（UCST）或最低临界共熔温度（LCST）。对于具有 LCST 特征的分子，其溶解度与氢键和疏水作用密切关联，当高于临界温度时会从可溶状态转变为不溶状态。与 LCST 相反，当 UCST 特征的材料温度降低至某一特定温度后，会由原来的溶胀（溶解）状态转变为收缩（不溶）状态。由于热敏材料即使受到很小刺激也能触发极大的变化，它们在生物医学、催化和生物化学领域具有广泛的应用。除通过传统谱学检测来确定外，可视化为这些相转变的研究注入了新的活力。

唐本忠等[16]使用寡聚乙二醇（OEG）为亲水取代基合成了两种 TPE 两亲化合物(Z)-TPE-OEG 和(E)-TPE-OEG。(Z)-TPE-OEG 可以自组装形成囊泡结构，而(E)-TPE-OEG 则以胶束结构存在。利用这种两亲化合物浓度依赖自组装的特性对自组装初始状态进行成像分析，其灵敏度远高于常规透射率测量方法。进一步研究表明，OEG 链会在高温下发生脱水卷曲，进而导致组装体形貌的变化。OEG 链的这种特性导致组装体具有热响应性，通过荧光的改变可以追踪两亲化合物从微观自组装到宏观聚集的相变，实现可视化的目标（图 8-8）。

类似相转变过程可视化的研究还可以参考王勇等[17]的工作。含有羧酸根的 TPE-COOH 可以在静电作用、氢键及主客作用等多重分子间作用的辅助下与氨基支化聚合物发生自组装。该荧光发射强度在相转变温度范围内具有灵敏的响应性，可以用于稀溶液中相转变的追踪和机理研究，特别是可视化溶液中阴阳离子对相转变的影响。王力彦等[18]同样以 OEG 修饰 TPE 分子，研究 OEG 聚合度对相转变温度的影响，可视化能力使研究变得更加直观易于理解。

8.3.2　有机-无机杂化材料组成的研究

有机-无机杂化材料内同时含有有机成分和无机成分，因为可以同时利用有机和无机材料的优势，这类材料的研究越来越受到重视。由于通常有机-无机杂化材料为固态，对其结构的研究受到很大限制，可视化的出现为进一步改进材料性能提供了帮助。

唐本忠等[19]以四级铵盐取代的 TPE 分子（TPE-DBTAB）为荧光来源，通过离子交换方法将钠型蒙脱土中的阳离子换为 TPE-DBTAB。由于无机材料形成对 TPE 分子振动的限制作用，通过荧光强度的变化可以清晰指示出杂化材料的干燥

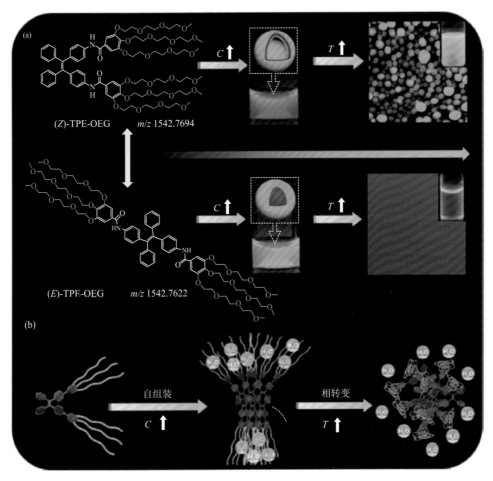

图 8-8　（a）(Z)-TPE-OEG 和(E)-TPE-OEG 的分子结构及其自组装和在热响应行为可视化中的应用；（b）(Z)-TPE-OEG 的自组装和相变示意图，随着温度升高，由于 OEG 链发生脱水，组装结构由囊泡变为大聚集体[16]

脱水进程。荧光显微镜的观察能够对材料分散表现进行可视化监控，并实现对材料的温度响应和耐腐程度进行更为细微的分析。

8.3.3　界面动力学的研究

宏观看似稳定不变的状态，在微观条件下通常以动态平衡的形式存在。这种动态平衡在两相界面尤其活跃。界面动力学的研究为稳定相界面提供了理论依据。实际生产生活中的防腐、防滑、防结冰等方面的应用与之密切相关，这也是解释微乳液稳定性、咖啡环、呼吸图演变等现象的理论支撑。由于相界面的划分与理想假设有关，很难进行直接观察，目前更多的研究是基于理论分析，与实际应用仍具有一定的距离。可视化分析在理论和实际间建立了重要的桥梁。

唐本忠等[20]合成了一种由 TPE 单元组成的超支化聚合物。将含有 AIE 分子的有机溶剂滴加在载玻片上，随着溶剂挥发分子发生自组装，形成有序六边形阵列结构。随着进一步挥发的进行，AIE 分子发生更大程度的富集，并最终导致液滴的破裂，荧光发射在此过程中显著增强。通过显微镜的实时追踪，可以对界面毛细流动和"咖啡环"现象进行更为详细的解释。该研究实现了对液体/液体或液体/空气界面过程主要步骤的动态直接观察，为深入理解相变演化及其应用提供了巨大的机会。

8.3.4 其他

在法医鉴定中，指纹线索是锁定嫌疑人的重要证据，有效而准确地提取现场新鲜和陈旧指纹在案件侦破中具有重要作用。由于人眼对荧光颜色极其灵敏，将 AIE 分子应用于指纹可视化非常有利于有效信息的提取和保存。

Singh 等[21]设计了以二苯基嘧啶为基本骨架的 AIE 分子 DPSA，在水：乙腈＝9：1 的混合溶剂中，能够自组装形成棒状结构，并发出橙红色荧光。将该分子应用于不同基底（铝、不锈钢、合金等）上的指纹提取，均获得良好的效果。值得注意的是，收集到的指纹清晰度极高，不仅可以进行拱形、环状和螺纹状走向的一级分析，还可以进行点、分叉、嵴等更为特异性的二级分析，有效缩小怀疑范围。该分子不仅可以用于新鲜留下的指纹提取，对于 24 h 前的指纹同样具有极好的显示能力。更多 AIE 分子在指纹鉴定中的应用还可以参考该研究组更早的文章中设计的类似分子 DPPS-1[22]。

8.4 ▶ 小结

本节详细介绍了 AIE 自组装在化学过程可视化中的应用。无论是类固体状态的凝胶、液晶还是薄膜材料，可视化均对其形成机理和结构的研究具有极大的推动作用。可视化也加快了溶液中自组装行为、聚合物的合成、组装体形貌的改变及相转变的发生的研究进展。此外，可视化还可应用于界面动力学研究，在法医检验中也扮演了重要的角色。同时也应该注意到，AIE 自组装在可视化中的应用目前仍有一定的局限，对于聚合物玻璃化转变温度的研究、流体动力学、材料损伤和机械响应能力的研究等领域均未系统展开，相信未来 AIE 自组装在这些方面将会取得重要进展。

参 考 文 献

[1]　Li K，Lin Y，Lu C. Aggregation-induced emission for visualization in materials science. Chemistry：An Asian Journal，2019，14：715-729.

[2]　Liu S，Cheng Y，Zhang H，et al. *In situ* monitoring of RAFT polymerization by tetraphenylethylene-containing agents with aggregation-induced emission characteristics. Angewandte Chemie International Edition，2018，57：6274-6278.

[3]　Qiao X，Ma H，Zhou Z，et al. New sight for old polymerization technique based on aggregation-induced emission：mechanism analysis for conventional emulsion polymerization. Dyes and Pigments，2020，172：107796.

[4]　Wang Z，Nie J，Qin W，et al. Gelation process visualized by aggregation-induced emission fluorogens. Nature Communications，2016，7：12033.

[5]　Chen H，Zhou L，Shi X，et al. AIE fluorescent gelators with thermo-，mechano-，and vapochromic properties. Chemistry：An Asian Journal，2019，14：781-788.

[6]　Yu X，Chen H，Shi X，et al. Liquid crystal gelators with photo-responsive and AIE properties. Materials Chemistry Frontiers，2018，2：2245-2253.

[7]　Guo Y，Shi D，Luo Z，et al. High efficiency luminescent liquid crystalline polymers based on aggregation-induced emission and "Jacketing" effect：design，synthesis，photophysical property，and phase structure. Macromolecules，2017，50：9607-9616.

[8]　Chen L，Chen C，Sun Y，et al. Luminescent metallacycle-cored liquid crystals induced by metal coordination. Angewandte Chemie International Edition，2020，59：10143-10150.

[9]　Jin J，Sun J，Dong Y，et al. Aggregation-induced emission of an aminated silole：a fluorescence probe for monitoring layer-by-layer self-assembling processes of polyelectrolytes. Journal of Luminescence，2009，129：19-23.

[10]　He L，Liu X，Liang J，et al. Fluorescence responsive conjugated poly(tetraphenylethene)and its morphological transition from micelle to vesicle. Chemical Communications，2015，51：7148-7151.

[11]　Ji X，Li Y，Wang H，et al. Facile construction of fluorescent polymeric aggregates with various morphologies by self-assembly of supramolecular amphiphilic graft copolymers. Polymer Chemistry，2015，6：5021-5025.

[12]　Li Y，An Y，Fan J，et al. Strategy for the construction of diverse poly-NHC-derived assemblies and their photoinduced transformations. Angewandte Chemie International Edition，2020，59：10073-10080.

[13]　Dang D，Zhang H，Xu Y，et al. Super-resolution visualization of self-assembling helical fibers using aggregation-induced emission luminogens in stimulated emission depletion nanoscopy. ACS Nano，2019，13：11863-11873.

[14]　Khorloo M，Cheng Y，Zhang H，et al. Polymorph selectivity of an AIE luminogen under nano-confinement to visualize polymer microstructures. Chemical Science，2020，11：997-1005.

[15]　Geng W，Liu Y，Zheng Z，et al. Direct visualization and real-time monitoring of dissipative self-assembly by synchronously coupled aggregation-induced emission. Materials Chemistry Frontiers，2017，1：2651-2655.

[16]　Peng H，Liu B，Wei P，et al. Visualizing the initial step of self-assembly and the phase transition by stereogenic amphiphiles with aggregation-induced emission. ACS Nano，2019，13：839-846.

[17]　Xiu M，Kang Q，Tao M，et al. Thermoresponsive AIE supramolecular complexes in dilute solution：sensitively

probing the phase transition from two different temperature-dependent emission responses. Journal of Materials Chemistry C, 2018, 6: 5926-5936.

[18] Yin X, Meng F, Wang L. Thermosensitivity and luminescent properties of new tetraphenylethylene derivatives bearing peripheral oligo(ethylene glycol)chains. Journal of Materials Chemistry C, 2013, 1: 6767-6773.

[19] Li W, Yao W, Tebyetekerwa M, et al. An attempt to adopt aggregation-induced emission to study organic-inorganic composite materials. Journal of Materials Chemistry C, 2018, 6: 7003-7011.

[20] Li J, Li Y, Chan C, et al. An aggregation-induced-emission platform for direct visualization of interfacial dynamic self-assembly. Angewandte Chemie International Edition, 2014, 53: 13518-13522.

[21] Singh H, Sharma R, Bhargava G, et al. AIE + ESIPT based red fluorescent aggregates for visualization of latent fingerprints. New Journal of Chemistry, 2018, 42: 12900-12907.

[22] Singh P, Singh H, Sharma R, et al. Diphenylpyrimidinone-salicylideneamine-new ESIPT based AIEgens with applications in latent fingerprinting. Journal of Materials Chemistry C, 2016, 4: 11180-11189.

关键词索引